特高压多端
柔性直流电气设备

徐攀腾　朱　博◎主编

中国电力出版社
CHINA ELECTRIC POWER PRESS

内 容 提 要

近年来，我国建设了诸多特高压直流输电工程，特高压直流换流站内部的多类型设备对实际工程的影响重大，本书在对世界首个特高压多端混合直流输电工程——乌东德电站送电广东广西特高压多端直流示范工程（简称昆柳龙直流输电工程）总结的基础上，以特高压直流输电设备与系统为主要研究对象，系统阐述特高压多端柔性直流输电的系统构成、设备的原理与选型设计方法、设备运行与维护方法。主要设备包括柔性直流换流阀、换流变压器、换流站启动电阻、换流站桥臂电抗器、换流站直流场开关、换流站直流测量设备、换流阀冷却系统、控制保护系统，以及柔性直流换流站其他电气设备。

本书可作为从事柔性直流输电领域科学研究、工程设计、工程调试、运行维护和检修等方面的专业技术人员参考用书，也可作为相关人员培训的教材，还可作为高等院校相关专业师生的参考用书。

图书在版编目（CIP）数据

特高压多端柔性直流电气设备 / 徐攀腾，朱博主编. —北京：中国电力出版社，2024.12
ISBN 978-7-5198-7125-3

Ⅰ. ①特… Ⅱ. ①徐…②朱… Ⅲ. ①特高压输电–电气设备 Ⅳ. ①TM723

中国国家版本馆 CIP 数据核字（2022）第 187077 号

出版发行：中国电力出版社
地　　址：北京市东城区北京站西街 19 号（邮政编码 100005）
网　　址：http://www.cepp.sgcc.com.cn
责任编辑：赵　杨（010-63412287）
责任校对：黄　蓓　郝军燕
装帧设计：张俊霞
责任印制：石　雷

印　　刷：廊坊市文峰档案印务有限公司
版　　次：2024 年 12 月第一版
印　　次：2024 年 12 月北京第一次印刷
开　　本：787 毫米×1092 毫米　16 开本
印　　张：15.25
字　　数：331 千字
定　　价：76.00 元

《特高压多端柔性直流电气设备》编委会

主　　编　徐攀腾　朱　博

副 主 编　严海健　宋述波　谷　裕　周登波
　　　　　焦　石

编写人员　周翔胜　袁　海　赵　明　郭卫明
　　　　　石延辉　谢　超　张　文　蒋峰伟
　　　　　李建勋　杨学广　郑星星　邓健俊
　　　　　孙　勇　叶　鑫　裴昌文　李　倩
　　　　　陆启凡　顾硕铭　郑锐举　张　赛
　　　　　焦　华　周　勇　郭云汉　陈海永
　　　　　柳林海　殷耀宗　胡覃毅　梁子鹏
　　　　　王和雷　王瑛龙　刘子鹏　廖晨江
　　　　　李冬冬　张健成　李舒维　赵成斌
　　　　　郑雯戈　辛业春　王威儒　江守其
　　　　　王延旭　边　竞　王　拓　宋宇衡
　　　　　闫克菲　王　尉　杨明城　刘先超
　　　　　陈　凯

前　言

我国能源资源与负荷中心呈逆向分布，通过高压大容量直流输电将东北、西北、西南地区的大型水电、火电以及新能源发电送往负荷中心，提高资源开发利用效率。特高压直流输电具有输送容量大、线路损耗低的特点，成为远距离电力输送的主要手段，得到了大规模的应用，为经济发展提供了有力支撑。

传统的特高压直流采用基于晶闸管的换流阀，具有传输容量大、损耗低、工程应用成熟、造价低等优点；但其具有换相失败的问题，在受端电网直流落点越来越密集的情况下，系统运行风险也不断加大。近年来随着高压大功率全控型电力电子技术器件及控制技术的不断成熟，柔性直流输电技术快速发展，其电压水平与容量快速提升。特高压直流输电在受端采用柔性直流换流阀构成多端的直流输电系统，成为一种新的输电方式。中国南方电网有限责任公司建设了世界上首个±800kV 特高压多端混合直流输电工程——昆柳龙直流输电工程，送端采用传统直流输电技术，两个受端采用柔性直流输电技术，有效提高了直流输电系统的调控能力。

特高压柔性直流输电系统中有大量首次投入使用的设备，梳理这些设备的特性，可对设备进行全面的认知，为设备风险分析和维护提供依据，保证特高压多端柔性直流输电系统安全运行；同时，可为后续的工程建设提供经验。为此，本书系统地阐述特高压多端柔性直流输电的系统构成、设备的原理与选型设计方法，以及设备运行与维护方法。

本书共 11 章。第 1 章阐述特高压直流输电的发展概况；第 2 章介绍特高压多端混合直流输电系统的架构、运行方式及所需的电气设备等；第 3 章介绍特高压柔性直流换流阀的结构、控制策略及核心元部件等；第 4 章介绍特高压柔性直流换流变压器的特点及结构等；第 5 章介绍特高压柔性直流换流站启动电阻的作用、工作过程、特性及选型原则等；第 6 章介绍特高压柔性直流换流站桥臂电抗器的作用、结构及参数选择；第 7 章介绍特高压柔性直流换流站直流场多类型开关的结构、工作原理及选型；第 8 章介绍特高压柔性直流换流站多类型直流测量设备的工作原理及配置等；第 9 章介绍特高压柔性直流换流阀冷却系统的工作原理、结构及配置；第 10 章介绍特高压多端柔性直流控制保护系统的架构、控制策略及配置方案等；第 11 章介绍特高压柔性直流换流站其他电气设备的作用、结构及参数设计等。

本书可供从事高压直流输电、大功率电力电子技术等相关专业的科研、设计、运行人员与输变电工程技术人员在工作中参考使用，也可作为高等院校相关专业师生的参考用书。由于作者的水平有限，有些问题的探讨还不够深入，书中也难免存在疏漏之处，欢迎广大读者给予批评指正。

编　者

2024 年 7 月

目 录

1 概　　述

直流输电系统是一种以直流电的方式实现电能输送的电力传输系统，它将送电端的交流电转换为直流电，以直流电的方式进行电能输送，在受电端将直流电转换为交流电接入交流电网。高压直流输电具有线路传输损耗低、输送距离远、无同步稳定性问题等经济技术优势，近几十年来快速发展，电压等级和传输容量快速提升，在国内外得到广泛应用。

高压直流输电系统按照结构划分，可分为两端直流输电系统、多端直流输电系统以及直流电网。两端直流输电系统是含有一个送端换流站和一个受端换流站的点对点输电系统，其中，背靠背直流输电系统可以认为是一种输电长度为零的特殊的点对点输电系统。多端直流输电系统是由 3 个及以上的换流站，采用串联、并联等方式进行连接的输电系统。如果多端的直流输电系统中存在直流网孔，就构成了直流电网，广义来讲，直流电网也是多端直流输电系统的一种。

高压直流输电系统按照换流技术划分，可分为常规直流输电系统、柔性直流输电系统和混合直流输电系统。直流输电系统的核心装备之一是进行交直流变换的换流阀，换流阀依靠其内部的换流器件开通或关断，改变电路的导通路径，以达到交直流转换的目的。按照所采用的器件类型，换流阀可分为基于汞弧管的换流阀和基于半导体换流器件的换流阀两大类，其中，基于汞弧管的换流阀在 20 世纪 70 年代以后已经被淘汰，基于半导体换流器件的换流阀所采用的半导体换流器件又分为半控型器件和全控型器件。采用半控型器件晶闸管构成换流阀的直流输电，一般称为常规直流输电，也称为电网换相换流器（line commutated converter，LCC）高压直流输电系统；采用全控型器件构成换流阀的直流输电，通常称为柔性直流输电（国际上也称为基于电压源换流器型直流输电）。因常规直流输电和柔性直流输电在经济、技术方面有各自的优势，故在同一直流输电系统中不同换流站分别采用常规直流的换流站和柔性直流的换流站，构成混合直流输电系统，也是近些年发展的一种新方式。目前，随着电力电子功率器件技术的不断提升，以及装备制造水平和控制技术的提高，直流输电系统的电压等级和容量也在快速提升，我国已经建成±1100kV 特高压常规直流输电系统和±800kV 特高压多端混合柔性直流输电系统。

为了方便读者对直流输电系统有一个全面了解，本章以直流输电发展历程为主线，介绍其发展的基本情况、不同类型直流输电的基本原理与构成，以及各自的特点，并分析在我国电能大规模、远距离输送及大规模新能源开发的背景下，特高压多端柔性直流发展的趋势。

1.1 高压直流输电发展概况

电力科学技术的发展最早是从直流开始的。早期的发电、输电和用电环节均为直流，为了提高电能传输效率，采取的方式为在发电端进行发电机串联，在用电侧进行电动机串联，提高输电系统的电压等级，这种运行方式比较复杂，可靠性差。随着交流发电机、电动机和变压器技术的发展，以及装备制造能力的提升，交流电的发电、变压、输配与使用都非常方便，交流电力系统也快速发展起来，形成了交流大电网，但交流电网发展到一定程度，随之也产生了电力远距离输送限制及互联电网稳定性等问题。与此同时，高压大功率换流技术发展使其商业化成为可能，直流输电又重新受到重视。

根据直流输电系统所采用的换流技术，直流输电的发展可以分为以下三个阶段。

（1）第一个阶段：基于汞弧阀换流技术阶段。该输电技术采用的换流器件是汞弧阀，通过基于汞弧阀构成 6 脉动的换流电路进行交直流转换。1928 年，具有栅极控制能力的汞弧阀研制成功，为高压直流输电工程应用创造条件；1954 年，世界上第一个工业性直流输电工程在瑞典投入运行，容量为 100kV/20MW，通过海底直流电缆方式从瑞典本土输送电力至果特兰岛；随后，多项基于汞弧阀换流技术的直流工程建设投运，1954～1977 年，全世界共有 12 项采用该技术的直流输电工程。这些工程中，输送容量和输送距离最大的是美国太平洋联络线工程，其输电容量为 1440MW，输送距离为 1362km；电压等级最高的是 1977 年投运的加拿大纳尔逊河 I 期工程，电压为±450kV。因汞弧阀制造复杂、故障率高，导致其运行可靠性低，因此基于该技术的直流输电发展受到限制。随着大功率半导体技术的出现，相应的汞弧阀直流输电工程陆续改造为采用晶闸管换流阀的直流输电技术。

（2）第二个阶段：基于半控型半导体功率器件晶闸管的换流技术阶段。20 世纪 70 年代后，高压大功率晶闸管和变流技术逐渐成熟，基于晶闸管的换流阀在高压直流输电系统中得到应用。晶闸管具有良好的受控性，且其制造、试验和运行维护技术日趋成熟，基于晶闸管的直流输电系统可靠性大幅提升，得到大规模应用。1972 年，世界首个全部采用晶闸管换流阀的加拿大伊尔河背靠背直流工程投入商业运行；1972～2000 年，全世界有 56 项基于晶闸管换流阀的直流输电工程建成投运。1987 年，我国第一条工业性试验直流输电工程——大陆—舟山 100kV 直流输电工程投运，规模为±100kV/50MW；1989 年 9 月，我国第一个超高压直流输电工程——±500kV 葛洲坝—上海直流工程竣工投产，标志着我国的输变电技术跨入世界先进行列。此后，我国直流输电技术快速发展，2009 年 12 月，建成投运世界上第一个特高压直流输电工程——云南—广州±800kV 特高压直流输电工程，该工程由我国自主研发、设计、制造、建设，标志着我国电力技术、装备制造达到国际先进水平，直流输电进入特高压时代。2019 年 9 月，±1100kV 昌吉—古泉特高压直流输电工程竣工投产，成为目前世界上电压等级最高、输送容量最大、输送距离最远的特高压直流输电工程。

（3）第三个阶段：采用全控型功率器件构成电压源换流器的换流技术阶段。随着全控型功率半导体器件技术不断成熟，特别是高压大容量的绝缘栅双极晶体管（insulated gate bipolar transistor，IGBT）快速发展，其电压等级和通流能力快速提升，使得采用 IGBT 构成电压源换流器的直流输电成为可能。1990 年加拿大麦吉尔大学的博恩泰克伊教授等人提出基于电压源换流器（voltage sourced converter，VSC）的直流输电概念；ABB 公司于 1997 年 3 月在瑞典中部的赫尔斯扬试验工程中进行了首次工业性试验，系统规模为±10kV/3MW。基于全控型功率器件的电压源换流器，具有有功功率、无功功率独立控制能力，能够连接无源交流电网等优点，在新能源发电联网、电网互联、孤岛和弱电网供电、城市电网供电等方面得到应用。国际权威学术组织国际大电网会议（CIGRE）与美国电气和电子工程师协会（IEEE）将其命名为电压源换流器型高压直流输电（voltage source converter based high voltage direct current，VSC－HVDC）。ABB 公司将其称之为轻型直流（HVDC－Light），西门子公司将其称之为新型直流（HVDC－Plus）。2006 年 5 月，国内权威专家在北京召开轻型直流输电系统关键技术研究框架研讨会，与会专家建议国内将基于 VSC 的直流输电命名为柔性直流输电。我国自 2011 年 7 月首次建成上海南汇柔性直流工程以来，先后建成广东南澳±160kV 三端、浙江舟山±200kV 五端、厦门±320kV 双端、鲁西±350kV 背靠背、渝鄂±420kV 背靠背、张北±500kV 四端直流电网等多项柔性直流输电工程。2020 年 12 月建成的昆柳龙直流输电工程为特高压混合三端直流工程，标志着特高压直流工程进入柔性直流新时代。

1.2 常规直流输电技术和柔性直流输电技术

在运和新建的直流输电工程，主要采用基于晶闸管的常规直流输电技术，以及基于全控型功率器件 IGBT 的柔性直流输电技术。

这两种技术的直流输电具有各自的优缺点：

（1）常规直流输电技术具有输送容量大、损耗低、工程应用技术成熟且成本相对较低等优点，但基于半控型晶闸管器件的换流阀存在换相失败的固有问题，导致应用常规直流输电技术的受端电网必须有强交流系统作为支撑。

（2）柔性直流输电系统具有有功、无功功率独立控制、调控速度快、不存在换相失败问题、波形质量好等优点，特别是近些年发展的模块化多电平拓扑结构换流技术，使得换流阀输出的交流侧谐波进一步减少、换流阀运行损耗降低，模块化的设计使得柔性直流换流阀装备制造难度降低，这些优点使其成为未来高压直流输电领域发展的重要方向。

1.2.1 基于晶闸管的常规直流输电

晶闸管属于半控型电力电子器件，只能受控导通，必须依赖交流电网提供换相电压实现晶闸管的关断，由其构成的换流器需要电网提供换相电压来实现换相，因此，基于晶闸管的常规直流输电受端电网必须是有源的强交流电网，基于晶闸管构成的换流器也称为电网换相换流器（LCC）。

常规直流输电系统主要由送端整流站、受端逆变站和直流输电线路三部分构成，其典型结构示意图如图 1–1 所示。

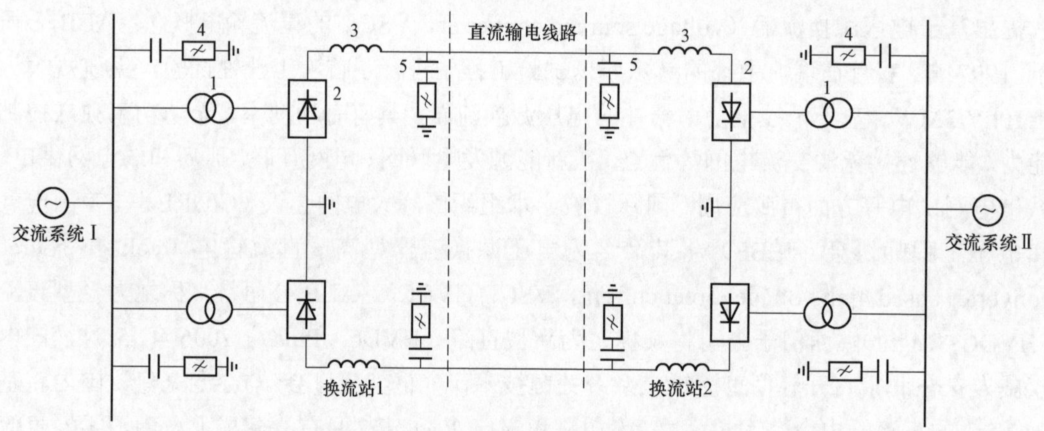

图 1–1 常规直流输电系统典型结构示意图

1—换流变压器；2—换流阀；3—平波电抗器；4—交流滤波器；5—直流滤波器

为了提升直流输电系统的电压等级，降低直流电压、电流的脉动，常规的高压直流输电系统中通常将两个 6 脉动的换流阀串联，两个换流阀的交流侧通过换流变压器进行相位变换，使得换流阀交流侧电压相位相差 30°，从而构成 12 脉动换流器，其原理示意图如图 1–2 所示。12 脉动换流器能够提高直流电压质量，所含的谐波分量低；同时，其交流侧的电流质量也得到提升，谐波成分减少，进而可简化滤波装置。对于 12 脉动换流器的具体工作原理与特性，本书不再进行细致阐述。

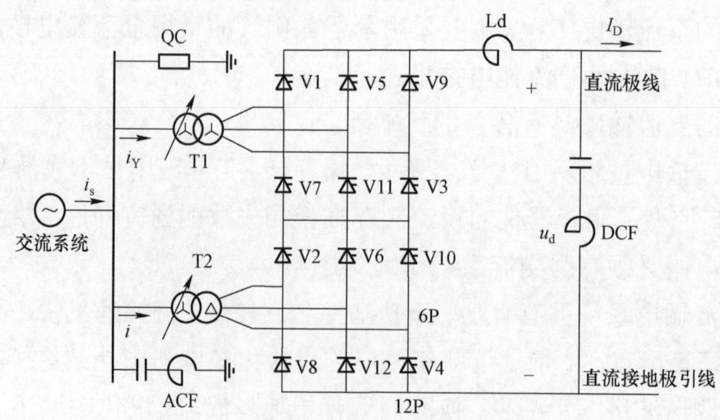

图 1–2 12 脉动换流器原理示意图

基于晶闸管的常规直流输电具有以下优点：

（1）基于晶闸管的常规直流输电系统电压等级高、传输容量大，有利于远距离大容量的电能输送。

（2）系统损耗低，包括 LCC 换流阀的损耗和直流输电线路的损耗都相对较小。

（3）技术成熟，工程经验丰富。我国±500kV 的超高压常规直流，以及±800kV 和±1100kV 的特高压常规直流输电装备制造、系统集成和工程运维技术已经非常成熟。

基于晶闸管的常规直流输电也存在以下缺点：

（1）受端电网需要强交流电源支撑。因晶闸管缺乏受控关断能力，基于晶闸管的换流器需要交流侧提供换相电压来实现换相，导致常规直流输电的受端电网必须有强交流电源支撑。

（2）基于晶闸管的换流器功率传输时需要消耗大量无功功率（约占直流输送功率的40%～60%），换流站需要配置大量无功补偿设备。

（3）存在换相失败问题。当受端电网受到扰动导致换流站交流母线电压无法满足换流阀换相时，将发生换相失败；多次换相失败可能引发换流器闭锁，导致受端电网大规模功率缺失，从而威胁系统运行安全。

随着受端电网直流落点越来越多，系统受到扰动后可能引发多个直流换流站同时发生换相失败，导致系统运行风险增加，为此需要一些新的技术来抵御换相失败给系统安全运行带来的风险。目前采取的主要措施包括两大方面：① 在受端电网配置能够快速提高电网电压稳定性的调控装备，如实现快速无功功率补偿的静止无功功率发生器、装设同步调相机等；② 开发无换相失败问题的新型换流技术，从根本上解决换相失败问题。

1.2.2 基于全控型功率器件的柔性直流输电

柔性直流输电技术是一种新型的直流输电技术，采用全控型功率器件（目前主要是IGBT）构成换流阀实现交直流电能的变换，由换流站和直流输电线路组成柔性直流输电系统。典型的柔性直流输电系统拓扑结构示意图如图 1－3 所示。

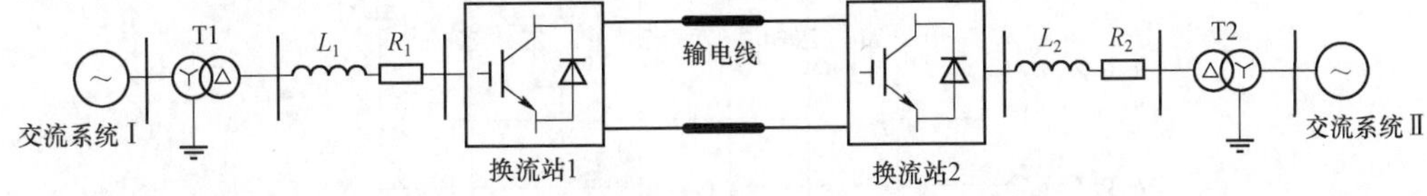

图 1－3 典型的柔性直流输电系统拓扑结构示意图

柔性直流输电系统主要包括基于全控型功率器件的换流器、换流变压器、连接电抗器（不同类型的换流阀有差异）、控制保护系统及辅助系统等。电压源换流器是柔性直流输电系统的核心设备，其具有不同类型的拓扑结构，典型的换流器拓扑包括两电平、三电平拓扑结构换流器和模块化多电平换流器（modular multilevel converter，MMC）拓扑结构。

1. 两电平拓扑结构换流器

两电平拓扑结构换流器由三相六桥臂组成，其基本结构如图 1－4 所示。每相的上、下桥臂由 IGBT 和与之反并联的二极管组成（通常集成为一个 IGBT 器件）。对于高压直流输电系统，为了满足耐压的需要，每个桥臂将由多个 IGBT 串联构成。两电平换流器每相可输出正母线电压和负母线电压两个电平，并通过脉冲宽度调制来逼近正弦波。

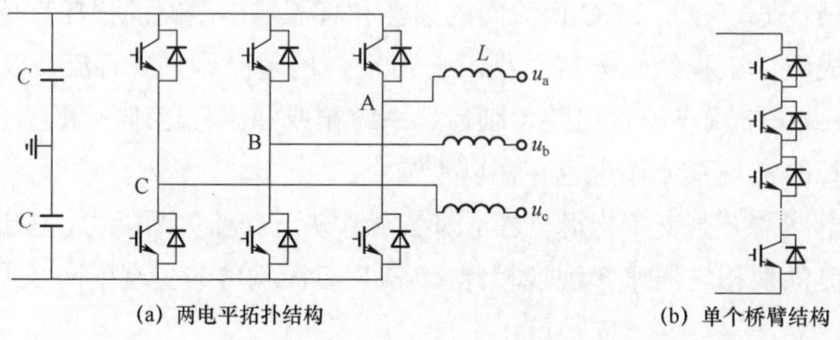

(a) 两电平拓扑结构　　(b) 单个桥臂结构

图 1－4　两电平换流器基本结构

两电平拓扑结构换流器结构简单，早期的柔性直流输电换流器采用此拓扑结构。但随着柔性直流输电系统电压等级不断提升，两电平拓扑结构换流器存在以下问题：

（1）为得到较好的动态性能和谐波特性，换流器桥臂需高频（通常在 1 kHz 以上）开通与关断，因此桥臂中串联的 IGBT 器件需要在微秒级时间尺度下一致地开通或关断，对 IGBT 器件的静态、动态参数一致性要求极高，且器件的均压控制较为困难。

（2）两电平拓扑结构换流阀桥臂开通/关断时会产生很高的电压电流变化率，所有元器件的设计都需要考虑较大的阶跃电压耐受裕度。

（3）两电平拓扑结构换流阀较高的开关频率使得 IGBT 的开关损耗相对较大，导致换流阀的运行损耗大。

2. 三电平拓扑结构换流器

基于二极管钳位的三电平换流器也是一种典型的拓扑结构，其基本结构如图 1－5 所示。

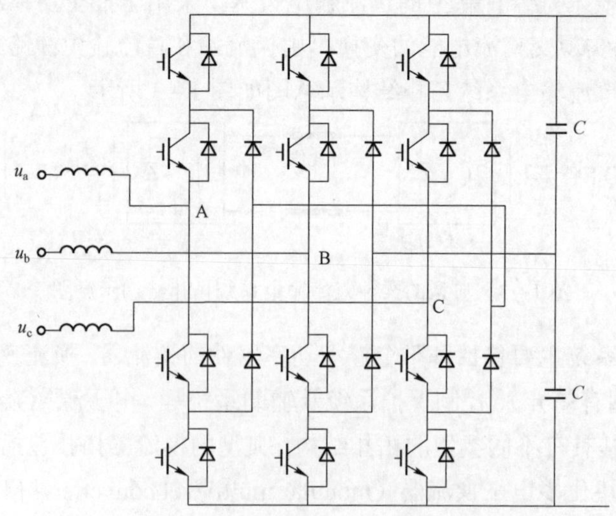

图 1－5　二极管钳位型三电平换流器基本结构

二极管钳位型三电平换流器因钳位二极管的作用，使得每相输出有正母线电压、负母线电压和零电压三种电平，也是通过脉冲宽度调制来逼近正弦波。与两电平拓扑结构换流器相比，三电平拓扑结构换流器的等效开关频率更高，输出的交流侧电压波形质量更好；相对于两电平拓扑结构换流器，其所含器件承受的开关应力降低，但所需要使用的功率器件增多。

两电平、三电平拓扑结构换流器相对简单，在中低压换流器设计中得到广泛应用，早期的柔性直流输电工程也采用了这种拓扑结构。但随着直流输电系统电压不断提升，因两电平、三电平拓扑结构换流器对器件一致的开通关断要求高，技术难度大；同时，存在换流器损耗大等问题，导致推广应用困难，目前新建的柔性直流工程基本不再采用此技术路线的换流器，本书对该类型的换流技术也不再进行详细阐述。

3. 模块化多电平换流器

多电平换流器是实现高压大功率电能变换的发展方向，目前主要有钳位型多电平电压源换流器（包括二极管钳位、电容钳位）、级联型多电平电压源换流器、模块化多电平换流器，其中，模块化多电平换流器因其在电气性能、制造优势等方面的优点，成为高压柔性直流输电的主要发展方向。

模块化多电平换流器（MMC）基本结构如图 1－6 所示，换流器由三相上、下共 6 个

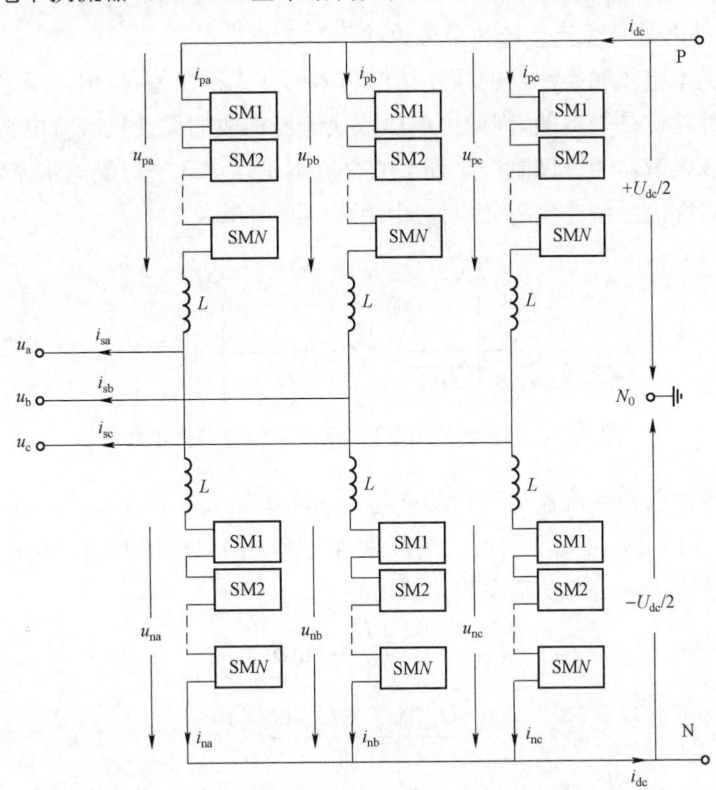

图 1－6 模块化多电平换流器（MMC）基本结构

U_{dc}、i_{dc}—分别为换流器直流侧电压和电流；u_{pi}、u_{ni}（i=a，b，c）—分别为换流器三相上桥臂、下桥臂电压；i_{pi}、i_{ni}（i=a，b，c）—分别为换流器三相上桥臂、下桥臂电流；i_{sa}、i_{sb}、i_{sc}—分别为换流器交流侧三相电流；u_a、u_b、u_c—分别为换流器交流侧三相电压

桥臂组成，每个桥臂由N个子模块（sub module，SM）和一个桥臂电抗器L构成。子模块是MMC的基本单元，主要由IGBT和储能电容组成，通过改变IGBT的开关组合状态实现子模块的投入、切除和闭锁；储能电容用于稳定子模块直流侧电压、实现交直流侧能量的交换，子模块的结构包括半桥型子模块和全桥型子模块，其拓扑结构和详细的工作原理将在第3章进行阐述；桥臂电抗器的主要作用是抑制各桥臂直流电压瞬时值不相等导致的桥臂间环流、抑制直流母线短路故障时产生的冲击电流等作用。

MMC通过多个子模块级联的方式，可以叠加输出很高的电压；在每一个开关动作周期，根据桥臂电压的需求，只需改变换流器桥臂中少数的子模块工作状态，这样既降低了换流器功率器件的开关频率，也减少了功率器件投切引起的桥臂电压变化，从而使换流器具有较低的电压变化率和电流变化率；随着电平数的增加，换流器输出的交流电压非常接近正弦波，具有输出谐波含量少、不需要在交流侧加装滤波装置等优点；MMC各子模块完全相同，模块化程度高，给设备的设计、制造和维护带来很大方便；同时，每个子模块结构和功能完全相同，便于换流器的冗余设计，大大提高了设备运行的可靠性。模块化多电平换流器的诸多优点使其成为电压源型换流器的主要发展方向之一，在高压直流输电领域具有广泛的应用前景。

4. 电压源换流器与交流系统功率交换的基本工作原理

虽然不同类型电压源换流器的拓扑结构和调制方式存在差异，但由于电压源换流器在基波频率下的外特性是一致的，因此由电压源换流器构成的柔性直流输电系统工作原理基本相同。电压源换流器通过调制产生期望的交流电压，实现交流侧与直流侧的功率交换，电压源换流器与交流系统连接等效电路图如图1-7所示。

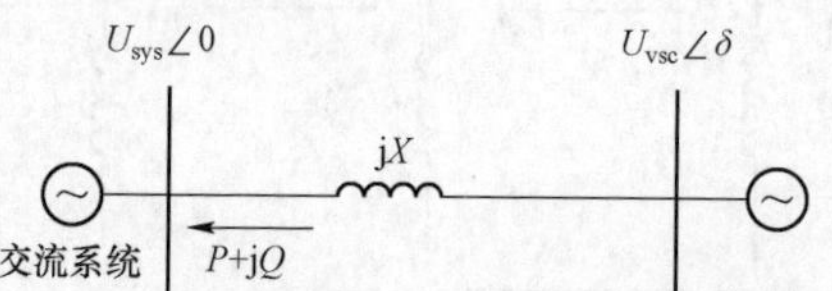

图1-7 电压源换流器与交流系统连接等效电路图

从交流系统输入到换流器的有功功率与无功功率如式（1-1）、式（1-2）所示。由式（1-1）、式（1-2）可见，通过改变换流器交流侧出口电压的幅值和相位，可以改变换流器与交流系统传输的有功功率和无功功率。

$$P=\frac{U_{sys}U_{vsc}}{X}\sin\delta \tag{1-1}$$

$$Q=\frac{U_{vsc}(U_{vsc}-U_{sys}\cos\delta)}{X} \tag{1-2}$$

式中：P为有功功率，W；Q为无功功率，var；U_{vsc}为直流系统输出电压，V；U_{sys}为交流系统电压，V；X为等效电抗，Ω；δ为相位角。

5. 柔性直流输电技术优缺点

根据以上介绍，可见柔性直流输电技术具有以下优点：

（1）柔性直流输电换流器的有功功率、无功功率可独立解耦控制，在进行功率传输时换流器不需要无功补偿装置，还可以通过换流器输出无功功率提升系统电压稳定性。

（2）无换相失败问题，能够接入弱电网或无源电网。

（3）功率调节速度快。通过换流器的内外环控制策略，能够快速进行换流器的有功功率和无功功率调节，使其很好地适应新能源发电联网的需要。

（4）柔性直流输电换流器输出的波形质量高、谐波含量少，特别是目前采用的模块化多电平换流器不需要谐波治理装置。

除了以上优点，柔性直流输电技术目前也还存在以下不足：

（1）受全控型功率器件容量限制，柔性直流换流阀的容量低于常规直流。

（2）由于换流器中功率器件工作频率较高、功率器件数量多等，柔性直流换流阀的损耗比常规直流大。

（3）柔性直流输电系统直流侧发生短路故障时，换流阀中大量电容元件快速放电导致直流电路电流大。

这些不足也是柔性直流输电系统发展需要解决的问题。

1.2.3 常规直流输电与柔性直流输电对比分析

常规直流输电与柔性直流输电具有各自的优缺点，柔性直流输电由于具有很强的调控能力，成为目前高压直流输电重要的发展方向，但传统的直流输电因输送容量大、换流器损耗低等优势，目前依然是高压直流输电的主体。两者在各方面的综合性能对比见表1－1。

表1－1　　LCC－HVDC和VSC－HVDC对比

序号	项别	LCC－HVDC	VSC－HVDC
1	换流技术	晶闸管，电网换相	IGBT，自换相
2	短路比SCR要求	＞2	无要求
3	有功功率输送范围	±10%～±100%	0%～±100%
4	无功功率消耗	消耗大量无功功率	可吸收或发出无功功率
5	有功/无功控制	不能独立控制，调节无功需要特殊装置	可独立控制
6	电压控制	需要配置无功补偿装置稳定交流母线电压	可起到静态无功补偿作用，稳定交流母线电压
7	谐波特性	较多的低次谐波分量	极少的高次谐波分量
8	单端换流站损耗	0.6%	1.6%
9	潮流反转	需改变换流器母线连接关系	无需改变结构，操作容易
10	黑启动能力	无	有
11	交流系统故障响应特性	可能引起换相失败，功率传输中断	能传输部分功率（在过电流允许值内）
12	直流侧故障保护控制	通过调整触发角控制	直流侧故障电流抑制困难
13	多端HVDC应用	复杂，限于3端	简单，理论上无限
14	目前最高容量及电压等级	12 000MW，±1100kV	5000MW，±800kV

1.3 多端直流输电

前面提到若将直流电网当作一种广义的多端直流输电系统，那么直流输电工程根据其结构可以分为两端直流输电系统和多端直流输电系统两大类。两端直流输电系统与交流系统只有送端换流站和受端换流站两个连接端口，是结构最简单的直流输电系统。

多端直流输电系统（multi-terminal direct current transmission system，MTDC）是由 3 个及以上换流站，以及连接换流站之间的高压直流输电线路构成的系统；MTDC 与交流系统之间有 3 个或 3 个以上的连接端口，能够实现多个电源、多个受电区域的互联，还可以将交流系统划分为多个独立运行的区域电网以及实现多个交流系统的互联，与两端的高压直流输电系统相比，具有更高的经济性和灵活性。

多端直流输电系统中的换流站，可以是常规直流换流站，也可以是柔性直流换流站，主要依据具体的工程需求，通过综合的经济技术对比进行方案确定。

目前，世界上已投运的多端直流输电工程见表 1－2。

表 1－2　世界上已投运的多端直流输电工程

序号	工程名称	工程规模	特点
1	意大利—科西嘉—撒丁岛直流工程	3 端，单极，200kV	世界上第一个多端直流
2	加拿大魁北克—新英格直流工程	5 端，±450kV	多种运行模式
3	日本的新信浓直流输电工程	3 端，10.6kV	背靠背
4	加拿大的纳尔逊河直流输电工程	3 端，双极±450kV	—
5	太平洋联络线直流输电工程	4 端，双极±450kV	汞弧阀和晶闸管阀串联
6	中国南澳柔性直流输电工程	3 端，±160kV	世界上首个多端柔性直流
7	中国舟山多端柔性直流输电工程	5 端，±200kV	—
8	中国昆柳龙直流输电工程	3 端，±800kV	世界上首个特高压混合直流
9	中国张北柔性直流电网工程	4 端，±500kV	世界上首个直流电网
10	中国禄高肇直流输电工程	3 端，±500kV	—
11	美国 Tres Amigas Superstation 柔性直流输电工程	3 端，±345kV	—
12	瑞典—挪威 South West Link 柔性直流输电工程	3 端，±300 kV	—

多端直流输电系统根据设计要求和运行条件，可以组成多种接线方式，按直流侧连接关系可分为串联方式和并联方式，其示意图如图 1－8 所示。

串联方式是在多端直流输电系统直流侧将不同换流站依次串联，换流站之间以同等级直流电流运行，功率分配通过改变直流电压来实现，如图 1－8（a）所示，各换流站和线路流过的直流电流相同，换流站之间的功率分配主要依靠改变直流电压来实现，串联运行导致整个系统的运行可靠性降低，一般不采用串联的系统结构。

并联方式等效为不同换流站直流侧并联于同一母线，换流站之间以同等级直流电压运行，功率分配通过改变各换流站的电流来实现，如图1－8（b）所示。并联型的结构是多端直流系统主要采取的方式，各换流站处于同一直流电压等级，可以有多个整流站或逆变站，共同维持直流系统的功率平衡，其运行方式如下：① 单个换流站作为送端换流站，多个换流站作为受端换流站；② 单个换流站作为受端换流站，多个换流站作为送端换流站；③ 同时有多个送端换流站和多个受端换流站。在具体工程中，某些换流站是作为送端的换流站向直流系统注入功率，还是作为受端的换流站从直流系统吸收功率，可依据系统运行需求进行转换。

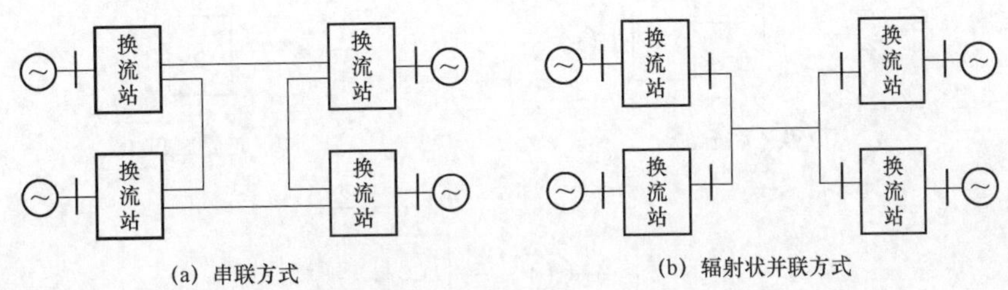

图1－8 多端直流输电系统串并联方式示意图

并联运行的多端直流输电系统具有多种接线方式，可以是放射状的，也可以是网状的（如图1－9所示）。图1－9（a）所示的为辐射状方式；图1－9（b）为网状方式，这种具有直流网孔方式的多端直流输电系统为直流电网；图1－9（c）所示的为既有直流网孔，也有辐射状接线方式的混合接线方式，是更加复杂的直流电网结构。

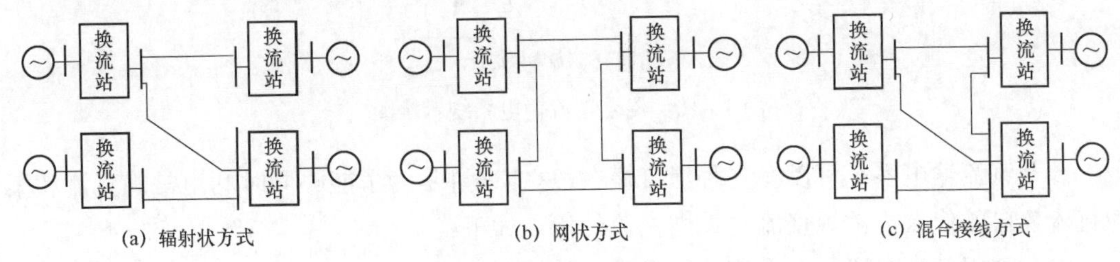

图1－9 多端直流输电系统并联方式示意图

1.4 混合直流输电

常规直流换流技术和柔性直流换流技术具有各自的优缺点，为了发挥各自的优势，可以在同一直流输电工程中同时采用传统直流输电技术和柔性直流输电技术的换流装备，通过不同的拓扑组合和接线方式，构成混合的直流输电系统。

混合的方式主要包括以下三类：

（1）第一类是换流站级的混合方式。系统中的不同换流站分别采用常规直流换流站和柔性直流换流站，可以是双端系统，也可以是多端系统，如图 1－10（a）所示。

（2）第二类是直流输电正负极级的混合方式。可以其中一极采用 LCC 的换流技术，另外一极采用 VSC 的换流技术，如图 1－10（b）所示。

（3）第三类是换流器级的混合方式。在换流站的同一极中，同时采用有 LCC 和 VSC 构成的换流单元，如图 1－10（c）所示。

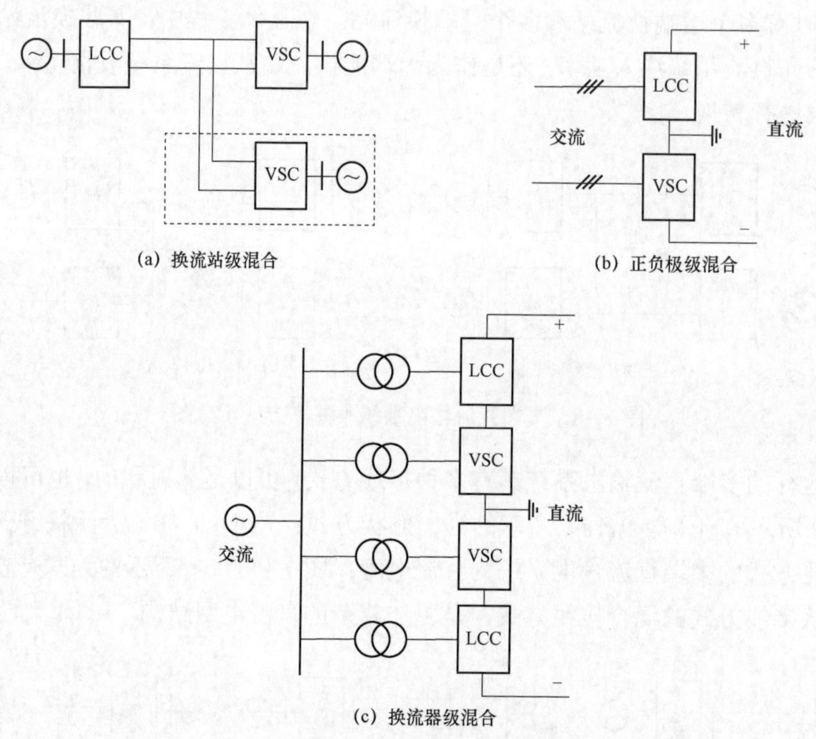

图 1－10　混合直流输电系统示意图

混合直流输电系统可以有多种组合模式，总体来讲是为了能够同时利用常规直流和柔性直流各自的优点，常规直流与柔性直流的优点如下：

（1）利用常规直流输电换流站容量大、损耗小、建设成本低等优点。

（2）利用柔性直流换流站输出电能质量高、有功无功控制能力强、交流电网适用能力强、无换相失败的优势。

因目前常规直流的容量比柔性直流的容量大，采取一个常规直流换流站配置多个柔性直流换流站的方式，或者一个常规直流换流阀配置多个柔性直流换流阀的方式，构成的混合直流输电系统更具有工程价值。

昆柳龙直流输电工程作为世界上首个特高压混合直流输电工程，就是这种典型结构的三端换流站级混合直流输电系统，该工程由一个采用常规直流换流器的送端站、两个采用柔性直流换流器的受端站构成。以单极为例，该类型混合直流系统的 拓扑结构如图 1－11 所示。本书阐述的特高压多端柔性直流电气设备，也主要是基于该工程的柔性直流电气设备进行论述。

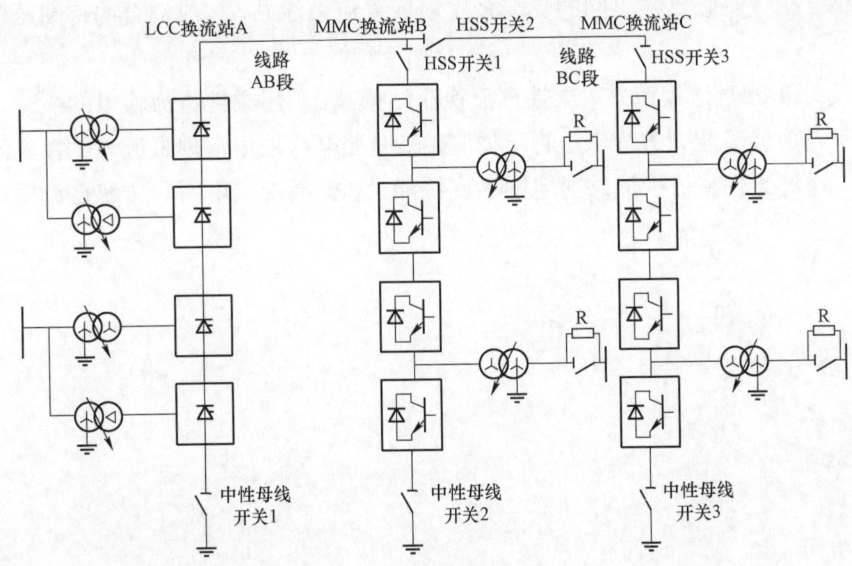

图 1-11 特高压三端换流站级混合直流输电系统拓扑结构

1.5 特高压多端直流适用场景及发展趋势

能源资源和电力中心的地域性逆向分布，决定了我国需要通过远距离、大容量输电，将东北、西北、西南的大规模能源资源以电力的形式输送到华北、华东、华中和华南等负荷中心地区。特高压直流是进行远距离大容量电力传输经济可靠的手段，同时多端直流比两端直流输电系统具有更高的经济性和灵活性，在我国的大规模电能远距离输送中，特高压多端直流将有较多应用需求。

我国大规模能源基地包含多种类型，可以概况为：东北、西北地区大规模传统的煤电，西南地区的水电，这些属于比较集中的电源；三北地区的风光资源，以及沿海的海上风电资源，这些属于较为分散、波动性强、不确定性强的电源。我国的负荷中心，主要在京津冀、华中、华东和华南地区，受端电网的特性也不尽相同。为了满足不同场景下的具体需求，可采取的特高压多端直流方式也具有多样性，主要的应用场景和构建模式建议如下：

（1）送端常规直流换流站+受端多个柔性直流换流站模式。对于大规模集中电源基地向负荷中心供电，能源基地的电源较为稳定，电网支撑能力较强，负荷中心直流落点较多，无法满足更多的常规直流接入的场景，送端采用常规直流输电，受端采用多个柔性直流输电构成特高压多端直流输电系统，在技术经济方面将具有优势。

（2）送端多个柔性直流换流站+受端常规直流换流站模式。对于波动性和不确定性强的新能源基地，采取直流进行远距离外送到负荷中心的场景，通过多个柔性直流换流站将新能源接入，在具有强支撑电网的受端采用常规直流换流站，构成混合的特高压多端直流系统。

（3）受端常规直流换流站+柔性直流换流站模式。利用柔性直流输电的快速功率调控能力，以及无功调节能力进行电压稳定控制，在受端电网采用常规直流与柔性直流换流站进行混合，通过柔性直流换流站对电网的支撑能力，提高受端电网对传统直流输电的接入能力。

2 特高压多端混合直流输电系统

目前，在特高压领域，柔性直流电气设备最早应用在我国建筑的世界上首个特高压多端混合直流输电工程——昆柳龙直流输电工程。随着特高压柔直设备制造和运行维护技术的不断提升，未来将会有更多的特高压柔性直流设备应用在工程建设中。

为了便于读者理解后续章节中特高压柔性直流电气设备的论述，对特高压混合直流输电系统和柔性直流换流站的规划设计与运行控制有总体认识，本章以昆柳龙直流输电工程为背景，主要论述特高压多端混合直流输电系统的典型拓扑结构及系统运行方式，分析特高压柔性直流换流站系统构成及主接线方式，介绍特高压柔性直流换流站中换流阀、换流变压器、启动电阻、桥臂电抗器、直流场开关等一次设备作用及特点，阐述特高压多端混合直流输电系统的二次控制保护系统基本构成及工作原则，讲述柔性直流换流站主要辅助设备配置方法。

2.1 特高压多端混合直流输电系统换流站组合模式

在第 1 章中讲述过，由于常规直流输电和柔性直流输电在经济、技术方面具有各自的优势，基于常规直流换流站和柔性直流换流站构成的双端、多端混合直流输电系统，成为近些年发展的一种新方式。

混合直流系统中，各换流站采用何种换流技术，主要根据其所连接的交流系统特点、具体的工程需要来确定，发挥基于晶闸管的常规直流和基于 IGBT 的柔性直流换流技术各自的优势，综合考虑系统的技术经济性进行确定，典型的应用方案如下：

（1）当送端站为风电、光伏等间歇性新能源接入的站点，选择柔性直流换流站作为送端站，以提高新能源的接纳能力。

（2）当送端站为火电、水电等稳定能源接入站点，选择常规换流站作为送端站，以提高大容量输送电能的经济性。

（3）当受端站接入的交流电网强度较弱，或受端电网接入的直流换流站较多，宜选择柔性直流换流站作为受端站，可避免换相失败问题的发生，增强受端电网稳定性。

（4）当受端站接入的交流电网强度高、系统稳定性高，可选择常规直流换流站作为受端站点，以提高直流工程的经济性。

根据送端站的电源接入情况，以及受端站电网接入点系统强度等因素，可灵活配置特高压多端混合直流系统结构。结合我国目前能源转型发展趋势，以及能源与负荷分布特性，为满足大规模新能源开发利用过程中负荷中心供电需要，可采用的多端直流主要包括：

（1）采用一个常规直流作为具有稳定电源的送端，多个柔性直流作为受端，向多个负荷区域进行电能输送；

（2）多个具有新能源发电的电源基地采用柔性直流作为送端，向负荷中心供电；

（3）通过柔性直流进行多个区域电网的互联，提高网间互济能力。

昆柳龙直流输电工程采用的就是上述第一种典型三端混合直流输电模式，其送端为大规模的水电基地，受端为两个负荷中心。因此采取送端昆北换流站为常规直流、受端柳北换流站与龙门换流站为柔性直流换流站的模式。该工程的系统拓扑结构示意图如图 2－1 所示。

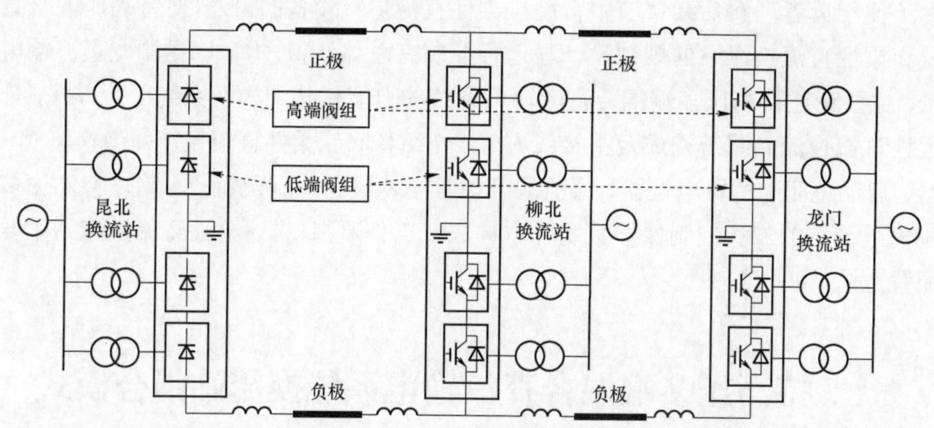

图 2－1　昆柳龙直流输电工程系统拓扑结构示意图

2.2　特高压混合直流换流站典型接线方式

2.2.1　特高压换流站直流场接线方式

对于特高压直流换流站，无论采用何种换流技术，其系统结构存在很多共性，均采用双极双阀组的接线方式。但由于换流技术的不同，常规直流换流站作为整流站或逆变站时换流阀与正负母线的连接方向是不同的，柔性直流换流站无论是工作于整流状态还是逆变状态，其换流阀与母线的连接方向不需要改变。特高压直流换流站接线方式示意图如图 2－2 所示。

图 2-2 中虚线框为换流站直流场开关刀闸设备示意图，通过改变直流场开关刀闸设备的工作状态，能够调整换流站的接线方式。换流站接线方式调整主要包括三个层面：① 改变换流站接线方式为单极还是双极；② 改变直流的中性点是金属回线还是接地；③ 对于一极中的换流阀，是单个阀组接入还是两个阀组均接入。多端系统通过这些接线方式的调整，改变系统的运行方式。

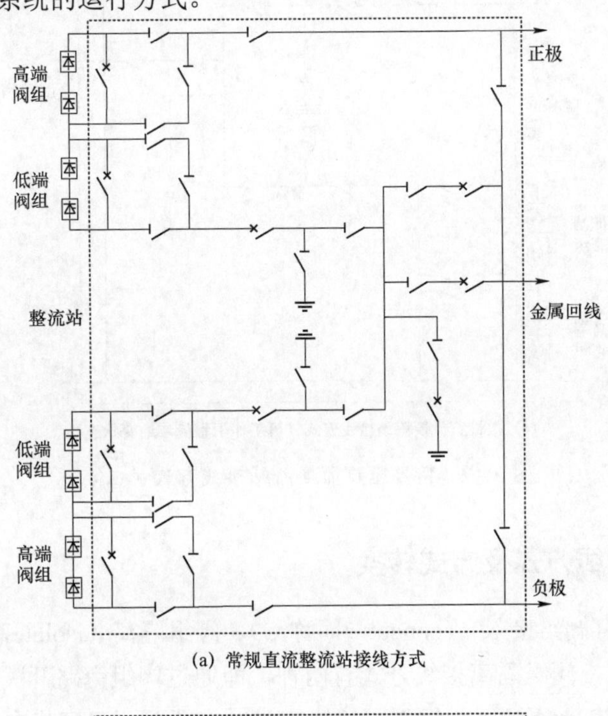

(a) 常规直流整流站接线方式

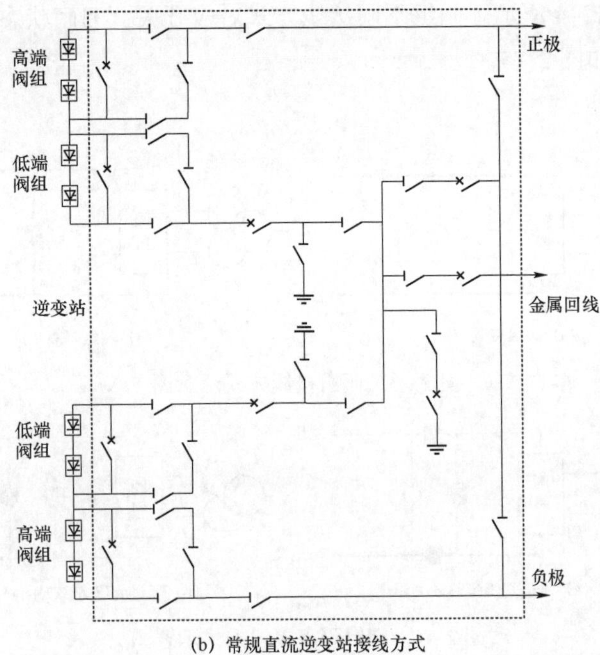

(b) 常规直流逆变站接线方式

图 2-2　特高压直流换流站接线方式（一）

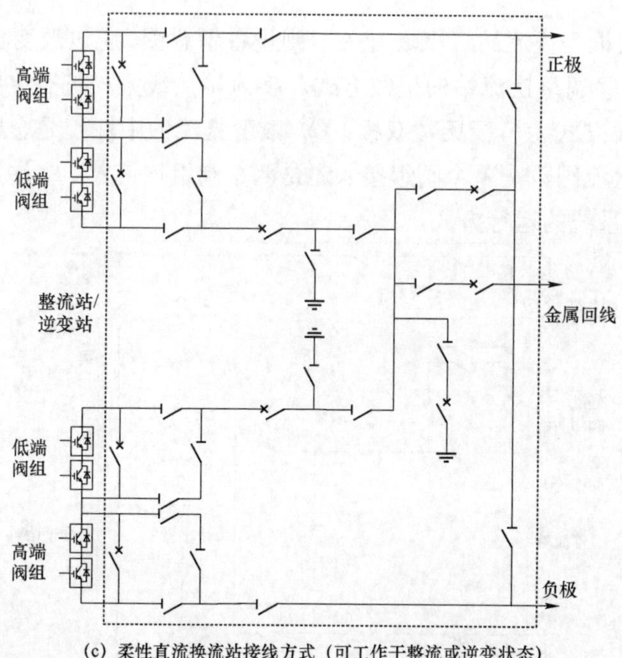

(c) 柔性直流换流站接线方式（可工作于整流或逆变状态）

图 2－2 特高压直流换流站接线方式（二）

2.2.2 换流阀接线方式及方式转换

阀组接线方式有阀组接入（connect，简称 C）、阀组隔离（isolate，简称 I）两种，如图 2－3 所示。其中，阀组隔离接线方式有两种，即通过阀组旁路开关隔离和通过阀组旁路刀闸隔离，如图 2－4 所示。阀组不同接线方式对应开关、刀闸状态见表 2－1，阀组接线方式间转换关系如图 2－5 所示。

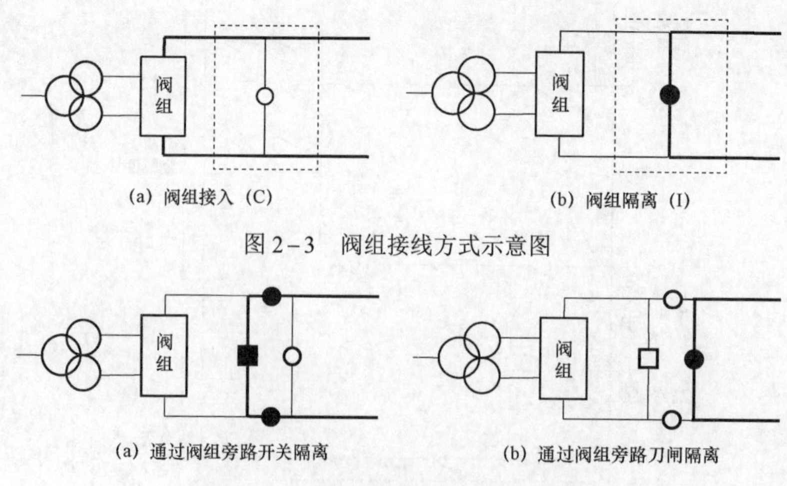

(a) 阀组接入（C）　　(b) 阀组隔离（I）

图 2－3 阀组接线方式示意图

(a) 通过阀组旁路开关隔离　　(b) 通过阀组旁路刀闸隔离

图 2－4 阀组隔离接线方式示意图

表 2-1　　阀组不同接线方式下的开关和刀闸状态

名称	阀组旁路开关	阀组旁路刀闸	阀组高压侧隔离刀闸	阀组低压侧隔离刀闸
阀组接入	断开	断开	合上	合上
阀组隔离——通过阀组旁路开关隔离	合上	断开	合上	合上
阀组隔离——通过阀组旁路刀闸隔离	断开	合上	断开	断开

阀组的接入状态和隔离状态转换，通过阀组旁路开关、阀组旁路刀闸、阀组高压侧隔离刀闸和阀组低压侧隔离刀闸配合完成。

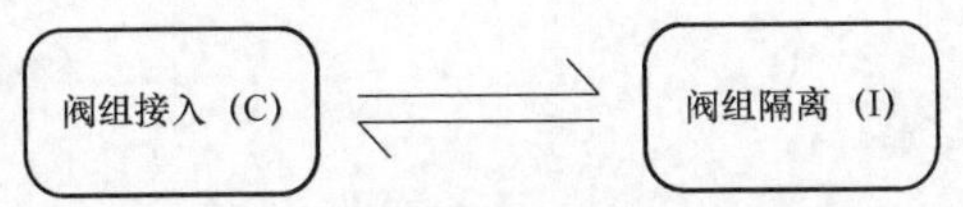

图 2-5　阀组接线方式间转换关系

2.2.3　换流站极接线方式

按照分类对象的不同，极接线方式需要考虑极的阀组接线方式和极的母线接线方式两类。

极的阀组接线方式有双阀组接入（CC）、高端阀组接入—低端阀组隔离（CI）、高端阀组隔离—低端阀组接入（IC）、双阀组隔离（Ⅱ）四种，如图 2-6 所示。阀组接线方式之间的转换关系如图 2-7 所示。

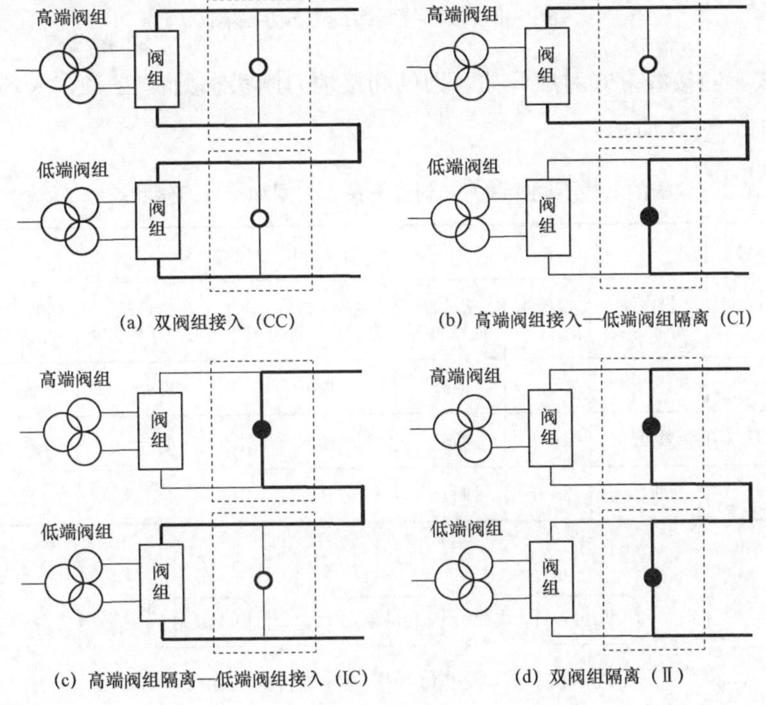

图 2-6　极的阀组接线方式示意图

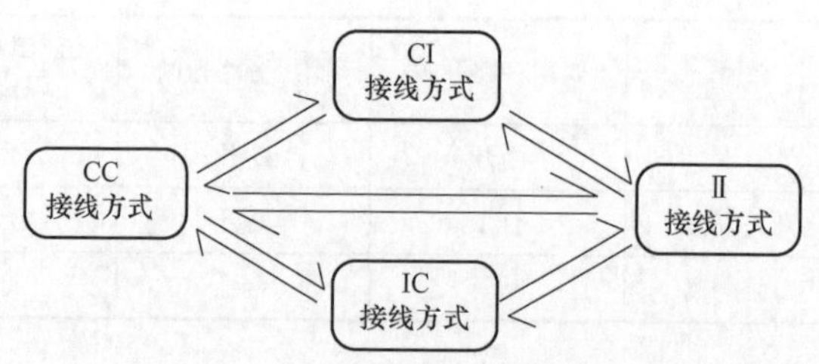

图 2-7　极的阀组接线方式之间的转换关系

极的母线接线方式有极连接、极隔离、极接地三种，如图 2-8 所示。

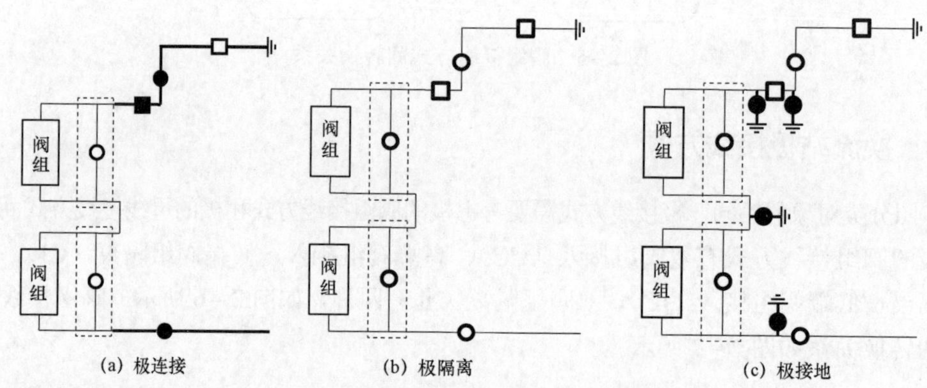

图 2-8　极的母线接线方式示意图

极的母线不同接线方式对应开关、刀闸和接地刀闸状态见表 2-2，极的母线接线方式转换关系如图 2-9 所示。

表 2-2　极的母线不同接线方式对应开关、刀闸和接地刀闸状态

名称	整流侧	整流侧、逆变侧						
	金属回线转换开关	极中性母线开关	极母线刀闸	接地极母线刀闸	极中性线第一组接地刀闸	极中性线第二组接地刀闸	400kV 母线接地刀闸	极母线接地刀闸
极连接	合上	合上	合上	断开	断开	断开	断开	断开
极隔离	断开	断开	断开	断开	断开	断开	断开	断开
极接地	断开	断开	断开	断开	合上	合上	合上	合上

图 2-9　极的母线接线方式转换关系

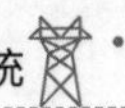

2.3 多端混合直流输电系统运行方式

2.3.1 多端混合直流输电系统换流站运行模式

柔性直流换流站可以工作于直流输电模式和 STATCOM 模式，这也导致混合直流输电系统运行模式比常规的特高压直流系统更加复杂。

按照换流站的功率传输情况和工作状态，系统的工作模式主要可以分为以下几类：

（1）能量传输的 HVDC 模式：实现电能由送端换流站向受端环路站传输。

（2）线路开路试验（open line tests，OLT）模式：主要是站内设备或直流线路设备绝缘出现异常，或者站内设备长期运行后，为了验证设备绝缘水平需要做空载升压试验，此时不进行电能传输。

（3）无功补偿的 STATCOM 模式：系统中的柔性直流换流站具备这种功能，处于 STATCOM 的站点与直流系统隔离，单独向本侧的交流系统提供无功支撑，以控制交流系统电压，此时不进行有功传输。

2.3.2 系统运行方式

如 2.3.1 节所述，系统中换流站可以有多种工作模式，通常情况下系统的主要任务是完成电能输送，一般采取双极对称运行，以维持大地回线不流过电流，但在一些特殊工况下，也会改变极运行方式和阀运行方式。多端直流输电系统可以所有换流站同时投入运行，也可以部分换流站投入、部分退出运行。具体运行方式可以根据系统调度需求、运行维护需要进行调整。

下面以昆柳龙直流输电工程为例，对三端直流输电系统典型的运行方式进行分析，按换流站投入运行情况、接线方式、直流电压等多种情况进行划分。

（1）按直流系统中换流站投入运行情况划分。可以分为三端运行方式和两端运行方式。其中，三端运行方式又分为完整三端运行方式、“3+2” 运行方式、“2+2” 运行方式三类。

1）完整三端运行方式，是指三端换流站均正负极接入系统的运行方式。

2）“3+2” 运行方式，是指有一极为三端均接入系统，另一极为部分换流站接入的方式，如昆柳两端接入或昆龙两端接入。

3）“2+2” 运行方式，是指正负极每一极只有部分换流站接入的方式，如一极为昆龙两端接入，另一极为昆柳接入。

（2）按照运行的极线和直流侧中性回线情况进行划分。对于换流站的运行，如果只有一极投入运行，称为单极运行模式，如果两极均投入运行，称为双极运行模式。单极运行时，可以采取金属回线或大地构成回路，构成金属回线模式或大地回线模式。

结合换流站投入情况，以及运行极线和直流侧中性回线情况，多端直流系统的正常运行方式可以划分为三端双极、三端单极金属回线、三端单极大地回线、两端双极、两端单极金属回线、两端单极大地回线六大类。

（3）按照阀组投入情况划分。正常运行时高低端阀组同时投入运行，特殊情况下高低端阀组也可以部分退出，由相应阀组对应的旁路开关或旁路刀闸将其短接，具体如 2.2.2 所述。

（4）按照直流电压情况划分。按照直流侧运行电压对运行方式进行划分，可分为双极全压和单极全压运行方式，以及双极降压和一极降压运行方式。

特高压多端直流输电系统可构成的运行方式繁多，以昆柳龙直流输电工程为例，考虑功率输送、各站阀组接线和阀组交叉接线方式等，其可能构成的运行方式有数百种。

过多的运行方式给仿真试验和现场试验带来巨大的试验工作量和验证难度，也为工程投运后的现场调度、运行操作带来难度。为此，应在实际应用中对运行方式进行优化。以昆柳龙直流输电工程为例，对运行方式采用以下原则进行优化：

（1）不考虑单阀组降压运行方式（400kV→320kV）。

（2）仅考虑昆北—龙门两端运行时的阀组交叉接线方式。阀组交叉运行是指一个极单阀组运行时，由于不同换流站选择了不同位置的阀组造成的阀组高端、低端错配。阀组交叉运行是人为选择的，不会由于运行中各种方式转换而被动进入。

（3）“3+2”和“2+2”不作为启极的基本运行方式，仅考虑被动进入后转为正常运行方式。

依据上述优化原则，将昆柳龙直流输电工程运行方式按故障类型分为以下三类：

（1）A 类运行方式，为推荐作为启极的基本运行方式，考虑现场设备检修情况和实际复电需求，将昆龙两端阀组交叉也包括在内。

（2）B 类运行方式，为 $N-1$ 故障被动进入的运行方式，主要包括“3+2”运行方式和降压运行，在该运行方式下应结合现场实际情况尽快转为 A 类运行方式。

（3）C 类运行方式，为 $N-2$ 故障被动进入的运行方式，包括“3+2”降压运行和“2+2”运行方式（不考虑“2+2”降压运行），在该运行方式下建议快速转为 A 类或 B 类运行方式。

根据上述运行方式优化原则，优化后的 A 类运行方式有 18 大类、各类接线方式有 108 种，B 类运行方式有 12 大类、各类接线方式有 84 种，C 类运行方式有 5 大类、各类接线方式有 46 种，优化后运行方式总计有 35 大类、各类接线方式有 238 种，比优化前的接线方式数目有显著降低，且能够保证正常的各种运行需求。具体的运行方式见表 2-3。

表 2-3　昆柳龙直流输电工程运行方式

分类	运行方式	接线方式数量
A 类	三端双极四阀组	1
	三端单极两阀组金属回线	2

续表

分类	运行方式	接线方式数量
A类	三端单极两阀组大地回线	2
	两端双极四阀组	3
	两端单极两阀组金属回线	6
	两端单极两阀组大地回线	6
	三端双极三阀组	4
	两端双极三阀组	12
	三端双极两阀组	4
	两端双极两阀组	12
	三端单极单阀组大地回线（阀组不交叉）	4
	三端单极单阀组金属回线（阀组不交叉）	4
	两端单极单阀组大地回线（阀组不交叉）	12
	两端单极单阀组金属回线（阀组不交叉）	12
	昆龙两端双极三阀组（阀组交叉）	4
	昆龙两端双极两阀组（阀组交叉）	12
	昆龙两端单极单阀组大地回线（阀组交叉）	4
	昆龙两端单极单阀组金属回线（阀组交叉）	4
B类	“3+2”双极两阀组大地回线	16
	“3+2”双极三阀组大地回线	16
	“3+2”双极四阀组大地回线	4
	一极降压/双极降压三端双极四阀组	3
	一极降压三端双极三阀组	4
	一极降压三端单极两阀组大地回线	2
	一极降压三端单极两阀组金属回线	2
	一极降压/双极降压两端双极四阀组	9
	一极降压两端单极两阀组大地回线	6
	一极降压两端单极两阀组金属回线	6
	一极降压两端双极三阀组（阀组不交叉）	12
	一极降压昆龙两端双极三阀组（阀组交叉）	4
C类	一极降压“3+2”双极三阀组大地回线	16
	一极降压/双极降压“3+2”双极四阀组大地回线	12
	“2+2”双极单阀组大地回线	8
	“2+2”双极三阀组大地回线	8
	“2+2”双极四阀组大地回线	2
共计		238

注 运行管理中对运行方式的分类也会进行一定的调整。

2.4 特高压多端混合直流输电系统柔性直流电气设备

常规直流的特高压换流站已经有较多的文献可以借鉴，本书主要论述特高压多端混合直流系统中柔性直流换流站的主要设备。

2.4.1 柔性直流换流站一次设备

柔性直流换流站由一次系统与二次系统组成。其中，一次系统是完成电能变换与输送的载体，主要包括启动电阻、换流变压器、桥臂电抗器、换流阀、平波电抗器、直流场开关、交流场开关等设备。与常规直流换流站相比，柔性直流换流站中启动电阻、桥臂电抗器为柔性直流特有设备，减少了直流滤波器、交流滤波器等滤波设备，且由于换流技术的差异，换流阀和换流变压器也与常规直流换流站设备不同。

特高压柔性直流换流站一次系统主要设备连接示意图如图 2-10 所示。

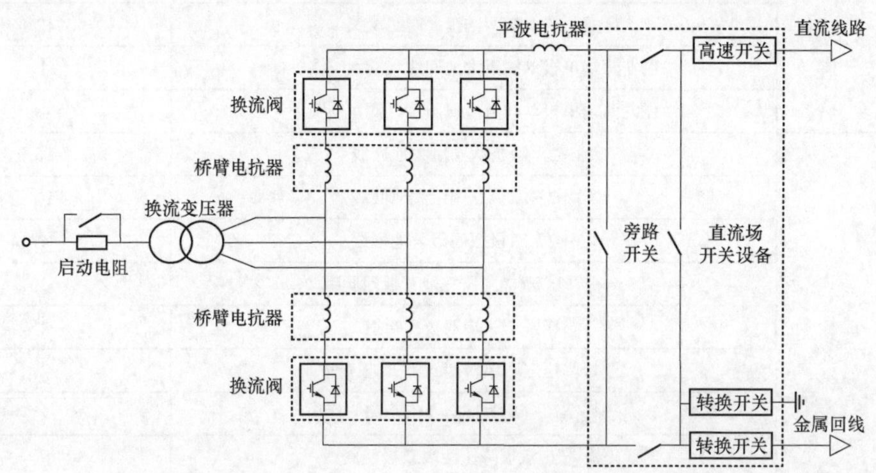

图 2-10 特高压柔性直流换流站一次系统主要设备连接示意图

下面对几种一次系统设备的功能、作用、结构等进行简要阐述。

1. 启动电阻

启动电阻是柔性直流换流站布控充电过程中为了减小电压源换流器充电电流而投入的电阻，具有限制充电电流的作用，使换流器等相关设备免受冲击电流和电压的影响，保障充电过程中设备安全运行。依据交直流侧安装位置的不同，可以分为交流侧启动电阻和直流侧启动电阻两大类，交流侧启动电阻根据系统条件布置在换流变压器的网侧或阀侧，直流侧启动电阻根据系统条件布置在电压源换流器的直流极母线或中性母线处。启动电阻如图 2-11 所示，启动电阻的工作原理、配置原则、选型方法、风险因素等内容，将在第 5 章详细介绍。

图 2－11 启动电阻

2. 换流变压器

换流变压器是直流输电工程的核心设备之一，接在换流阀与交流系统之间，为换流阀提供三相电压。换流变压器在直流输电系统中的作用包括：① 传送电力；② 把交流系统电压变换到换流阀所需的电压大小；③ 将直流部分与交流系统电气隔离，以免交流系统中性点接地和直流部分中性点接地造成直接短接；④ 换流变压器的漏抗可起到限制故障电流的作用；⑤ 对沿着交流线路侵入到换流站的雷电冲击过电压波起缓冲抑制的作用。换流变压器如图 2－12 所示，换流变压器的特点、详细结构、选型方法、风险因素等内容，将在第 4 章进行详细阐述。

图 2－12 换流变压器

3. 桥臂电抗器

桥臂电抗器是模块化多电平换流器的重要组成部分，串联在每个桥臂中。其作用包括抑制换流器输出电流和电压中的谐波量，抑制相间环流，限制暂态和故障电流上升率与峰值。桥臂电抗器如图 2－13 所示，桥臂电抗器的详细结构、配置原则、参数选取方法、风险因素等内容详见第 6 章。

图 2－13 桥臂电抗器

4. 换流阀

换流阀是实现三相交流与直流电能形式变换的装置，是实现交、直流转换的核心设备。柔性直流采用电压源换流器实现换流，常见的主要有两电平换流器、三电平换流器、模块化多电平换流器，其换流阀是由 IGBT 或子模块级联构成的，特高压柔性直流采用的是模块化多电平换流器，其换流阀可根据系统需求选用半桥或全桥等不同类型的子模块级联构成，典型的柔性直流换流阀如图 2－14 所示。有关换流阀的工作原理、设计方法、运行维护注意事项等内容，将在第 3 章进行详细介绍。

图 2－14　柔性直流换流阀

5. 直流场开关

直流场开关是由直流系统包含的一系列开关器件通过特定的方式连接组成的，在正常工况条件以及异常工况条件下，能够在直流系统中完成接通、承载和开断等任务。特高压柔性直流换流站的直流场开关主要有直流转换开关、直流旁路开关以及直流高速开关。

直流转换开关是用于将高压直流输电系统中的直流运行电流从一个运行回线转换到另一个运行回线的开关设备，承受电压电流较小，需具备双向断流能力，其外观如图 2－15（a）所示。

直流旁路开关是跨接在一个或多个换流阀直流端子间的开关设备，可以在柔性直流换流器没有负荷电流时进行分合，进而实现换流器的旁路操作，其结构如图 2－15（b）所示。

直流高速开关主要应用在多端柔性直流输电系统中，可以实现直流系统的第三站在线投退及直流线路故障高速隔离，提高整个直流系统的可靠性和可用率，其实物如图 2－15（c）所示。

有关直流场开关的安装位置、设备特点、配置方式、运维注意事项等内容，将在第 7 章进行详细介绍。

6. 其他一次系统电气设备

除上述特高压多端柔性一次系统设备外，其他一次系统电气设备还包括平波电抗器、直流穿墙套管、直流开关、交流开关、防雷装置等。其他一次系统设备的作用、结构、参数设计等相关内容，将在第 11 章展开详细介绍。

 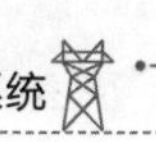

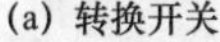

(b) 旁路开关

(c) 直流高速开关

图 2-15 直流场开关

2.4.2 柔性直流换流站二次设备

二次系统也是特高压多端柔性直流系统不可缺少的重要组成部分，二次系统设备是实现对一次系统的工作状况进行监视、测量、控制、保护、调节所必需的电气设备，特高压多端柔性系统中柔性直流换流站一次系统和二次系统的关系如图 2-16 所示。

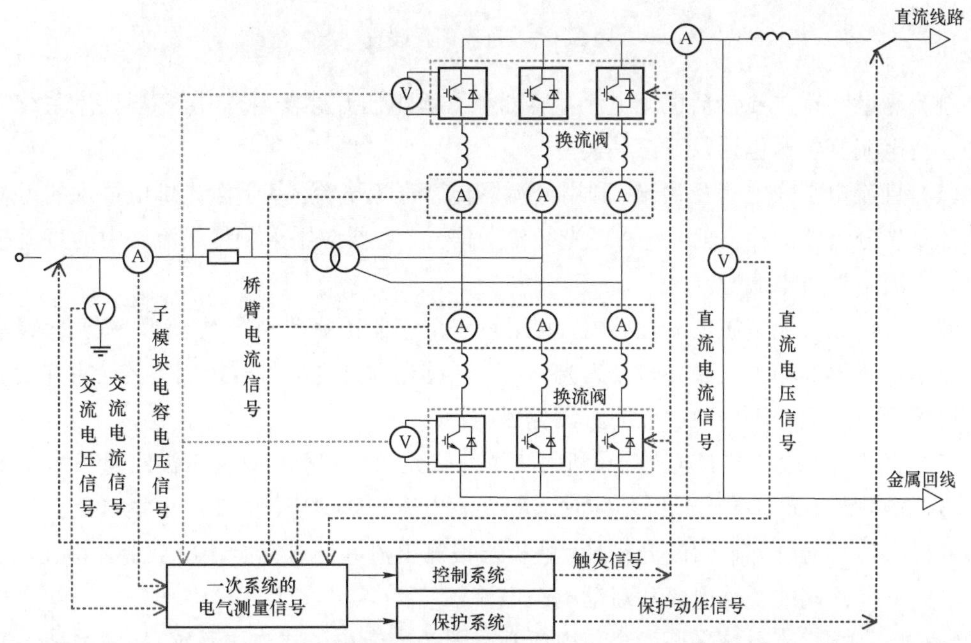

图 2-16 柔性直流换流站一次系统和二次系统的关系示意图

交直流测量装置采集一次系统的电压、电流等电气信号，将电气信号送入二次的控制和保护系统，二次系统生成作用于一次系统设备的信号，进而实现对一次系统的控制和保护功能。

下面分别对特高压多端直流二次系统中涉及的直流测量装置、控制系统、保护系统进行简要概述。

1. 直流测量装置

直流测量装置主要用于监测电力设备与系统的运行状况，为直流控制保护设备提供相关信息，外观如图 2－17 所示。

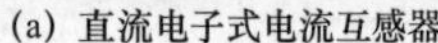
(a) 直流电子式电流互感器

(b) 直流纯光学式电流互感器

图 2－17　直流测量装置

直流测量装置主要包括直流电流互感器和直流电压互感器，特高压多端直流系统常采用的直流电流互感器包括以下三种类型：

（1）直流电子式电流互感器，利用分流器传感直流电流，基于激光供电技术的远端模块就地采集分流器的输出信号，通过光纤传送信号，主要应用于测量换流站中的直流极线电流、直流中性线电流等。

（2）中性点直流偏磁电流互感器，利用霍尔传感器传感被测一次电流，基于远端模块采集霍尔传感器的输出信号并转换为光信号，通过光纤传送信号至控制室的合并单元，主要应用于测量换流变压器中性点的直流偏磁电流。

（3）直流纯光学式电流互感器，利用法拉第磁光效应和萨格纳克干涉测量技术实现对一次电流的测量，通过传感光纤环同时感应直流电流和谐波电流，使用采集单元提供系统光源并接收传感光纤环返回的光信号，解析出被测电流并通过光纤输出至合并单元，主要应用于测量换流阀的桥臂电流和启动电阻电流。

特高压多端直流系统采用的直流电压互感器是直流电子式电压互感器，利用基于激光供电技术的远端模块就地采集分压器的输出信号，通过光纤传送信号，用于测量特高压多端直流系统的极线直流电压。

直流测量装置的测量工作原理、配置方案、运行维护要点等内容，将在第 8 章详细展开。

2. 控制系统

特高压多端柔性直流系统采用分层的设计架构，在功能上主要分为系统级控制层、换流站级控制层、极控制层、阀组控制层，多端柔性直流控制系统框架如图 2-18 所示。

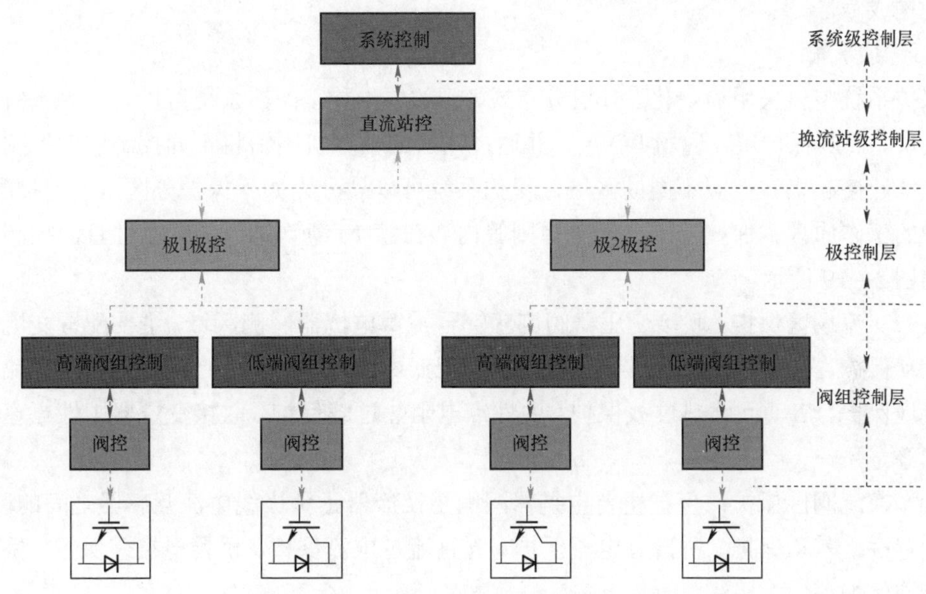

图 2-18 多端柔性直流控制系统框架

对特高压多端柔性直流各层控制系统进行如下简述，控制系统的详细结构和功能见第 10 章。

（1）系统级控制层。系统级控制是特高压多端柔性直流系统中的最高层控制，其接收电力调度中心的有功类物理量整定值和无功类物理量整定值，并得到有功和无功类物理量参考值作为换流站级控制的输入参考量。

（2）换流站级控制。换流站级控制接收系统级控制的有功和无功类物理量参考值，设置交流站控，对于特高压多端柔性直流系统，还要设立独立的直流站控。直流站控的主要功能包括：① 多端协调控制；② 全站无功控制；③ 极层或双极层的直流顺序控制、连锁等。

（3）极控制层。特高压多端柔性直流系统一般采用双极直流输电系统，极控制层需要同时控制两个极，可以进一步划分为双极控制层和单极控制层。双极控制层是控制直流系统的两个极的控制层次，主要功能包括：① 设定双极的功率定值；② 两极电流平衡控制；③ 极间功率转移控制；④ 换流站后备无功控制及后备多端协调控制等。

单极控制层是控制直流系统一个极的控制层次，主要功能包括：① 经计算向换流器控制级提供电流整定值，控制直流系统的电流，主控制站的电流整定值由功率控制单元给或人工设置，并经通信传送到从站；② 直流系统功率控制；③ 极启动和停运控制；④ 故障处理控制；⑤ 各换流站同一极之间的通信，包括电流整定值和其他连续控制信息的传输、交直流设备运行状态信息和测量值的传输等。

（4）阀组控制层。特高压多端柔性直流系统一般采用高、低两个阀组，可以进一步划分为换流器控制层和换流阀控制层。换流器控制层是直流系统一个换流器单元的控制层次，用于换流器的控制；换流阀控制层是对各个阀分别设置的等级最低控制层次，由阀控制单元构成。

3. 保护系统

保护系统整体采用模块化、分层分布式、开放式结构，保护系统可以划分为系统监视与控制层、控制保护层、现场I/O层，并通过冗余的计算机网络将不同控制层的控制保护设备统一连接起来。按照不同的区域，保护系统可以划分为如下保护分区以及保护配置，各保护的工作原理、保护范围、配置原则等内容在第10章详细介绍。柔性直流控制保护分区如图2－19所示。

（1）交流场区保护：联接变压器阀侧套管至桥臂电抗器网侧区域，主要配置交流联接母线差动保护、交流联接母线过电流保护、交流低电压保护、交流过电压保护、交流联接母线接地保护、启动回路热过载保护、中性点电阻热过载保护、联接变压器中性点直流饱和保护等。

（2）换流阀区保护：保护桥臂电抗器网侧至换流器正负极线电流互感器之间的区域，主要配置桥臂差动保护、桥臂过电流保护、阀直流过电流保护、桥臂电抗差保护、桥臂电抗器谐波保护等。

（3）直流场区保护：两侧换流器高低压极线电流互感器之间的区域，主要配置直流电压不平衡保护、直流低电压过电流保护、直流过电压保护、直流场区接地过电流保护、直流线路纵差保护、汇流母线差动保护等。

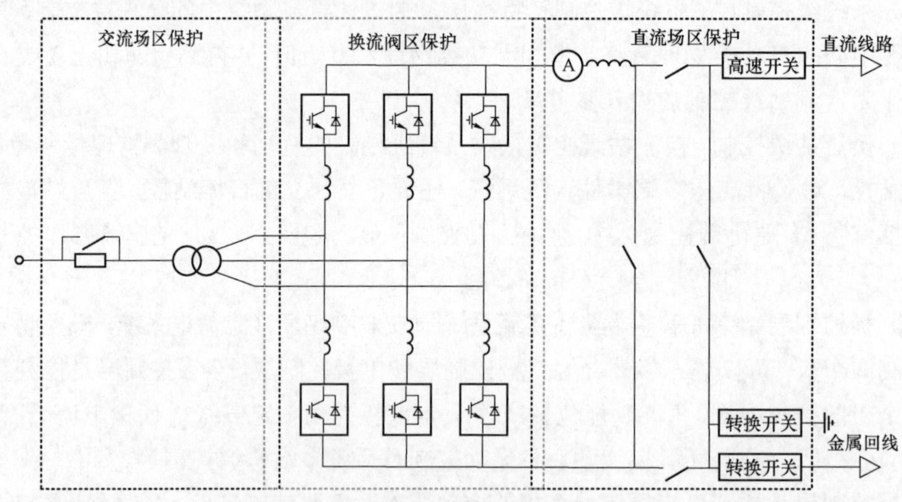

图2－19　柔性直流控制保护分区图

2.4.3 柔性直流换流站辅助设备

为了保障特高压柔性直流换流站的安全、稳定运行，还需要配备辅助系统和设备，主

要包括换流阀冷却系统、空调通风系统、消防灭火系统、站用电系统等，本小节分别对上述辅助系统的功能、组成、工作过程等内容进行简要介绍。

1. 换流阀冷却系统

换流阀工作时产生大量热量，将会导致换流阀的功率器件温度升高，如果没有配置合适的散热措施，就会使阀体温度超过所允许的最高结温，从而导致器件性能恶化甚至损坏，因此需要可靠的换流阀冷却系统保证其运行在允许温度范围内。换流阀冷却系统一般采用水冷方式，分为内冷水系统和外冷水系统，换流阀冷却系统结构示意图如图 2－20 所示。

（1）内冷水系统是一个密闭的循环系统，它通过冷却介质的流动带走换流阀工作过程中所产生的热量，考虑散热效果、防火、防腐蚀等多方面因素，阀内冷却系统的冷却介质采用去离子水，通常把阀内冷却系统称作内水冷循环系统，涉及的设备主要包括主循环泵、冷却塔、离子交换器、补水泵等。

（2）外冷水系统一般有两种方式：一种是外水冷循环系统，通过冷却塔对内水冷进行冷却；另一种是外风冷系统，采用空气直接冷却散热方式进行冷却。涉及的设备主要包括软化单元、反渗透处理单元、平衡水池、喷淋泵、高压泵等。

换流阀冷却系统的具体结构、工作原理、配置原则、运行维护要点等内容，将在第 9 章详细阐述。

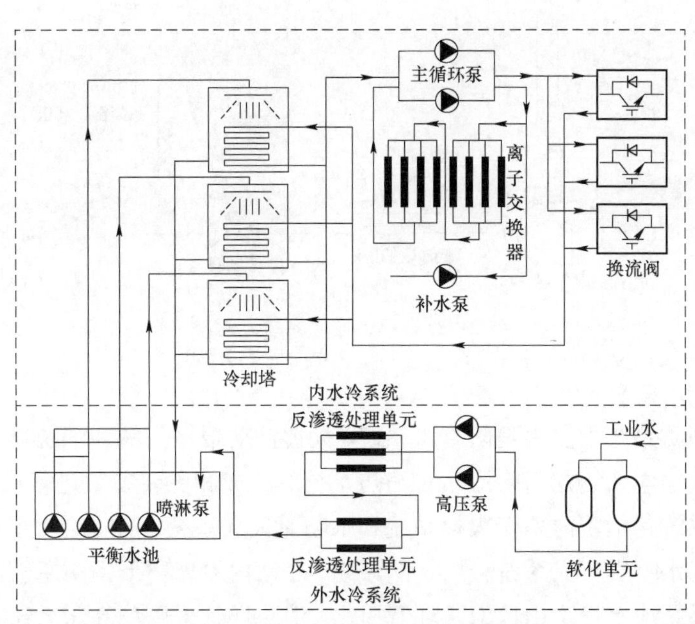

图 2－20　换流阀冷却系统结构示意图

2. 空调通风系统

换流阀和控制保护设备对所处运行环境温度和湿度要求很高，过高的温度会导致硬件故障，进而威胁到直流系统的安全稳定运行，空调系统作为一个辅助系统，维持环境温度和湿度在一个合适的范围内，对保证直流系统的安全稳定运行具有重要作用。空调通风系统一般包括阀厅空调通风系统、主控楼及辅控楼空调通风系统、继电器室空调通风系统、蓄电池室空调通风系统、GIS 设备室通风系统等部分。空调通风系统涉及的设备主要包括压缩机、冷凝器、膨胀阀、蒸发器等，其结构示意图如图 2-21 所示，其具体工作过程如下：

（1）经过压缩机的压缩，制冷剂的低温、低压气体成为高温、高压气体，从压缩机排气管道排出后，通过四通换向阀进入冷凝器，冷媒通过盘管的外部翅片将热量释放到空气中，制冷剂被冷凝。

（2）经过冷凝器冷凝后的高压制冷剂液体，流过干燥过滤器、受液器、止回阀，进入电子膨胀阀，液体冷媒在经过电子膨胀阀后体积膨胀、状态改变，变成了低温、低压的液体。

（3）制冷剂的低温、低压液体经管道流入蒸发器后在热交换器中膨胀蒸发，由载冷剂将冷量传送。

（4）经过膨胀蒸发的低压过热制冷剂气体经过四通换向阀和压缩机吸气管道进入压缩机，再次被压缩。

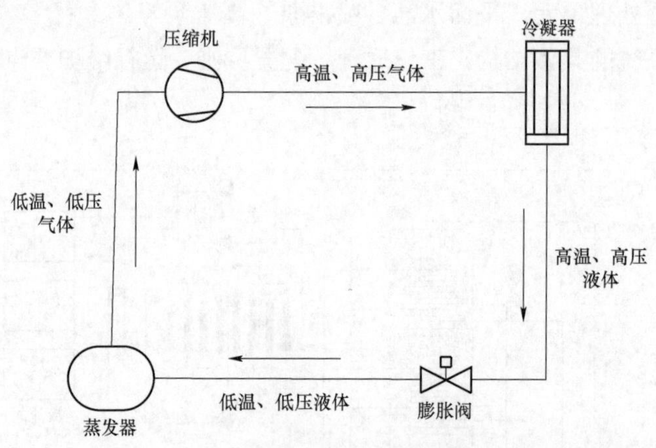

图 2-21　空调通风系统示意图

3. 消防系统

换流站的消防系统主要由消防给水系统、火灾自动报警系统和消防器材组成。结合昆柳龙特高压直流输电系统龙门换流站对消防系统的构成和主要参数进行说明。

消防给水系统包括室内外消火栓系统和水喷雾灭火系统，消防给水系统独立设置，采用消火栓系统和水喷雾灭火系统合用管网系统。在站内设置环形消防主管，室内外消火栓及水喷雾灭火系统给水管均由该消防环管引出。消防环管采用稳高压系统，由消防供水设备统一维持压力和加压供水。换流站的换流变压器设置泡沫消防炮灭火系统，作为水喷雾灭火系统的有效补充。消防器材由灭火器、消防小室等组成。

柔性直流换流站内主要在以下场所根据规范设置了相应的灭火设施：各主要建筑物设置室内外消火栓系统，换流变压器设置水喷雾系统、泡沫消防炮系统及配套的室外消火栓系统，交直流设备区设置室外消火栓，各建筑物配置灭火器，室外含油设备配置推车式灭火器及消防砂池等。

（1）消火栓给水系统。各主要建筑物设置室内外消火栓系统，换流变压器设置水喷雾系统、泡沫消防炮系统及配套的室外消火栓系统，交直流设备区设置室外消火栓，各建筑物配置灭火器，室外含油设备配置推车式灭火器及消防砂池等。

室外消火栓布置间距不超过 60m，每个消火栓旁均设置不锈钢消火栓箱，箱内配置水枪和水带；各建筑物室内消火栓布置保证同层有两支水枪的充实水柱同时到达任何部位；最不利消火栓水枪充实水柱不小于 13m。

（2）水喷雾灭火系统。各换流变压器均设置水喷雾给水系统。换流变压器本体、储油柜、套管及油坑均设有喷头保护，设计喷雾强度分别为：本体 20L/（min・m^2），储油柜 20L/（min・m^2），油坑 6L/（min・m^2）；火灾延续时间为 1h；喷头工作压力不小于 0.35MPa。最大单台换流变压器水喷雾灭火系统设计用水量标准约为 9765L/min，总水量为 585.9m^3。

（3）泡沫消防炮灭火系统。换流变压器设置泡沫消防炮灭火系统，作为水喷雾灭火系统的有效补充。泡沫消防炮灭火系统采用水成膜低倍泡沫，智能固定式泡沫消防炮设置于炮塔上，泡沫消防炮远距离喷射泡沫混合液，全覆盖被保护设备的套管升高座孔口、储油柜及阀侧套管封堵，并完全覆盖联接变压器顶部外表面，每台联接变压器保护区域同时被 2 门泡沫消防炮进行保护。同时在换流变压器广场的对侧布置移动式泡沫炮接口，全站设 2 台移动消防炮，便于人工辅助灭火。

（4）生产消防水池及综合泵房。站内设置生产消防水池，各消防给水系统均有生产消防水池供水。站内同一时间火灾次数按一次考虑，经计算比较后确定最大一次火灾灭火用水量为换流变压器水喷雾灭火系统、室外消火栓系统和泡沫消防炮灭火系统用水量之和，为 1210.7m^3。消防贮水量按火灾时最大一次消防用水量考虑，因此在生产消防水池实际有效容积为 1450m^3，分两格，由站内补给水管向水池内充水。

（5）火灾自动报警及联动控制系统。柔性直流换流站火灾自动报警及联动控制系统由智能光电感烟探测器、线型感温探测器、线型感温探测器微机调制器、接口模块、终端盒、手动火灾报警按钮、声光警报器、总线隔离器、输入模块、输入输出模块、模块箱、接线端子箱等组成。消防专用电话系统由消防电话专用模块、固定式消防电话分机、手提式消防电话分机、消防电话插孔等组成。消防应急广播系统由输出模块和壁挂或者吸顶音箱等组成。

4. 站用电系统

站用电系统可以分为站用电交流系统和站用电直流系统，以龙门换流站为例进行介绍。

（1）站用电交流系统。站用电交流系统采用三路独立的电源供电，第一、二路为主电源，第三路为备用电源。第一路工作电源取自 500kV 1 号站用变压器 501B，向 10kV 1 段母线 101M 供电；第二路工作电源取自 500kV 2 号站用变压器 502B，向 10kV 2 段母线 102M 供电；第三路备用电源取自 110kV 左谭变电站 110kV 左龙线（线路全长 3.771km），经 110kV 备用站用变压器 103B（110kV/10kV）降压后向 10kV 3 号备用母线 103M 供电。

500kV 站用变压器和 110kV 站用变压器任一台均可满足全站双极满负荷运行要求，其 10kV 侧通过电缆与工作母线上的 10kV 高压开关柜相连，400V 侧通过母线桥与 400V PC/MCC 段母线相连。10kV 高压开关柜布置在交流场 10kV 配电室，400V PC/MCC 屏跟随相应站用变压器布置。站用 10kV 系统采用单母线，设 101M 和 102M 两个工作段，每个 10kV 工作段接 5 台 3150kVA 的低压站用变压器。

（2）站用电直流系统。柔性直流换流站 220V 低压直流系统按照站公用、极 1 高端换流器、极 1 低端换流器、极 2 高端换流器、极 2 低端换流器和 500kV 交流场分别配置一套 220V 直流电压系统。每组直流系统均由两组蓄电池、三组充电机组成。直流电源系统设置馈电母线，每组蓄电池及充电机分别接入不同母线段。馈电母线 A 段和 B 段经手动切换形成馈电母线 C 段，馈电母线 A、B、C 分别向各自负荷供电。正常情况下只有其中一路接至馈电母线 C 段，当需要切换电源时，采用先合后分的操作方式，以防馈电失电。两组蓄电池正常运行时应分别独立运行，当两组蓄电池电压相差不超过直流电源系统标称电压的 2%且型号相同、投运时间和运行环境类似可允许短时并联。

各套直流电源系统设置一套集中监控器，安装于直流母线联络屏，各段主屏或分屏设有绝缘监测装置及馈线监测装置，监测馈线回路的开关量及模拟量，同时集中监控器还实现与蓄电池在线监测系统的通信，将蓄电池的温度、内阻等相关信息通过 IEC 61850 通信规约上传站内 OWS 系统。

3 特高压柔性直流换流阀

柔性直流换流阀是特高压直流输电系统的核心设备之一，是基于全控型功率器件（目前主要为 IGBT）构成的电压源型换流阀，其作用是将交流电能转换为直流电能或将直流电能转换为交流电能。

工程应用的柔性直流换流阀的拓扑结构主要有两电平、三电平和模块化多电平等。早期的柔性直流换流阀以两电平、三电平拓扑结构为主，但需要大量的 IGBT 器件串联，换流阀桥臂高频的开关对器件一致性和均压控制等要求极高，同时高频的开关导致换流阀损耗较大，超高压和特高压直流输电系统目前已不再采用这种拓扑结构的柔性直流换流阀。模块化多电平拓扑结构的换流阀因输出电能质量高、模块化设计、损耗低等优势成为高压大容量电压源换流器的主流发展方向，特高压柔性直流换流阀也是采用这种拓扑结构的换流技术。

MMC 子模块可采用的类型包括半桥、全桥、全半桥混合和具有钳位能力子模块等多种拓扑结构，目前在超高压、特高压直流输电系统应用的是半桥子模块和混合桥子模块 MMC。本章从 MMC 的拓扑结构及工作原理、换流阀本体构成与设计原则、阀控系统控制策略，以及运行维护需要注意的关键问题等方面，对柔性直流换流阀进行全面论述。

3.1 MMC 拓扑结构及工作原理

3.1.1 MMC 拓扑结构

模块化多电平换流器的基本结构如图 1-6 所示，包括三个相单元，每个相单元包含上、下桥臂。每个桥臂由 n 个子模块串联组成，子模块内部由多个控制子模块工作模式的功率器件和支撑直流电压的直流电容构成，L_0 为桥臂电抗器。

MMC 通过控制 3 个相单元中处于投入状态的子模块数量使得直流侧电压处于期望值，维持直流电压稳定，通过改变上下桥臂中处于投入/切除状态的子模块数量，实现对 u_{va}、u_{vb}、u_{vc} 三个输出交流电压的调节。

为保持各相单元交流侧输出近似工频正弦交流的电压波形，MMC 的调制通常采用阶梯波的方式来逼近正弦波。其调制主要采用最近电平逼近调制（nearest level modulation，NLM）方法，原理为在换流阀生成的电平中选取和调制波采样值最接近的量作为控制指令，触发相应数量的子模块投入从而产生多电平输出。

MMC 单相输出电压波形如图 3－1 所示，NLM 调制方式从输出电压波形上看类似于阶梯波调制，该调制方式原理简单、实现容易、计算效率较高，当换流器电平数较少时会出现低次谐波，逼近误差相对较大，而在电平数较高的特高压柔性直流输电场合，其输出非常接近正弦波，谐波含量小，波形质量高。

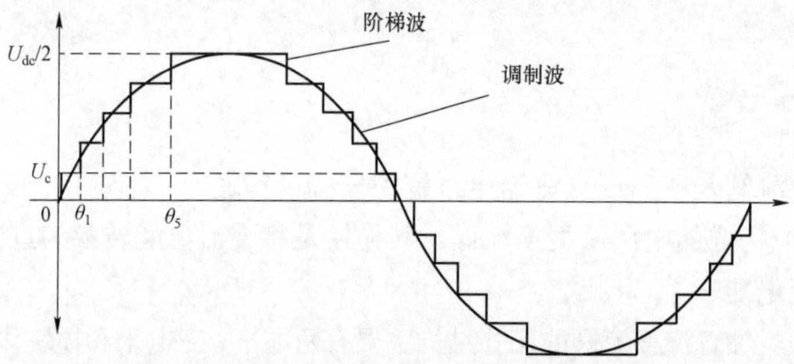

图 3－1　MMC 单相输出电压波形示意图

为了实现 MMC 交流侧输出期望的交流电压，各相单元上桥臂与下桥臂投入的子模块数为

$$\begin{cases} n_p = \dfrac{n}{2} - \text{round}\left(\dfrac{u_s}{U_c}\right) \\ n_n = \dfrac{n}{2} + \text{round}\left(\dfrac{u_s}{U_c}\right) \end{cases} \tag{3-1}$$

式中：u_s 为期望输出的调制波瞬时值；U_c 为子模块电容电压平均值；round (x) 表示按照四舍五入原则取整。

把调制波电压值 u_s 和子模块电容电压平均 U_c 相除得出需要的实际电平数，在实际中通常取电平数为整数，因此可由取整函数 round (x) 对其取整，假设 $u_s/U_c = 10.2$，则投入 10 个子模块；假设 $u_s/U_c = 10.8$，则投入 11 个子模块。图 3－2 所示为最近电平逼近调制的控制流程。

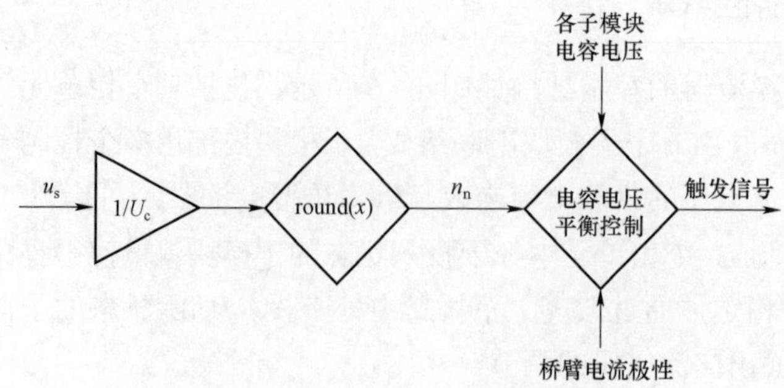

图 3－2　最近电平逼近调制控制流程

3.1.2 不同类型子模块的 MMC 拓扑结构及工作原理

子模块是 MMC 中的基本单元，本节将分析不同拓扑结构子模块的工作原理，分析各类型子模块换流阀的特点。

1. 半桥型子模块 MMC 结构及工作原理

如图 3－3 所示，为半桥子模块换流阀，即子模块全部为半桥子模块的 MMC。

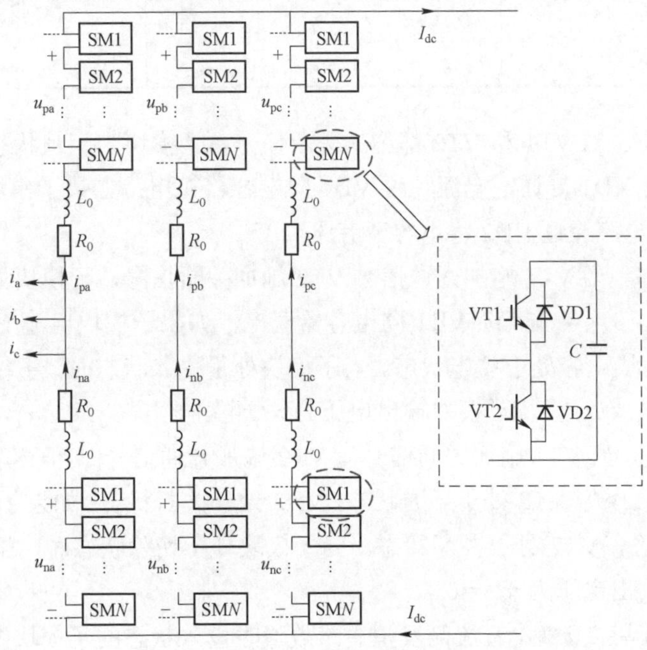

图 3－3 半桥子模块换流阀

其中，在半桥子模块主回路拓扑内部，VT1 和 VT2 代表 IGBT，VD1 和 VD2 代表反并联二极管（通常 IGBT 和反并联的二极管集成为一个器件），C 代表子模块的直流侧电容器。每个子模块有一个连接端口用于串联接入主电路拓扑，而 MMC 通过各个子模块的直流侧电容电压来支撑直流母线的电压。

子模块共有 3 种工作状态，分别为闭锁状态、投入状态及切除状态，对每个子模块上下两个 IGBT 的开关状态进行控制，就可以投入或切除该子模块，见表 3－1。

表 3－1 子模块工作状态

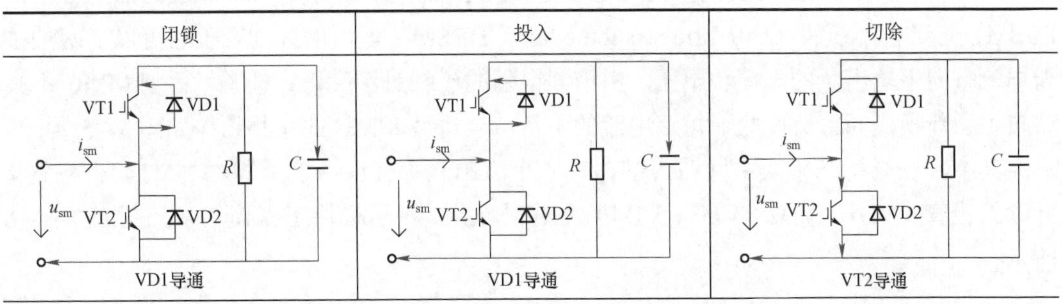

闭锁	投入	切除
VD1导通	VD1导通	VT2导通

续表

闭锁	投入	切除

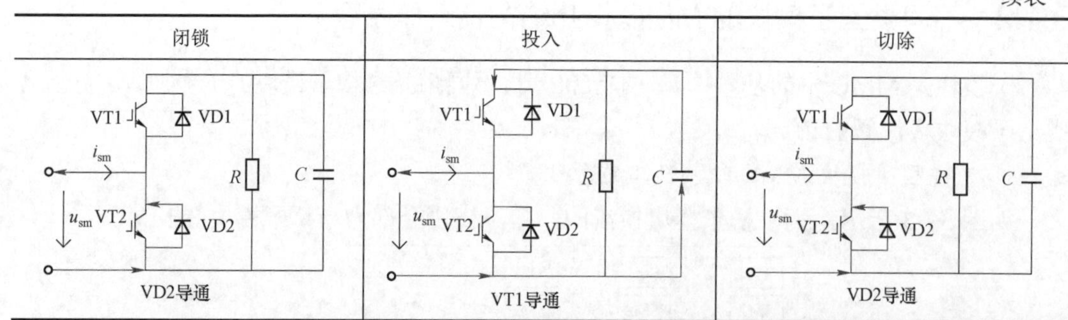

（1）闭锁状态。当 VT1 和 VT2 都施加关断信号，子模块为闭锁状态。如果子模块电流 $i_{sm}>0$，二极管 VD1 导通，电流经过 VD1 向电容器充电；如果子模块电流 $i_{sm}<0$，二极管 VD2 导通，电流经过 VD2 将电容器旁路。

（2）投入状态。当 VT1 施加开通信号 VT2 施加关断信号，子模块处于投入状态。如果子模块电流 $i_{sm}>0$，电流流经 VD1 向电容器充电；如果子模块电流 $i_{sm}<0$，当 VT1 处于导通状态，子模块电容处于放电状态。当子模块处于投入状态时，子模块电容直接连接至主电路中（充电或放电），子模块输出电压为 u_{sm} 电容电压 U_c。

（3）切除状态。当 VT1 施加关断信号而 VT2 施加开通信号时，子模块处于切除状态。如果子模块电流 $i_{sm}>0$，VT2 处于导通状态，VD2 处于关断状态；如果子模块电流 $i_{sm}<0$，VD2 处于导通状态，VT2 处于关断状态。当子模块处于切除状态时，子模块电流不流过电容，子模块的输出电压为 $u_{sm}=0$。

对于半桥子模块换流阀，直流侧发生短路故障时投入状态的子模块中 IGBT 为子模块的电容放电提供通路；同时，交流电源也会通过子模块 VD_2 向故障点馈入电流，如图 3－4 所示。即使闭锁子模块，直流侧短路时，交流侧仍将通过子模块中 VD_2 向故障点馈入短路电流。这导致半桥子模块换流阀并不具备直流故障自清除的能力，即使闭锁换流阀，整个换流阀仍为不控整流状态，无法阻断故障电流。

因半桥子模块换流阀在直流侧短路时电容放电导致直流短路电流快速增大，即使换流阀闭锁也无法清除短路电流。如果要隔离直流侧的故障，需要在直流侧增加直流断路器，或者将换流阀闭锁后通过交流断路器进行故障隔离。

2. 全桥子模块 MMC 结构及工作原理

常规半桥型 MMC 无法自清除直流短路故障电流，而全桥子模块（full bridge submodule，FBSM）与半桥子模块（half bridge submodule，HBSM）本质的区别在于它可以在两种桥臂电流方向下输出负的子模块电压，由于其很强的控制灵活度，弥补了半桥型 MMC 不具备自主切断换流阀直流侧故障短路电流的不足。全桥型 MMC 的拓扑结构如图 3－5 所示。

其中，在全桥子模块主回路内部，有 4 个 IGBT（VT1、VT2、VT3、VT4），4 个反并联二极管（VD1、VD2、VD3、VD4）及电容器。全桥子模块工作模式示意图如图 3－6 所示。

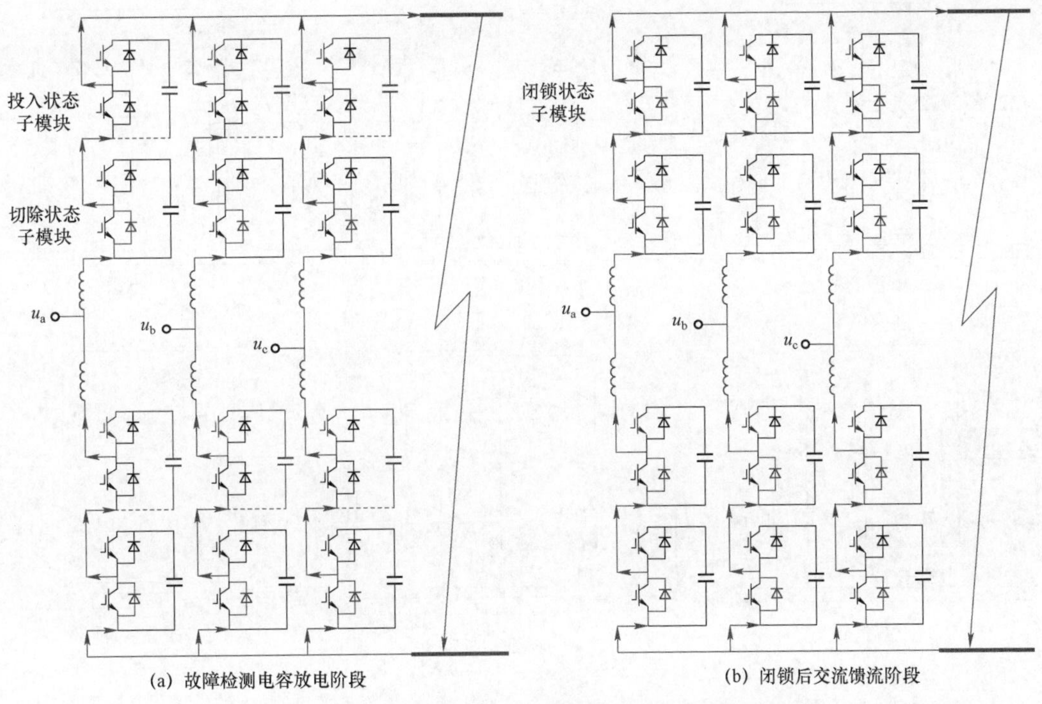

(a) 故障检测电容放电阶段　　(b) 闭锁后交流馈流阶段

图 3－4　半桥型 MMC 直流故障时电流流通路径

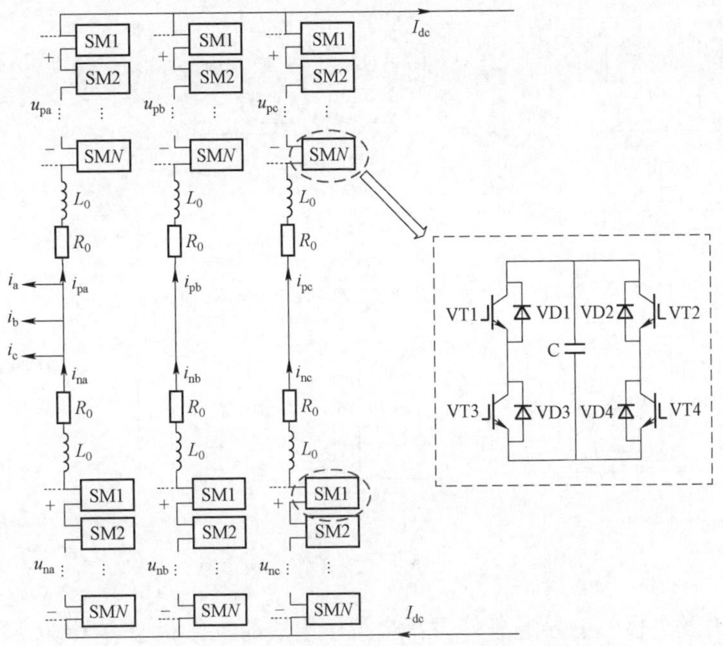

图 3－5　全桥型 MMC 的拓扑结构

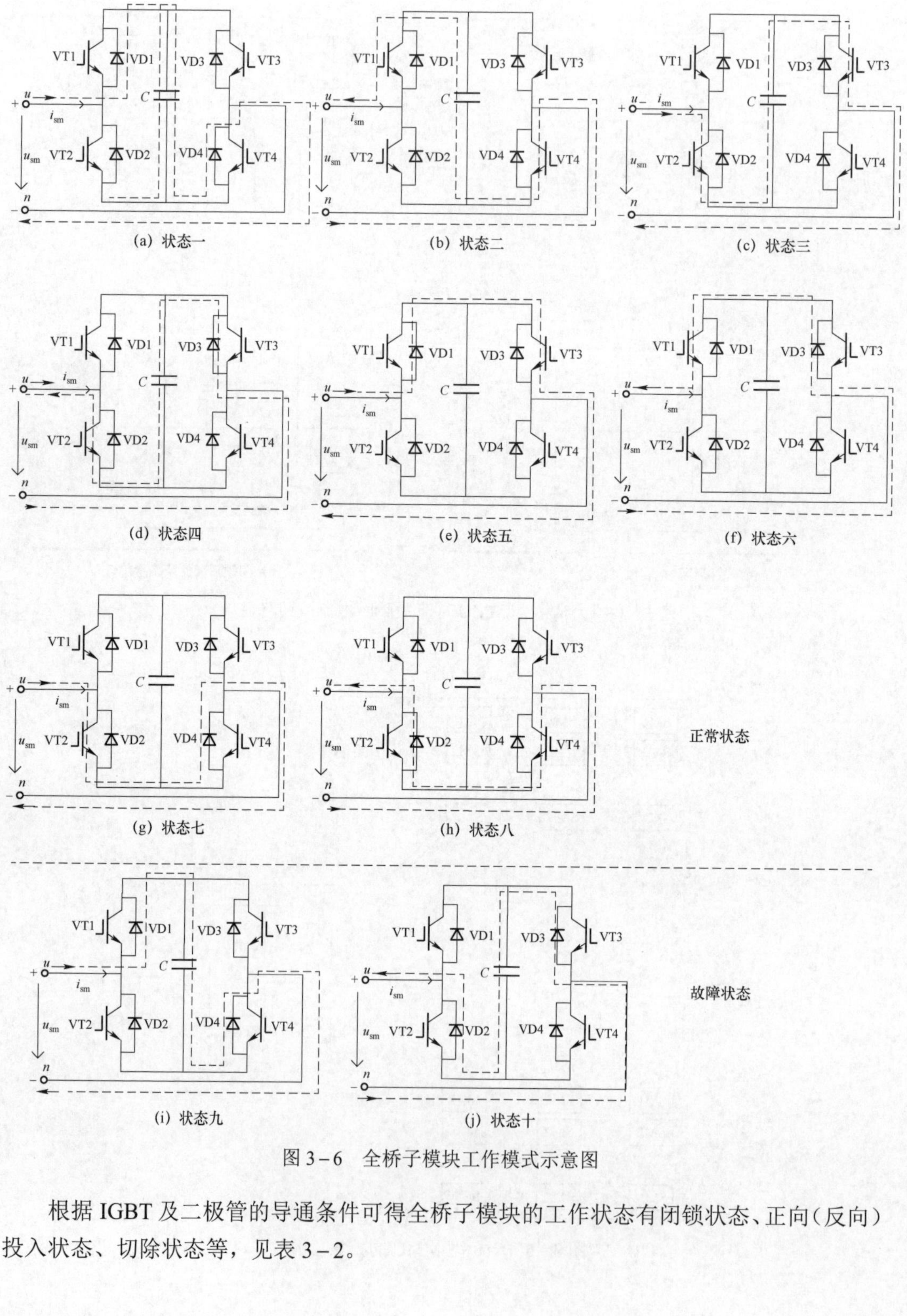

(a) 状态一　(b) 状态二　(c) 状态三

(d) 状态四　(e) 状态五　(f) 状态六

(g) 状态七　(h) 状态八

正常状态

(i) 状态九　(j) 状态十

故障状态

图 3-6　全桥子模块工作模式示意图

根据 IGBT 及二极管的导通条件可得全桥子模块的工作状态有闭锁状态、正向（反向）投入状态、切除状态等，见表 3-2。

表 3-2　　全桥子模块运行状态

工作模式	工作状态	VT1	VT2	VT3	VT4	电流方向	流经器件	U_{sm}	电容状态
正常运行	正向投入	导通	关断	关断	导通	u 到 n	VD1、C、VD4	U_c	充电
		导通	关断	关断	导通	n 到 u	VT1、C、VT4		放电
	反向投入	关断	导通	导通	关断	u 到 n	VT2、C、VT3	$-U_c$	充电
		关断	导通	导通	关断	n 到 u	VD2、C、VD3		放电
	切除	导通	关断	导通	关断	u 到 n	VD1、VT3	0	切除
		导通	关断	导通	关断	n 到 u	VT1、VD3		切除
		关断	导通	关断	导通	u 到 n	VT2、VD4		切除
		关断	导通	关断	导通	n 到 u	VT4、VD2		切除
启动或故障	闭锁	关断	关断	关断	关断	u 到 n	VD1、VD4	U_c	充电
		关断	关断	关断	关断	n 到 u	VD2、VD3	$-U_c$	充电

（1）正向投入。当 VT1、VT4 施加导通信号，VT2、VT3 施加关断信号，全桥子模块处于正向投入状态，此时 $U_{sm}=U_c$。如果子模块电流 $i_{sm}>0$，电流经二极管 VD1 流向电容器 C 的正极，然后从电容器负极经 VD4 流出，为电容器充电；如果子模块电流 $i_{sm}<0$，电流流入电容负极，然后从电容正极经 VT1 流出，为电容器放电。

（2）反向投入。当 VT2、VT3 施加导通信号，VT1、VT4 施加关断信号，全桥子模块处于反向投入状态，此时 $U_{sm}=-U_c$。如果子模块电流 $i_{sm}>0$，电流经 VT2 流向电容器 C 的负极，然后从电容器正极经 VT3 流出，为电容器放电；如果子模块电流 $i_{sm}<0$，电流经 VD3 流入电容正极，然后从电容负极经 VD2 流出，为电容器充电。

（3）切除。当 VT1、VT3 施加导通信号，VT2、VT4 施加关断信号，全桥子模块处于切除状态，此时 $U_{sm}=0$。如果子模块电流 $i_{sm}>0$，电流从 VD1 流入经 VT3 流入 n 端。如果子模块电流 $i_{sm}<0$，电流从 VD3 流入从 VT1 流出至 u 端。

当 VT2、VT4 施加导通信号，VT1、VT3 施加关断信号，子模块也处于切除状态，此时 $U_{sm}=0$。如果子模块电流 $i_{sm}>0$，电流从 VT2 流入经 VD4 流入 n 端。如果子模块电流 $i_{sm}<0$，电流从 VT4 流入从 VD2 流出至 u 端。

（4）闭锁。当 VT1、VT2、VT3、VT4 均施加关断信号时，全桥子模块处于闭锁状态。如果子模块电流 $i_{sm}>0$，电流从 VD1 流入至电容正极，从 VD4 流出，此时子模块电压 $U_{sm}=U_c$。如果子模块电流 $i_{sm}<0$，电流从 VD3 流入电容正极，从 VD2 流出，此时子模块电压 $U_{sm}=-U_c$。由此可见，当子模块运行于闭锁状态时，电容均处于充电状态。

综上所述，4 种工作状态 10 种工作模式当中，全桥子模块在正常工作状态下可输出 $+U_c$、$-U_c$ 和 0 三种电压。当处于故障状态或者换流阀启动状态时，子模块运行于闭锁状态。无论何种状态，全桥子模块投入的半导体器件都是半桥子模块的两倍，因而相应的损耗要增加很多。同时，半导体器件的增多降低了子模块的可靠性。

对于全桥型子模块换流阀，直流侧发生短路故障时，全桥型子模块换流阀闭锁，电流流通路径如图 3－7 所示。闭锁后电容电压放电回路被切断，电容电压达到一定程度后交流侧馈入电流的通路也被阻断，直流故障被隔离。

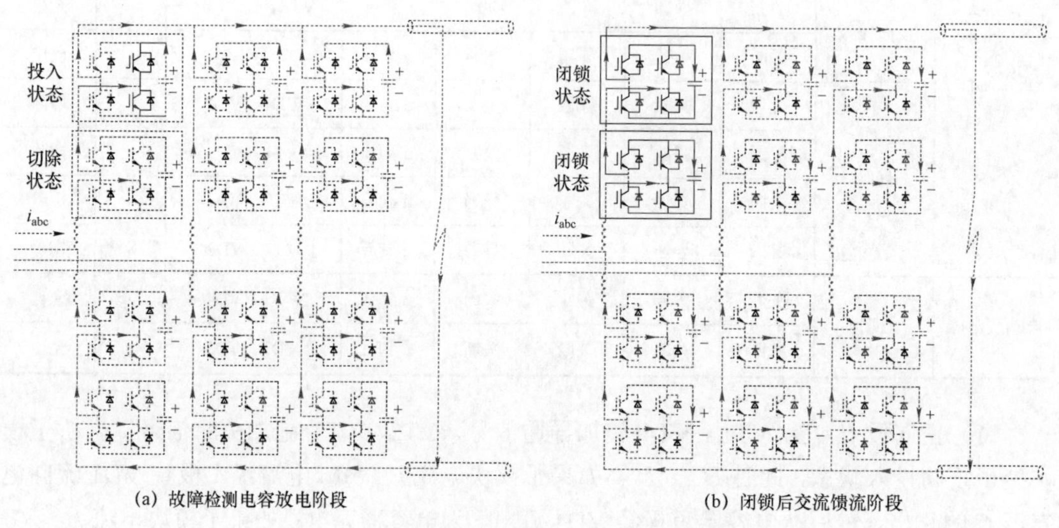

(a) 故障检测电容放电阶段　　(b) 闭锁后交流馈流阶段

图 3－7　全桥型 MMC 直流故障时电流流通路径

3. 混合型 MMC 结构及工作原理

虽然全桥子模块具有直流故障电流阻断能力，但是与半桥子模块相比需要 2 倍数量的开关器件。相对于全部采用全桥子模块的 MMC，采用半桥子模块与全桥子模块结合的混合 MMC 可以减少所需开关器件数量。由于全桥子模块的结构设计和实现与半桥子模块相近，并且混合 MMC 的运行原理与控制方式也与半桥 MMC 相近，为了兼顾经济性和故障穿越能力，混合桥子模块换流阀在工程中具有更好的价值。例如，在昆柳龙直流输电工程中，为了实现远距离直流架空线路故障自清除，两个受端换流阀就是采用了混合型 MMC 拓扑。

混合型 MMC 也遵循了 MMC 的拓扑结构，其每个桥臂的子模块由一部分半桥子模块和一部分全桥子模块混联而成，其拓扑结构如图 3－8 所示。

全桥子模块能够输出负电平，使得混合桥子模块换流阀具备了很强的控制灵活度。在单个桥臂中，设 N_h 为半桥子模块的数量，N_n 为全桥子模块数量，则 $N_h=N_n$ 意味着换流阀能在零直流电压的情况下维持运行，N_h 小于 N_n 意味着换流阀拥有将直流电压反向的能力。混合桥子模块换流阀的直流电压能够在零甚至负值到额定值之间灵活可调，使得该类型换流阀除具备基本的输电功能外，还具备直流降压运行及直流线路故障穿越等特殊功能。

通过上述三节的分析，3 种拓扑结构的功能特性比较见表 3－3。

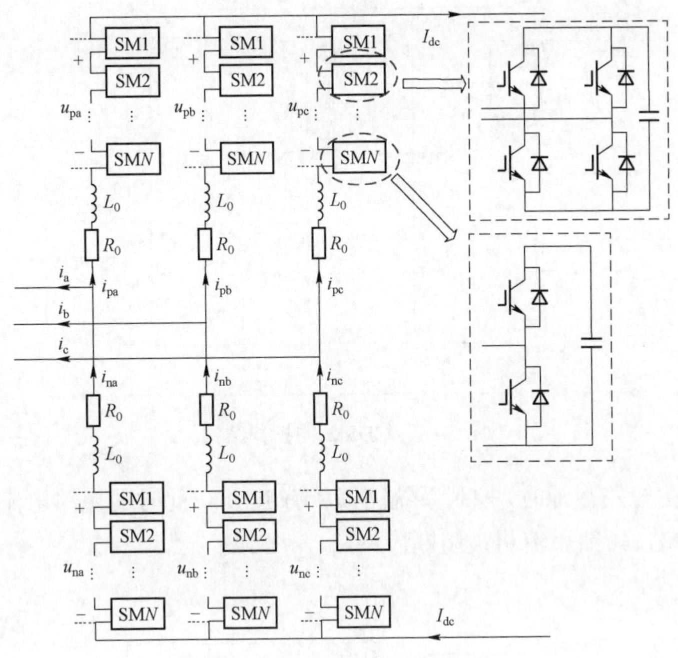

图 3－8　混合型 MMC 拓扑结构

表 3－3　　　　3 种拓扑结构功能特性比较

拓扑类型	直流故障自清除	潮流翻转	运行损耗	控制复杂度
半桥型模块化多电平换流阀	不具备	具备	低	简单
全桥型模块化多电平换流阀	具备	具备	较高	较复杂
混合型模块化多电平换流阀	具备	具备	较低	复杂

4. 其他具有直流阻断能力的子模块拓扑

为了能够切除直流侧短路电流，国内外学者也提出了多种具有直流阻断能力的子模块拓扑，其故障隔离机理是利用二极管的单向导通性，将子模块电容引入故障回路，从而提供反向电动势以迅速自动阻断故障电流。典型的包括钳位型双子模块拓扑结构、串联双子模块拓扑结构、交叉连接型子模块拓扑结构、二极管钳位型子模块拓扑结构、二极管钳位式双子模块拓扑结构、增强自阻型子模块拓扑结构等，这些拓扑结构较为复杂，使用的功率器件数量多，目前还没有实现工程应用，作为一种可行的子模块拓扑结构方案，下面对其结构与工作原理进行简单介绍。

（1）钳位型双子模块拓扑结构。钳位型双子模块（clamp double sub module，CDSM）的拓扑结构如图 3－9 所示，由 2 个 HBSM 附加 1 个 IGBT 反并联二极管和 2 个二极管构成。在正常运行情况下，VT5 始终处于导通状态，此时 CDSM 相当于两个串联的 HBSM。通过控制 IGBT 的导通与关断，可以输出 0、U_c 和 $\pm 2U_c$ 4 个电平状态。

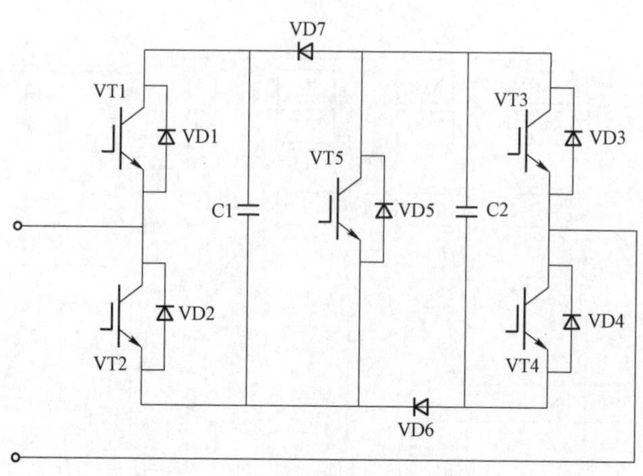

图 3-9　CDSM 的拓扑结构

当直流侧发生短路故障时，控制系统闭锁所有 IGBT，此时的短路电流通路如图 3-10 所示，类似 FBSM，短路电流将被阻断。

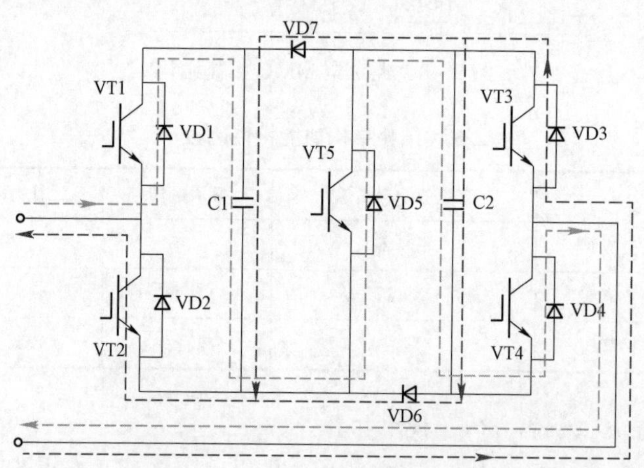

图 3-10　CDSM 的短路电流通路

与 FBSM 相比，CDSM 降低了单位电平所需要的器件数量，但是由于 CDSM 中的两个子模块在正常运行和故障期间呈现出不同的连接形式，增加了控制和均压的复杂度。此外，闭锁后直流系统能量主要由电容吸收，如果能量过大会引起电容电压增加幅度大和闭锁时间延长，因此需要在钳位双子模块的钳位二极管处串联阻尼电阻，一定程度上增加了成本。

（2）串联双子模块拓扑结构。串联双子模块（series-connected double sub-module，SDSM）的拓扑结构如图 3-11 所示，由 2 个 HBSM 附加 1 个 IGBT 反并联二极管和 1 个二极管构成。其中 1 号和 2 号端子构成输出端，3 和 3 相连。在正常运行情况下，两个子模块间为串联连接方式且具有各自独立工作状态，其控制策略、调制策略和均压策略与

HBSM 均相同，通过控制 IGBT 的导通与关断，可以输出 0、U_c 和 $\pm 2U_c$ 4 个电平状态。

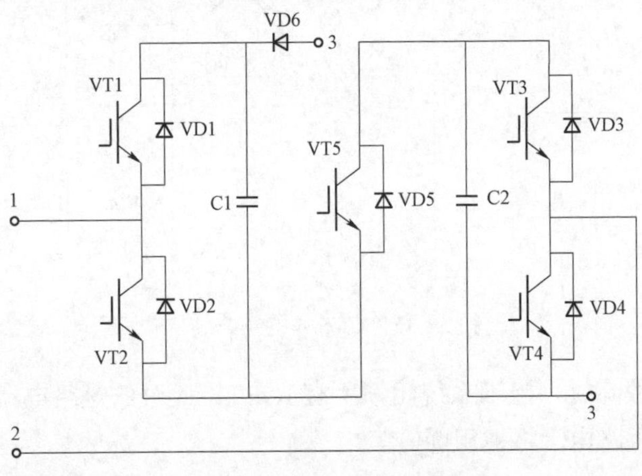

图 3－11　SDSM 的拓扑结构

当直流侧发生故障时，控制系统闭锁所有 IGBT，此时的短路电流通路如图 3－12 所示，类似 FBSM，短路电流将被阻断。

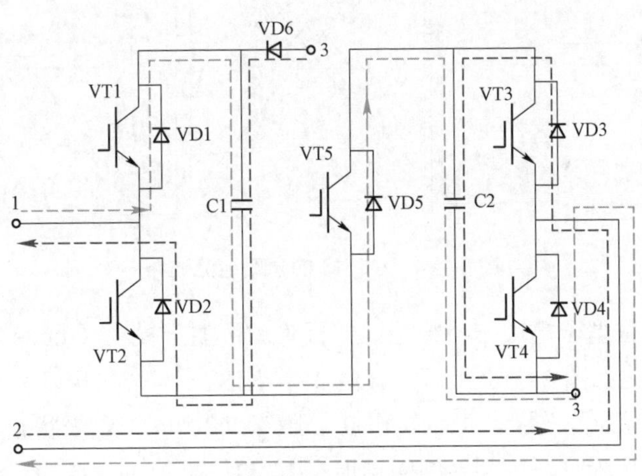

图 3－12　SDSM 的短路电流通路

SDSM 在故障期间能够保证两个电容之间是串联的，且总是处于充电状态，从而避免了 CDSM 的耦合问题。

（3）交叉连接型子模块拓扑结构。交叉连接型子模块（cross-connected sub-module，CCSM）的拓扑结构如图 3－13 所示，其由 2 个 HBSM 通过 2 个附加的 IGBT 反并联二极管背靠背连接构成。通过控制 IGBT 的导通与关断，可以输出 0、$\pm U_c$ 和 $\pm 2U_c$ 共 5 个电平状态。

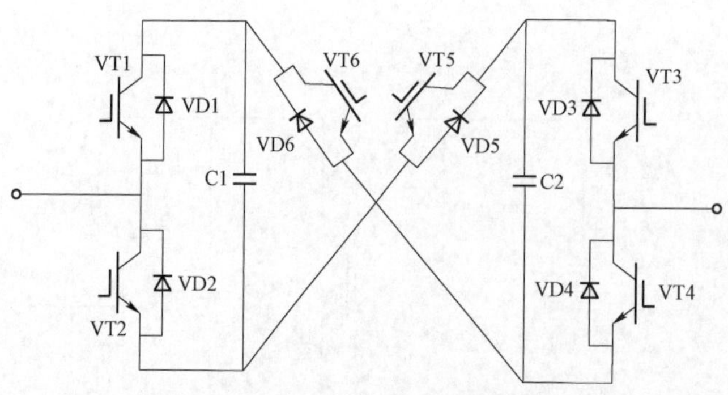

图 3－13　CCSM 的拓扑结构

当直流侧发生故障时，控制系统闭锁所有 IGBT，此时的短路电流通路如图 3－14 所示，类似 FBSM，短路电流将被阻断。

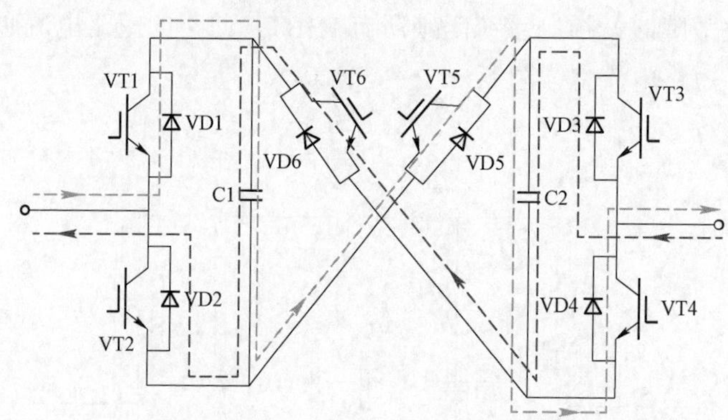

图 3－14　CCSM 的短路电流通路

（4）二极管钳位型子模块拓扑结构。二极管钳位型子模块（diode-clamp sub-module，DCSM）的拓扑结构如图 3－15 所示，其由 3 个 IGBT、4 个二极管和 2 个电容器构成。通过控制 IGBT 的导通与关断，可以输出 0、$\pm U_c$ 和 $2U_c$ 4 个电平状态。

当直流侧发生故障时，控制系统闭锁所有 IGBT，此时的短路电流通路如图 3－16 所示，类似 FBSM，短路电流将被阻断。

与 FBSM 和 CDSM 相比，DCSM 降低了单位电平所需要的器件数量。但是其与 Hybrid SM 类似也存在反向故障电流情况下阻断能力减弱的问题。

（5）二极管钳位式双子模块拓扑结构。二极管钳位式双子模块（diode-clamp double sub-module，DCDSM）的拓扑结构如图 3－17 所示，其由 2 个 DCSM 串联构成。通过控制 IGBT 的导通与关断，可以输出 0、$\pm U_c$、$\pm 2U_c$、$3U_c$ 和 $4U_c$ 7 个电平状态。

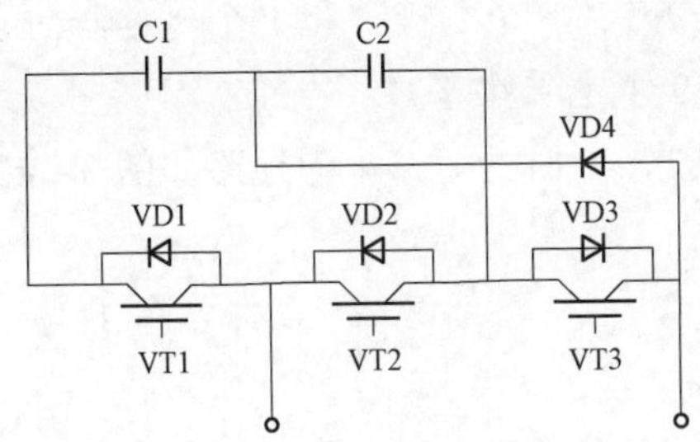

图 3-15 DCSM 的拓扑结构

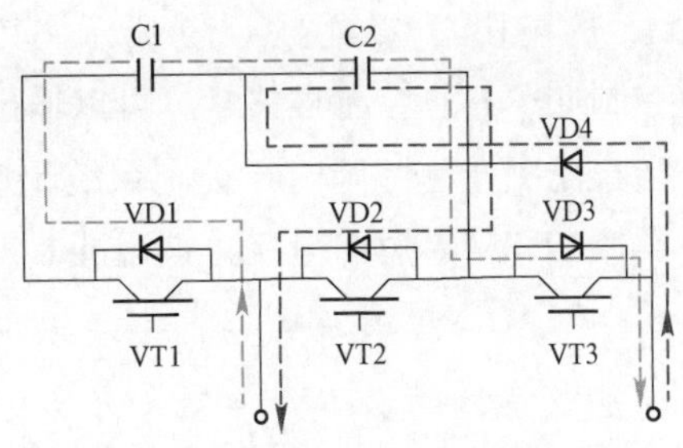

图 3-16 DCSM 的短路电流通路

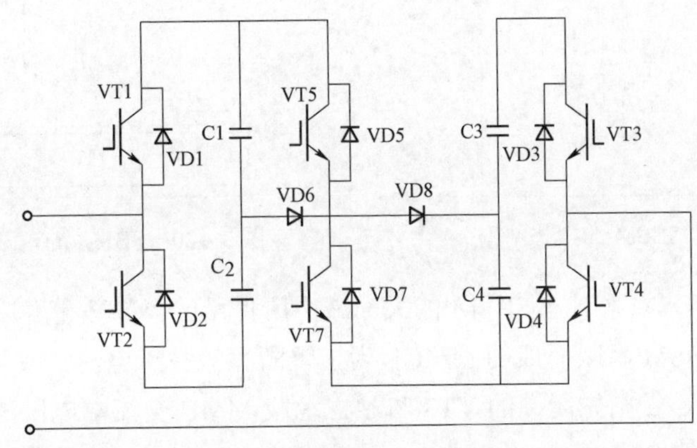

图 3-17 DCDSM 的拓扑结构

当直流侧发生故障的时候，控制系统闭锁所有 IGBT，此时的短路电流通路如图 3-18 所示，类似 FBSM，短路电流将被阻断。

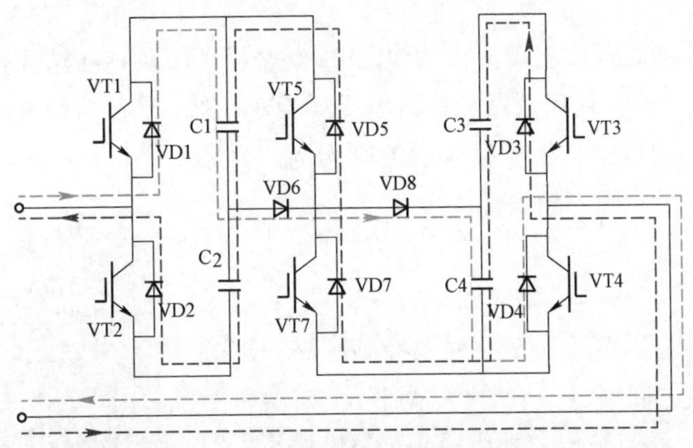

图 3-18 DCDSM 的短路电流通路

与 DCSM 相比，DCDSM 降低了一半的子模块数量，显著降低了控制复杂度和硬件成本；与 CDSM 相比，其附加器件的耐压要求仅为常规器件的一半，也在一定程度上降低了成本。

（6）增强自阻型子模块拓扑结构。增强自阻型子模块（self-blocking sub-module，SBSM）的拓扑结构如图 3－19 所示，其由 3 个 IGBT、4 个二极管和 1 个电容器构成。通过控制 IGBT 的导通与关断，可以输出 0、$\pm U_c$ 3 个电平状态。

当直流侧发生故障时，控制系统闭锁所有 IGBT，此时的短路电流通路如图 3－20 所示，类似 FBSM，短路电流将被阻断。

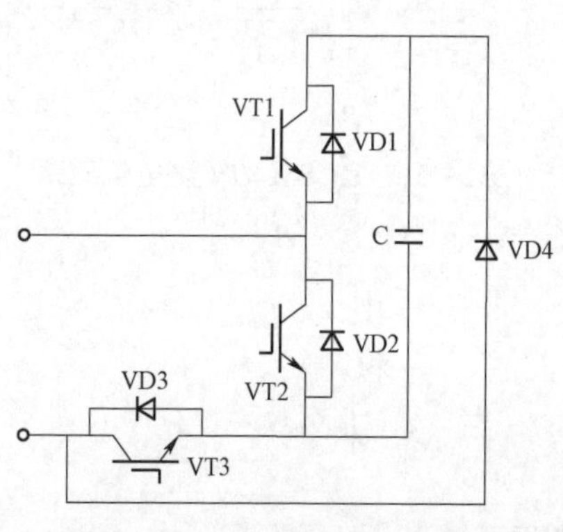

图 3－19　SBSM 的拓扑结构

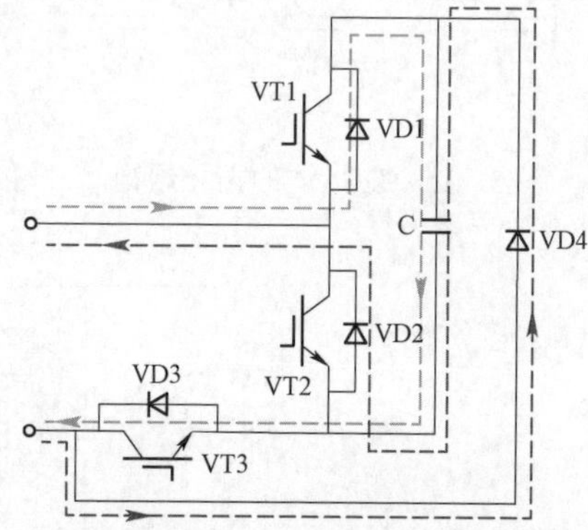

图 3－20　SBSM 的短路电流通路

与 FBSM 与 CDSM 相比，SBSM 能大大减少所使用的器件数量并降低系统复杂度。但是对于由多个 SBSM 串联而成的 MMC，为了阻断直流故障电流，每个桥臂上的大部分 VT3 必须同时闭锁。否则先闭锁的 VT3 将独立承载 MMC 交流端电压与直流故障点之间的电压差，有可能被烧毁。

3.2　换流阀设计与集成

上节介绍了各种柔直换流阀拓扑结构，其中混合桥子模块拓扑结构换流器因具有直流电流故障清除能力，器件使用数量和换流器损耗相对较低，是目前特高压直流输电较好的一种技术方案。下面以混合桥子模块换流阀为例，介绍工程中子模块、阀段、阀塔的设计。

3.2.1　子模块设计

子模块主要由主回路、保护回路及控制回路三部分组成。半桥子模块主回路由 2 个开关器件——二极管对（或具备相同功能）及直流电容器组成，全桥模块子主回路主要由 4 个开关器件——二极管对（或具备相同功能）及直流电容器组成，保护回路则主要为旁路机械开关及反并联晶闸管，控制回路由控制板、取能电源及开关器件驱动板组成。子模块外观图如图 3－21 所示，半桥子模

图 3－21　子模块外观图

块原理图如图 3－22 所示，全桥子模块电气原理框图如图 3－23 所示，下面主要对子模块保护回路及控制回路运行原理及功能进行阐述。

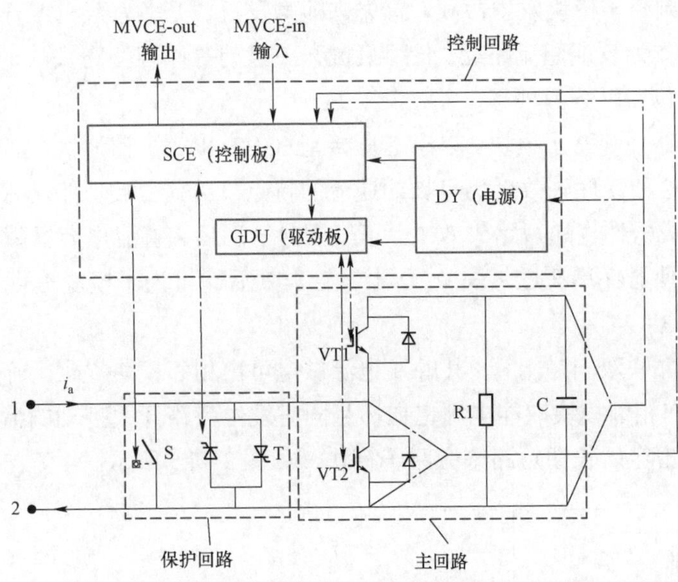

图 3－22　半桥子模块原理图

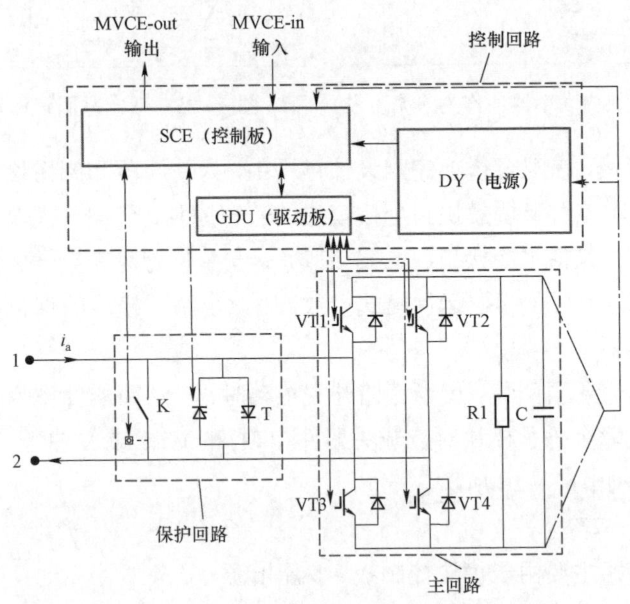

图 3－23　全桥子模块电气原理框图

1. 子模块保护回路

子模块保护回路主要用于保证换流阀启动和运行全过程中不因子模块故障导致换流阀闭锁或任何形式的停运，因此需保证子模块内部故障时能够可靠长期旁路或呈可靠长期短路状态。

子模块保护回路主要由旁路机械开关及机械开关拒合措施构成，整体保护功能由控制板实现。控制板判断子模块发生故障，首先立即触发机械开关，若机械开关旁路成功，子模块以机械开关作为长期通流路径。若因机械开关拒动等原因旁路失败，则触发机械开关拒合措施。措施包括以下两种。

（1）以功率器件旁路子模块。以东芝压接型 IGBT 和二极管为例，都具有天然的失效短路特性，利用这种器件失效后仍可长期通流的特点，当驱动板功能仍有效时，主动触发上下管 IGBT 造成器件直通短路失效（上下管同时开通后，直流电容器瞬间放电，巨大的放电浪涌电流会使器件迅速过热失效），上下管失效后即可为子模块提供长期可靠的备用通流路径，如图 3－24 所示。

（2）设置反并联双向晶闸管。其触发电源供电可由相邻模块提供，确保双向晶闸管的持续导通。即使在相邻模块取能电源也损坏且同时发生旁路开关拒动的情况下，依然能够通过晶闸管过压击穿后长期短路来旁路子模块，如图 3－25 所示。

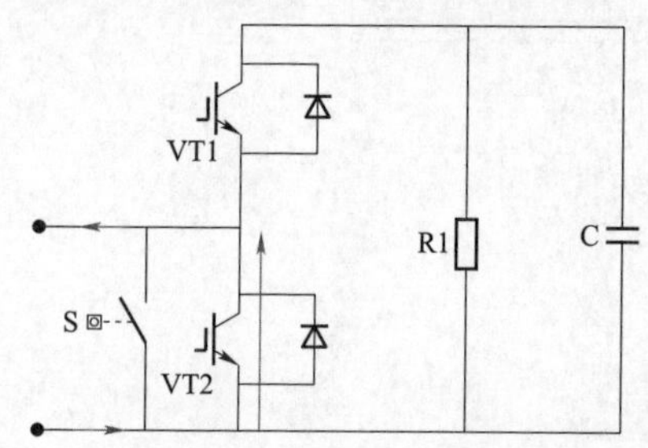

图 3－24　半桥模块内功率器件作为通流路径

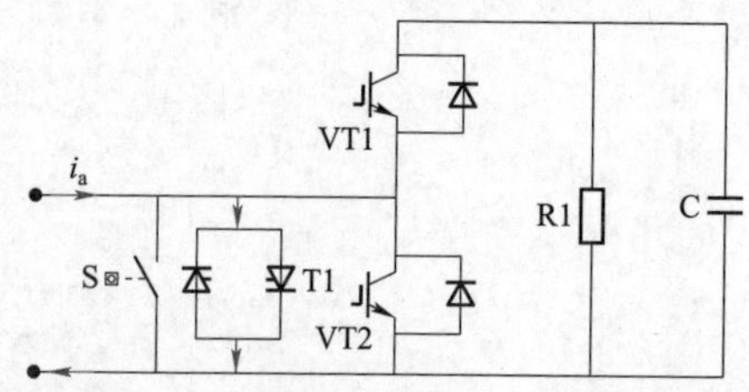

图 3－25　双向晶闸管作为通流路径

对于全桥子模块，在混合桥换流阀设计过程中，为使阀段和阀塔设计不受子模块拓扑结构限制，为实现阀控对半桥模块和全桥模块的兼容控制，全桥子模块与半桥子模块在外形尺寸、对外接口（包括水冷接口、电气接口）、安装位置等完全一致。且在系统正常运行时，全桥子模块与半桥子模块运行模式一致，因此全桥子模块的保护回路及整体保护策略与半桥子模块类似。

此处对重复内容不再阐述，仅当旁路开关拒动时，以功率器件作为备用通流路径的情况下，此时触发故障全桥子模块对应开关器件 VT1 和 VT2 或 VT3 和 VT4，即可实现子模块的可靠旁路，如图 3－26 所示。

2. 子模块控制回路

子模块控制回路主要由子模块控制板、取能电源、开关器件驱动及旁路开关触发板组成。控制部分的功能：接收装置控制器的控制指令和数据，经过解析处理后，下发给 IGBT 驱动板等受控系统，同时收集单元的直流电压、IGBT 的状态反馈以及直流电容和取能电源的状态并发送给装置控制器。

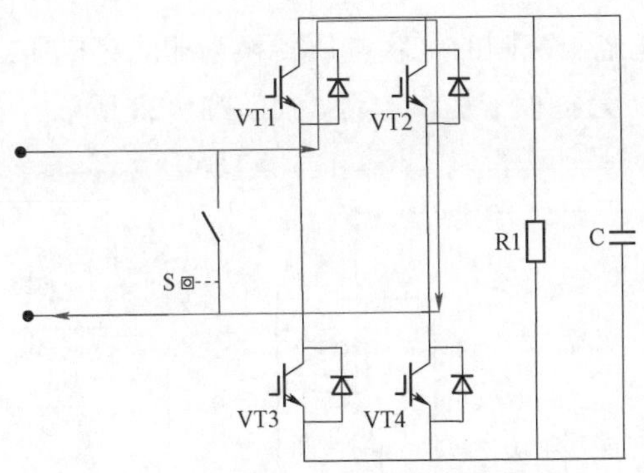

图 3-26 全桥模块内功率器件作为通流路径

（1）控制板。作为子模块的控制核心，控制板在子模块中实现单元的控制、保护、监测及通信功能。在整个阀控系统中，控制板属于最底层控制单元，直接控制驱动板驱动功率器件完成子模块工作状态切换，同时采集电源电压、驱动板、取能电源状态并反馈给上层控制系统。

控制板处于高电位工作环境，与其连接的弱电控制电路均分配在控制板内部，主要包括以下几部分：电容电压采集模拟信号调理及采集部分；与阀控通信驱动及接口电路；与驱动板连接驱动及接口电路；旁路开关驱动反馈及接口电路；晶闸管驱动电路；低压电源监视电路，子模块控制板如图 3-27 所示。

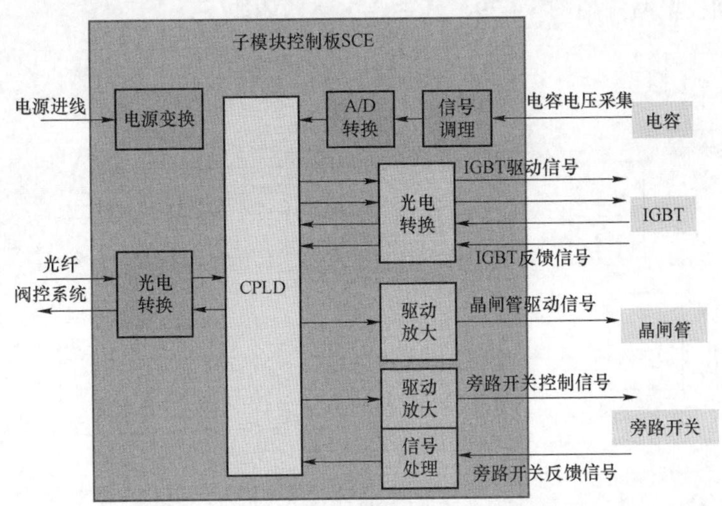

图 3-27 子模块控制板

（2）取能电源。通过从子模块直流电容取电，实现给子模块内控制板、驱动板及其他板卡提供稳定的工作供电电压，且能够在输入电压异常、输出电压异常、内部故障时，通过光耦次级的通断信号给子模块控制板报故障。

因子模块电容电压范围宽、波动大，取能电源需满足输入范围宽、耐受输入电压频繁波动、输入输出耐受电压需与功率器件电压等级匹配等技术要求。所以取能电源主要由两级电路构成，第一级由宽电压范围的电容电压转换为非隔离电压；第二级再将非隔离电压转换为隔离的电压输出，为各板卡提供电源，如图3-28所示。

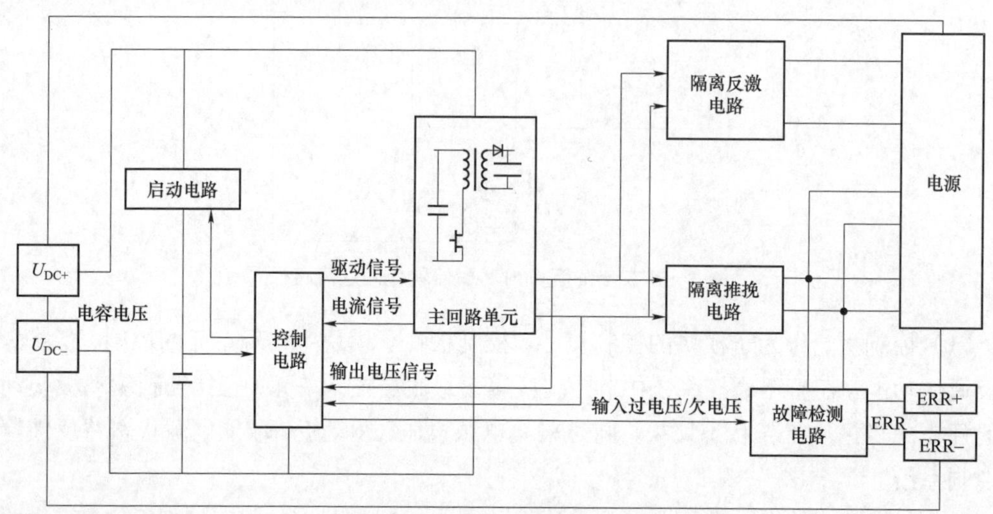

图3-28　取能电源电路示意图

（3）驱动板。驱动板的作用是按控制命令开通或关断IGBT，同时检测并反馈IGBT的状态，若出现驱动故障，驱动板需关断器件以保护器件免受损坏。

IGBT驱动板电路图如图3-29，其主要电路功能如下：

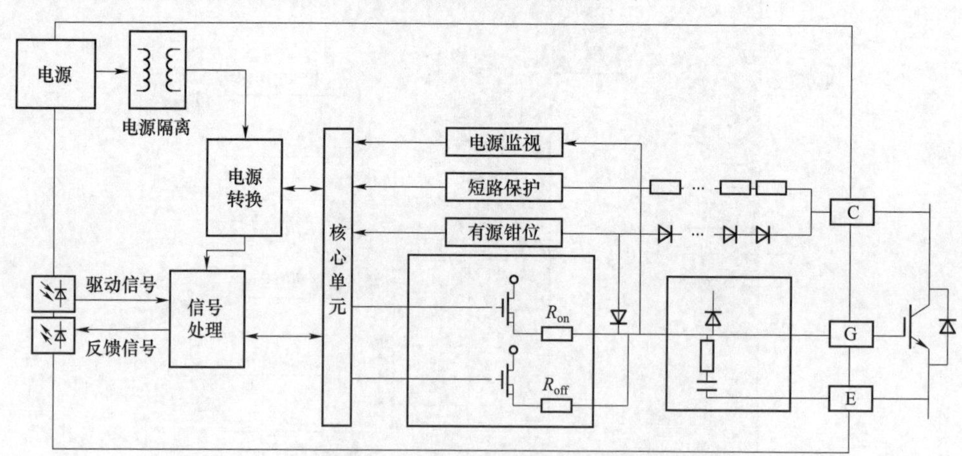

图3-29　IGBT驱动板电路图

1）电源及其监测电路。电源电路的主要功能是实现电源隔离和转换，为驱动板所有电路供电。电源隔离通过变压器磁隔离实现二次板卡和一次主回路的隔离。电源转换主要是将驱动板输入的电压转换为正负电源为触发电路供电。电源监测电路可实现门极驱动电源的实时监测，当出现欠压时，随时报出故障并反馈至中控板，中控板可及时采取相应措施防止故障范围扩大。

2）触发电路。触发电路的主要功能是接收中控板的命令开通或关断IGBT，并反馈当前状态，由驱动信号和反馈信号实现，二者为光纤接口，实现信号隔离。信号处理电路对信号进行滤波、转换等初步处理送至核心单元，当信号为开通信号时，核心单元开通回路，由正电压通过开通电阻 R_{on} 触发 IGBT 开通；当信号为关断信号时，核心单元关断回路，由负电压通过关断电阻 R_{off} 关断 IGBT。整个过程，核心单元随时监视驱动板状态并由反馈通道传输至中控板。

3）有源钳位电路。IGBT 关断过程由于回路杂散电感会产生电压尖峰，当关断电流较大时，过高的电压尖峰超出器件耐压会击穿器件，采用有源钳位电路可抑制过高的电压尖峰。

4）保护电路。驱动板保护功能主要包括：① IGBT 短路保护。当 IGBT 发生直通短路时，会产生巨大的短路电流，达到一定阈值后，会使得器件进入退饱和状态，此时器件集射极电压会抬升。短路保护电路通过监测集射极电压抬升判断器件发生短路，从而及时关断器件并上报状态，避免器件过热损坏。② 门极钳位保护。门极钳位保护电路通过钳位二极管连接门极和正电源，发生门极过压时，将门极电压钳位至设定值，防止门极击穿。③ 供电电源欠压保护。保护电路检测到驱动供电电压小于保护定值，闭锁子模块，闭合机械开关，防止 IGBT 击穿。

（4）旁路触发板。旁路触发板电路图如图 3－30 所示。为应对旁路开关触发电路局部元件故障问题，对旁路开关的触发电路进行了双重化冗余设计，当其中一路触发电路因局部元件故障而失效时，另一路电路作为冗余可以继续触发旁路开关，从而提高旁路开关触发的可靠性。

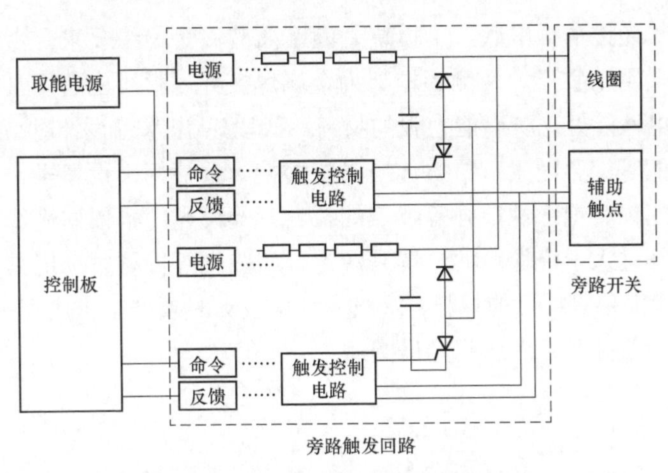

图 3－30　旁路触发板电路图

3.2.2　阀段设计

阀段是由若干个子模块及其他部件（如冷却装置）等构成的成套电气装置，能够按比例呈现完整阀的电气性能。在设计及运行维护检修时，多以阀段作为换流阀的一个基本运行单元。阀段主要包括两侧的铝支撑梁、中部绝缘支撑梁、模块导轨、多个子模块、导电铜排、冷却水管等部件，外观如图 3－31 所示。

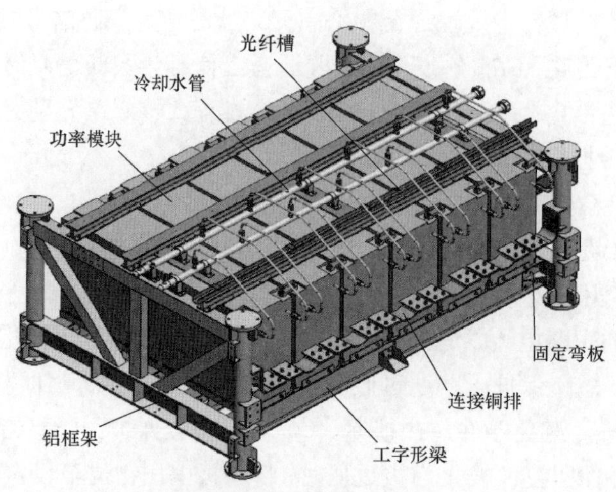

图 3－31　阀段外观图

一个阀段空间容纳多个子模块，子模块被放置和固定在底部的绝缘梁上，绝缘梁被固定在铝合金框架上。阀段支架主要由铝合金框架、绝缘梁、绝缘滑道、模块连接铜排等组成。下方绝缘梁主要起承重作用，上方绝缘横梁主要起固定其他零件和保持框架整体受力均匀的作用。子模块底部安装了滑动装置，便于子模块的安装和维护，模块连接铜排起到串联模块的作用。

子模块通过软连接铜排串联，子模块之间距离应满足绝缘要求。考虑到子模块的重量，底部绝缘梁采用工字形。两侧铝框架为金属焊接件，材质应选用具有焊接性能强、力学性能优、导电性能好、防腐能力强的材料。阀段进/出水管设计时考虑使用寿命、机械强度、工艺性能等综合因素，材质选用具有熔接一致性好（设备操作）、抗老化能力强、耐压耐温性能优、绝缘性能强等特点的材料。阀段光纤槽依据光线转弯角度及转弯直径的参数、光纤进入子模块口的位置来决定，阀段光纤槽材质选用具有无卤、阻燃、自熄灭、力学性能优越等特点的材料，阀段光纤槽设计时要严格考虑保护光纤不受损伤，任何毛刺、棱角必须打磨处理达到光滑圆润。

3.2.3　阀塔设计

多个阀段构成阀塔，由于阀塔体积和重量大，主要采用支撑式阀塔结构。阀塔包括阀塔本体和设置在阀塔本体下方的支撑绝缘子，阀塔本体包括底屏蔽罩、顶屏蔽罩和设置在两者之间的阀层，各阀层均设有多个阀组件。

昆柳龙直流输电工程的±800kV/5000MW 柔直特高压换流阀是目前世界上高度最高、重量最大、尺寸最大的柔直换流阀，以往的普通支撑式换流阀塔在此高电压、大容量的应用场景下无法满足抗震需求，此工程采用了分层双列支撑式的面对面阀塔结构，如图 3－32 所示。

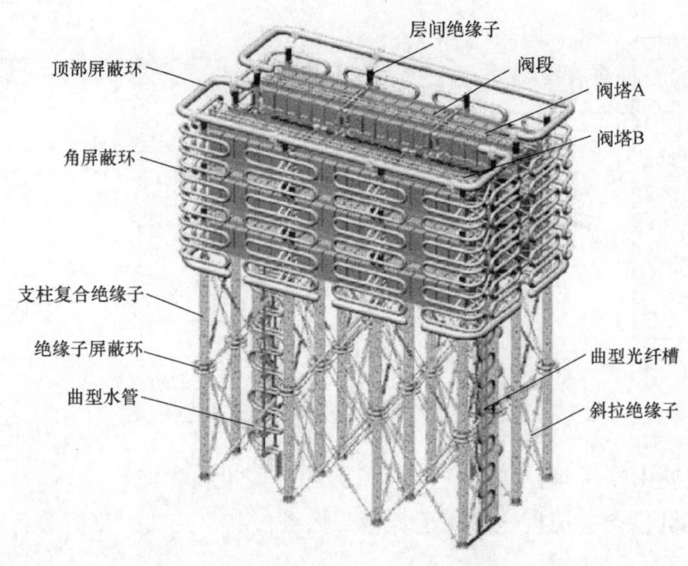

图 3－32　分层双列支撑式阀塔

阀塔本体为分层双列支撑式结构，与传统单列式阀塔结构相比，长宽比更加合理，在继承了背靠背阀塔结构紧凑、功率密度高、占地面积小等优势的同时增强了阀塔抗震性能。阀塔中间配置检修平台，检修人员可以在阀塔上直立进行安装和检修作业，同时也大幅度减少对升降车的使用，有效提高了安装效率和检修效率，提升了换流阀的可维护性。通过合理设计屏蔽罩和均压环，防止放电现象的发生。

阀塔绝缘子设计考虑结构简洁、可靠性高、维护方便等因素，阀塔底部设计有支撑绝缘子及其配套的斜拉式绝缘子，绝缘子全部采用实心复合绝缘子，实心复合绝缘子弹性强，可以起到良好的阻尼作用。支撑绝缘子及斜拉式绝缘子所组成的交错网状结构，能够大幅降低阀塔在地震作用下的位移，确保阀塔的稳定性并增强阀塔的抗震性能。

3.3　换流阀阀控系统及控制策略

3.3.1　阀控系统构成及功能

阀控系统是控制和监视换流阀中一次设备工作的核心，其作用主要包括接收换流器控制保护系统（converter control and protection，CCP）的调制波信号、解闭锁和充电指令等控制命令，并将阀控系统的状态信息返回；将调制波转换成桥臂的子模块控制脉冲、对换流阀的桥臂换流进行控制、硬触点跳闸出口等功能；实现子模块均压控制、开关频率优化、桥臂过流保护等功能。阀控系统与 CCP 和子模块的连接示意图如图 3－33 所示。

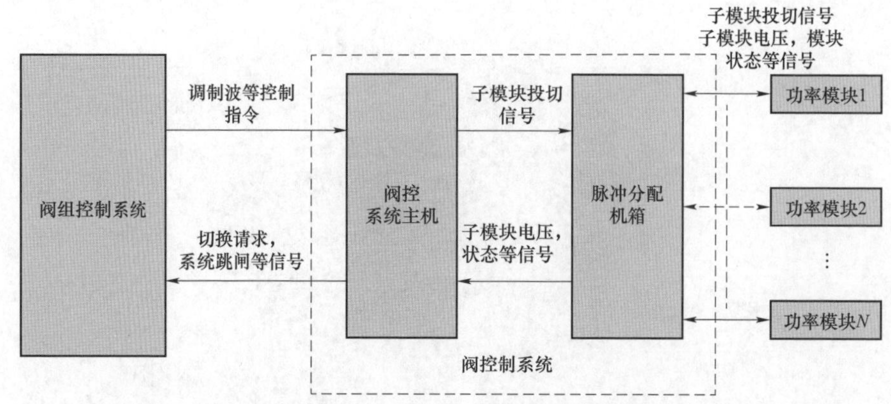

图 3-33　阀控系统与 CCP 和子模块的连接示意图

阀控系统主要由换流阀控制系统主机和脉冲分配机箱构成。

控制系统主机包含主控板、排序运算板、保护板和“三取二”板等各种板卡。各种板卡的主要功能如下。

（1）主控板：接收换流器控制保护系统的调制信号、切换指令、解闭锁信号等。

（2）排序运算板：根据控制系统发出的正弦调制信号，计算出换流阀桥臂的各个子模块的触发脉冲，一个控制主机含 6 块排序运算板，分别对应换流阀的 6 个桥臂。

（3）保护板：每个阀控主机含有 3 块保护板，同时接收合并单元的 3 个测量值，独立运算，并将保护结果、保护板状态送至“三取二”单元。

（4）“三取二”板：接收 3 块保护板运算信息，执行“三取二”出口逻辑。

脉冲分配机箱主要包含切换板、脉冲板，各板卡的主要功能如下。

（1）切换板：脉冲分配机箱设置 2 块互为备用的切换板负责向上与阀控主机通信，向下与本脉冲分配机箱内的脉冲分配板连接，每个切换板有 2 路通信接口，这样每个切换板与阀控主机间均有 2 路通信，形成了交叉冗余的通信结构，即切换板与阀控主机间任一光纤中断，不会造成阀控系统失去冗余。例如切换板 1 与阀控 A 主机间光纤中断，脉冲机箱会选择切换板 2 与阀控主机 A 进行通信，不会造成阀控系统切换和失去冗余。

（2）脉冲板：接收切换板转发的排序运算板所计算的触发脉冲，通过光纤传送到子模块的控制板，并将子模块的电容电压、状态等信息返回到阀级控制柜。

3.3.2　阀控系统的电容电压平衡控制方法

MMC-HVDC 系统中，子模块电容分散在各个桥臂当中，所有子模块的电容器电压必须平衡并保持接近其标称值。如果各个子模块电容器的电压波动超出子模块的额定值，则无法保持平衡电压。这样不仅会使 MMC 输出电压失真，还会导致子模块的故障。在实际工程运行中，发现功率传输、电压电流测量误差或整个控制系统计算误差都会影响到子模块电压的波动。为了保证子模块各个电压之间的平衡，避免换流站中多余的能量储存在电容器中造成电压波动，必须使换流站输入的有功功率与输出的有功功率、损耗的功率保

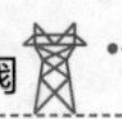

持一致。

可采用基于最近电平逼近调制的均压算法。若各相子模块的投切过于频繁会造成开关损耗增大，不利于系统的经济运行。在最近电平逼近调制下，每个控制周期内各相都将投入 N 个子模块，且各个桥臂投入子模块的个数是其对应桥臂调制波除以子模块额定电容电压后取整的结果。最近电平逼近下的电压均衡策略是一种子模块投入选择策略，通过对子模块电容电压进行重新排序，有选择性地对子模块充放电来实现子模块电压均衡。

图 3－34 是传统的电容电压平衡控制原理框图，A 相上桥臂和下桥臂各含有 N 个子模块，在一个控制周期内通过计算得出上桥臂需要投入的子模块数目为 k 个。若此时 A 相桥臂电流 $i_{ap}>0$，则按照从小到大的顺序将子模块电容电压进行排序，选择相应的电容电压相对较低的 k 个子模块进行充电；若此时 A 相桥臂电流 $i_{ap}<0$，则按照从大到小的顺序将子模块电容电压进行排序，选择相应的电容电压相对较高的 k 个子模块进行放电。

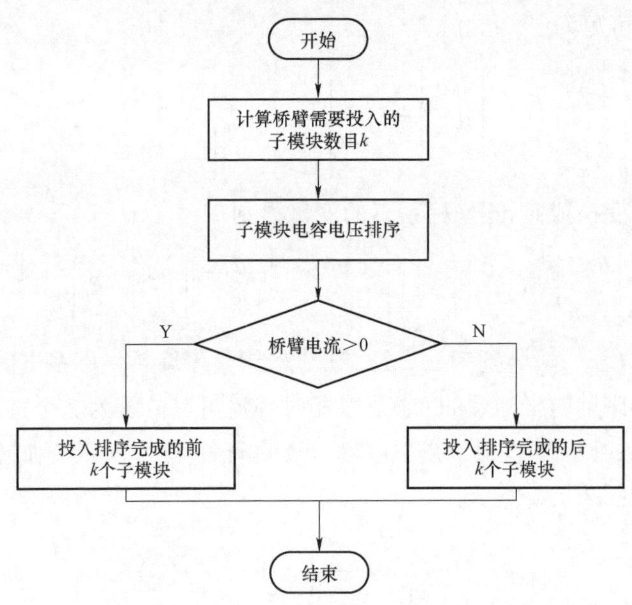

图 3－34　传统的电容电压平衡控制原理框图

还有一些其他的均压控制方法，其基本思想都是在子模块充电时选择电压低的子模块投入充电，在子模块放电时选择电压高的子模块投入放电。

3.3.3 阀控系统的环流抑制方法

MMC 系统中的子模块存在储能电容，从而支撑起直流侧电压，每个悬空的电容器相当于一个电压源。每个子模块的电容电压不能保证每个时刻都相同，因此会导致桥臂间产生不平衡电流。环流产生的根本原因是上、下桥臂电压之和与直流侧电压不相等，三相桥臂的电压不一致。不平衡电流 i_{cirj} 流过桥臂等效电抗时，将产生一个不平衡压降 u_{cirj}，即

$$u_{\text{cirj}} = L_0 \frac{\mathrm{d}i_{\text{cirj}}}{\mathrm{d}t} + R_0 i_{\text{cirj}} \tag{3-2}$$

这个不平衡压降主要来自于上、下桥臂电压的差值。如果将这个不平衡压降消除掉，使上、下桥臂电压各自减去一个 u_{cirj}，就可以有效地减少不平衡电压，使上、下桥臂电压和直流侧电压相等，从而实现对环流的抑制。

桥臂公共电流三相表达式为

$$\begin{cases} i_{\text{cira}} = \dfrac{I_{\text{dc}}}{3} + I_{2\text{f}} \sin(2\omega_0 t + \varphi) \\ i_{\text{cirb}} = \dfrac{I_{\text{dc}}}{3} + I_{2\text{f}} \sin\left[2\left(\omega_0 t - \dfrac{2}{3}\pi\right) + \varphi\right] \\ i_{\text{circ}} = \dfrac{I_{\text{dc}}}{3} + I_{2\text{f}} \sin\left[2\left(\omega_0 t + \dfrac{2}{3}\pi\right) + \varphi\right] \end{cases} \tag{3-3}$$

其中，$I_{2\text{f}}$ 为环流 2 倍频分量的幅值，三相环流相角顺序依次 a—b—c，为环流引起的不平衡电压降 u_{cirj} 可写为：

$$\begin{bmatrix} u_{\text{cira}} \\ u_{\text{cirb}} \\ u_{\text{circ}} \end{bmatrix} = L_0 \frac{\mathrm{d}}{\mathrm{d}t} \begin{bmatrix} i_{\text{cira}} \\ i_{\text{cirb}} \\ i_{\text{circ}} \end{bmatrix} + R_0 \begin{bmatrix} i_{\text{cira}} \\ i_{\text{cirb}} \\ i_{\text{circ}} \end{bmatrix} \tag{3-4}$$

将不平衡压降变换成而 dq 坐标系下的变量得到

$$\begin{bmatrix} u_{\text{cird}} \\ u_{\text{cirq}} \end{bmatrix} = L_0 \frac{\mathrm{d}}{\mathrm{d}t} \begin{bmatrix} i_{2\text{fd}} \\ i_{2\text{fq}} \end{bmatrix} + \begin{bmatrix} 0 & -2\omega_0 L_0 \\ 2\omega_0 L_0 & 0 \end{bmatrix} \begin{bmatrix} i_{2\text{fd}} \\ i_{2\text{fq}} \end{bmatrix} + R_0 \begin{bmatrix} i_{2\text{fd}} \\ i_{2\text{fq}} \end{bmatrix} \tag{3-5}$$

式中：u_{cird}、u_{cirq}、$i_{2\text{fd}}$、$i_{2\text{fq}}$ 分别为 u_{cirj}、$i_{2\text{f}}$ 在 2 倍频负序旋转坐标系下的 dq 轴分量。

经过二倍频负序旋转坐标系的变换，三相时环流可以分解为 2 个直流分量。这样有利于环流抑制控制器的设计，有利于减小桥臂电流的畸变程度，使其更加逼近正弦波。MMC 环流抑制控制器如图 3－35 所示。

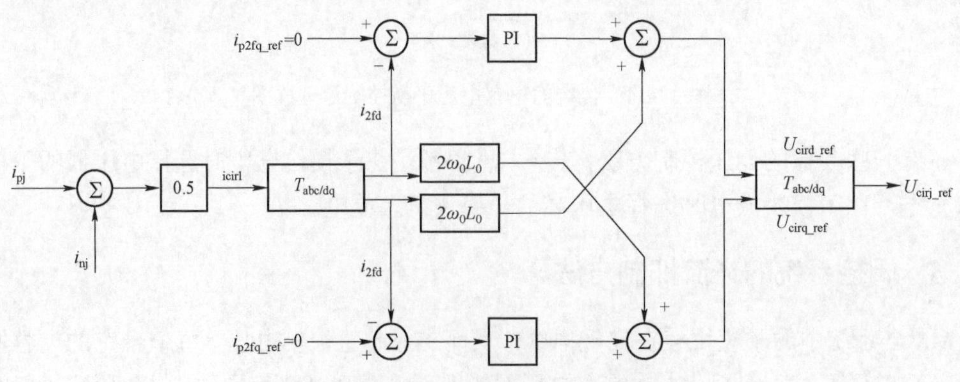

图 3－35　MMC 环流抑制控制器

3.4 换流阀核心元部件

根据前文叙述的换流阀子模块基本构成，以及在故障情况下对子模块旁路的需要，子模块中主要包含 IGBT、直流侧电容器、旁路开关、旁路晶闸管、均压电阻以及冷却装置等元件，下面对这些主要元件的特点以及设计选型的基本原则进行论述。

3.4.1 IGBT

目前，柔直工程多数采用压接型 IGBT，如图 3－36 所示。压接型 IGBT 相比焊接型 IGBT 具有许多优点，包括耐受电压高、通流能力较强且控制功率低、可以双面散热等，这些优点非常适用于大功率场合。此外，压接型 IGBT 器件具有特有的失效短路特点，适用于柔直输电系统中的设备、子模块的保护。

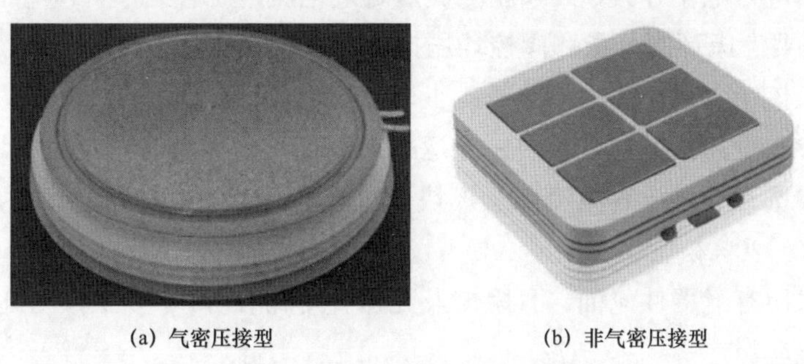

(a) 气密压接型　　(b) 非气密压接型

图 3－36　压接型 IGBT 外观图

IGBT 作为换流阀核心控制器件，通过控制其开通与关断控制子模块输出电压。其需要具有承受额定电压和各种过电压的能力，包括运行中可能出现的所有故障工况核算出的过电压，并保证换流阀的设计能够覆盖系统所有可能的故障工况，并具有足够的安全裕度。

电流参数：IGBT 流经电流为换流阀桥臂电流，可简化归结为由 1/2 阀侧交流电流有效值＋1/3 直流电流有效值组成。

$$
\begin{aligned}
I_{vrms} &= \sqrt{\frac{I_{DC}^2}{9} + \frac{I_{AC(50)}^2}{4}} \\
I_{DC} &= P / U_{DC} \\
I_{AC} &= P / U_{AC}
\end{aligned}
\tag{3-6}
$$

根据系统无功功率含量，结合不同运行工况（变压器分接头、桥臂环流分量等），桥臂电流的有效值要大得多，此值通常由系统设计时指定。

电压参数：与子模块的直流电压等级有关，并考虑 50%以上裕量设计。裕量主要考虑运行纹波电压（10%）、IGBT 关断尖峰电压（500～1000V）、系统设计要求的子模块过压运行整定值（如故障穿越）等。

3.4.2 电容器

子模块中电容起到存储能量、支撑母线电压、抑制电压波动等作用，选型设计需核实电容的额定电压、容值、纹波电流、纹波电压、损耗、温升、寿命等参数。由于子模块直流电容承受交流电流，因此会产生电压波动，为抑制电压波动，需要选择合适的电容值，选取理论依据为

$$C \geqslant \frac{NS}{3(1+\lambda)m\omega\varepsilon U_{\mathrm{dc}}^{2}}[1-(m\cos\varphi/2)^{2}]^{3/2} \tag{3-7}$$

式中：m 为额定功率水平下的调制比；N 为每桥臂子模块数量；C 为子模块电容值；S 为换流阀视在容量；$\cos\varphi$ 为功率因数；ω 为工频角频率；U_{dc} 为换流器额定直流运行电压；ε 为电容电压波动幅值设计值。

电容不同于电力电子开关，必须能承受短时过电压，且承受时间和电压值相关。在实际设计时，还需要考虑环流分量和阀控均压措施对子模块电压波动幅度的影响，因此，子模块电容值还应该在上述计算结果的基础上取一定的裕度。

电容电压参数设计：根据子模块额定运行最高电压，并考虑一定裕量。

电容电流参数设计：电容电流即子模块流过上管 IGBT 的电流，大约为桥臂电流的50%，并留 10%～20%裕量。

换流阀要求所有元器件无油，且阻燃及元器件寿命在 30 年以上，因此宜选择聚丙烯自愈式金属膜电容。

3.4.3 旁路开关

当子模块故障退出运行时，通过此开关将其快速旁路。图 3－37 为一种快速旁路开关。

旁路开关主要作用：子模块发生故障时，旁路开关合闸形成长期可靠稳定通路，将故障模块从系统中切出而不影响系统继续运行。因此旁路开关主要参数包括合闸时间（时间短可极大降低子模块故障后电容过压的风险）、耐受电压（子模块投入运行电容电压）、耐受电流（桥臂额定电流）。

图 3－37　快速旁路开关

为提高旁路开关动作的可靠性，旁路开关的触发回路需采用冗余设计，分为常规故障触发旁路和 BOD 触发旁路两种方式。当子模块发生驱动故障、电源故障、过电压、欠电压等故障时，子模块中心控制板下发指令触发旁路开关闭合；当子模块自身控制板无法正常下发旁路闭合指令时，则由旁路开关 BOD 合闸功能直接触发旁路开关，仍能实现子模块可靠旁路。

3.4.4 旁路晶闸管

旁路晶闸管如图 3－38 所示。若子模块发生故障应旁路而此时旁路开关拒动，则故障子模块无法从系统中隔离旁路，电容电压一直升高，最终导致 IGBT、电容器件损坏，甚至直流停运，为此增设一旁路晶闸管，在旁路开关拒动后通过晶闸管击穿形成可靠旁路通路，以维持直流可靠运行。

3.4.5 均压电阻

均压电阻如图 3－39 所示。通常由 2 只电阻串联或并联组成，实现对子模块电容的均压，并实现停机后的放电功能以方便检修。

图 3－38 旁路晶闸管

图 3－39 均压电阻

3.4.6 子模块冷却水路布置

IGBT 正常运行过程中，由于开关频率较高，开关损耗以及通流损耗均较大，且不同工况下各 IGBT 和二极管损耗均不一致，需要对其专门使用水冷冷却。子模块冷却范围包括 IGBT（二极管）、旁路晶闸管。逆变工况下全半桥子模块配置的冷却水回路如图 3－40 所示。

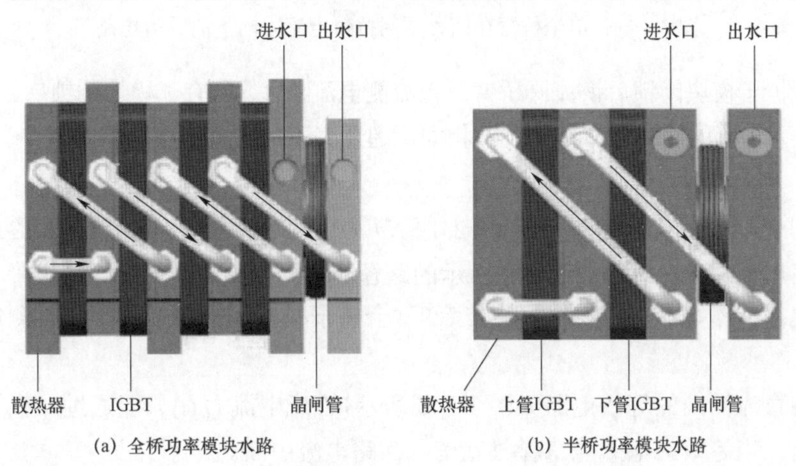

(a) 全桥功率模块水路　　(b) 半桥功率模块水路

图 3－40 逆变工况下全半桥子模块冷却水回路

3.5 混合子模块 MMC 直流故障电流清除方法

3.5.1 通过换流器闭锁清除直流短路电流

混合型 MMC 在发生直流故障时能够通过闭锁实现故障处理的条件主要有两个，分别为：

（1）交流侧向 MMC 注入的电流被阻断。

（2）直流侧的故障电流能够衰减到零。

当 MMC 所有子模块闭锁时，只有二极管可以导通，当桥臂电流方向不同时，能够导通的二极管不一样，单个桥臂在两种不同桥臂电流方向下的等值电路如图 3－41 所示，其中 N 为半桥子模块个数，M 为全桥子模块个数。两种方向是因为导通二极管的极性与电容电压极性具有一致的特性，电流都是对电容进行充电。

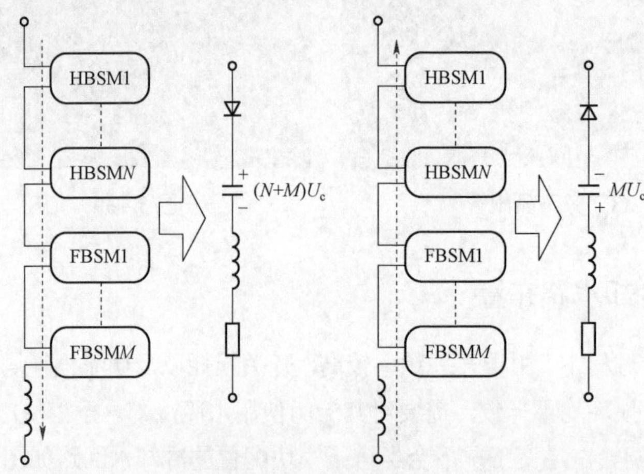

图 3－41 单个桥臂在两种不同桥臂电流方向下的等值电路

下面分析子模块闭锁后换流阀桥臂及直流侧电流特性。所有子模块闭锁后，从交流系统向换流器注入电流的通路只有同一桥臂相间、通过直流形成上下桥臂相间两种，如图 3－42 所示。

对于图 3－42 所示的路径 1，当（$2M+N$）$U_c \geqslant \sqrt{3}\,U_m$ 时，二极管将最终承受反向电压使得回路电流截止。对于图 3－42 所示的路径 2，$2MU_c \geqslant \sqrt{3}\,U_m$ 时，二极管将最终承受反向电压使得回路电流截止。基于以上特性，全桥子模块闭锁时阻断了交流侧馈入的短路电流。

换流阀直流侧向的等效电路如图 3－43 所示，直流电流 $i_{dc}(t)$ 只能通过二极管单方向地向电容充电，当等效的电感能量释放完毕，回路电流中断。

因此，混合型 MMC 全桥子模块在满足上述电压关系时，具备故障电流清除能力。

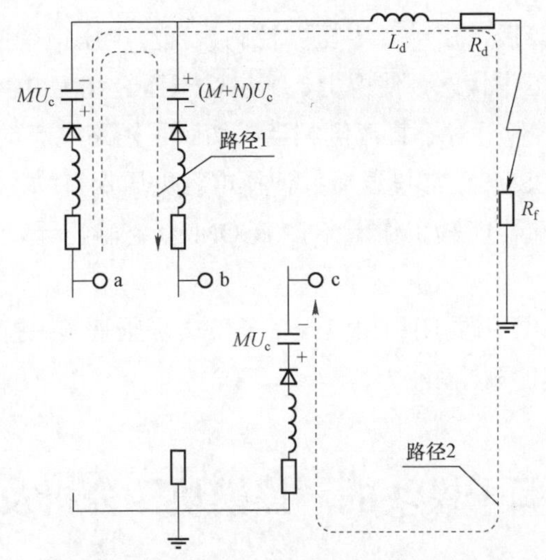

图 3-42 交流系统向混合型 MMC 注入电流通路示意图

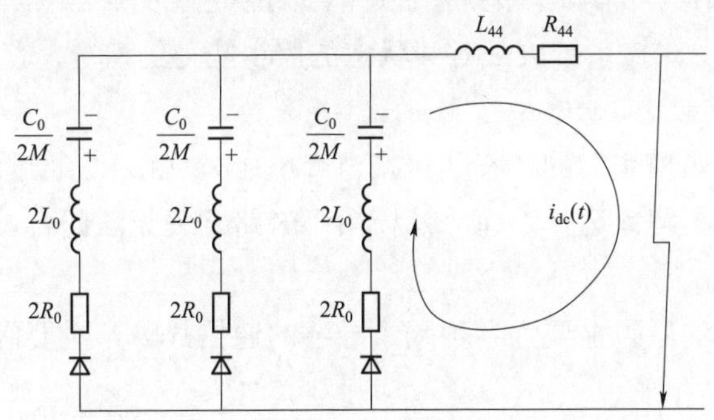

图 3-43 换流阀直流侧向的等效电路

3.5.2 通过"零压"控制清除直流短路电流

通过降低混合型 MMC 直流侧电压，能够减少直流侧的短路电流。在直流侧发生短路故障后，利用全桥子模块输出负电压的能力，采取"零压"控制将换流器直流侧电压控制到"零"，从而有效抑制直流侧的短路电流。

换流器单相等效电路如图 3-44 所示。

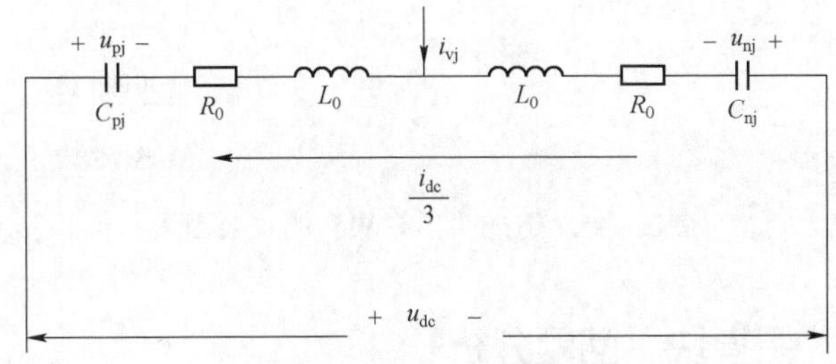

图 3-44 换流器单相等效电路

u_{pj}、u_{nj}—j 相上、下桥臂电压；C_{pj}、C_{nj}—j 相上、下桥臂等值电容

直流侧发生短路故障后，启动“零压”控制，直流电压指令值由额定电压调整为0，改变全桥子模块投入的工作状态，使得上、下桥臂电压之和为0，此时部分全桥子模块为负投入状态。通过零压控制，对于直流侧相当于切断了短路电流的源，线路上的故障电流将快速降低。桥臂中 FBSM 正常投退运行使得电容电压保持均衡，依然能够满足交直流侧的电压变换条件，换流器能够工作于 STATCOM 状态输出无功功率，给交流电网提供无功支撑。

采用“零压”控制，不需要闭锁换流阀，子模块电压基本保持在额定值，因此故障清除后系统能够快速恢复功率传输能力。

3.6 换流阀子模块的“黑模块”分析及处理方法

换流阀工作中，存在子模块因为通信故障、取能电源故障等原因，阀控系统无法获得该子模块的运行参数，阀控系统失去对其状态的监视能力的情况，形象地将这类模块称之为“黑模块”。

阀控无法获取“黑模块”的状态（包括电容电压），就无法通过均压算法有效控制该模块。如果换流阀强制解锁运行，而“黑模块”旁路开关无法闭合，则有电压持续上升，甚至损坏器件的可能。

造成“黑模块”的原因主要为各种因素导致的通信故障，主要因素如图 3－45 所示。

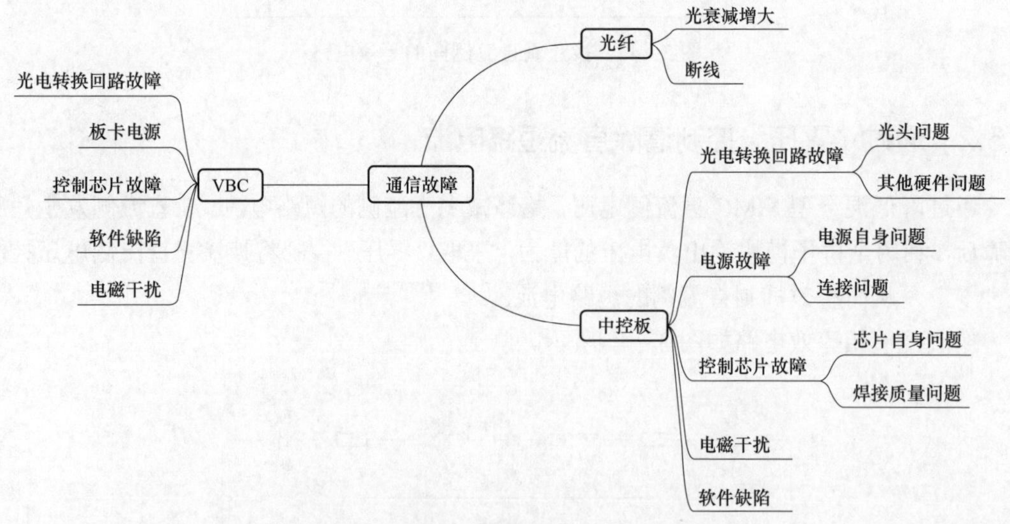

图 3－45　造成“黑模块”的主要因素

3.6.1 不同类型“黑模块”问题分析

换流阀从启动到运行的过程中，可以分为以下几类“黑模块”：

A 类“黑模块”，在系统上一次运行过程中已经旁路的子模块。电容不会被充电，取能电源和二次板卡无法工作。

B 类“黑模块”，充电前子模块至阀级控制器的上行光纤故障，重新启动时电容会被充电，取能电源及控制板卡能正常工作。

C 类“黑模块”，充电前内部取能电源或二次板卡故障，重新启动时电容会被充电，但子模块失去旁路能力。

D 类“黑模块”，解锁运行后子模块的上行光纤发生故障，子模块上送的状态信息中断（子模块能够接收指令并旁路）。

E 类“黑模块”，解锁运行后内部取能电源或二板卡故障，子模块上送的状态信息中断（子模块内部的容错机制能够使子模块自行旁路）。

以上 A～E 共 5 种类型“黑模块”，仅 C 类“黑模块”会对换流阀产生威胁，如图 3－46 所示为C类“黑模块”充电原理示意图，其他类型“黑模块”均能够实现旁路从换流阀中切出。

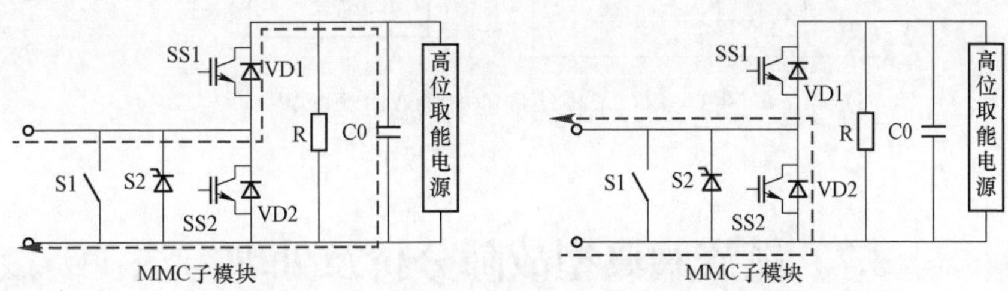

图 3－46 C 类“黑模块”充电原理示意图

C 类“黑模块”在充电前因取能电源或二次板卡故障等已失去旁路能力，因此解锁运行后该类子模块将在换流阀回路中进行充电。

3.6.2 “黑模块”的应对策略

（1）旁路开关拒动处理技术。采用压接式器件，具备 IGBT 击穿技术。若采用焊接式器件，应采用晶闸管击穿技术，如图 3－47 所示。

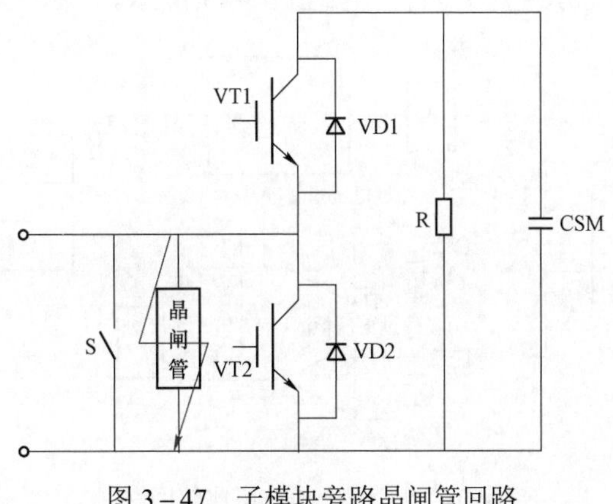

图 3－47 子模块旁路晶闸管回路

（2）通信故障的处理技术。上电时通信故障（A、B、C 类故障）：该类故障指出现在启动阶段的子模块无通信故障，此时换流阀尚未解锁，建议停止解锁，申请停电检修。

运行时通信故障（D、E 类故障）：运行过程中若出现通信故障，如断线等问题，子模块具有通信异常判断功能，能够自行旁路，若旁路时发生开关拒动故障，就采用晶闸管击穿技术。针对由于取能电源故障导致的通信故障，亦可采用双电源技术，如图 3－48 所示。

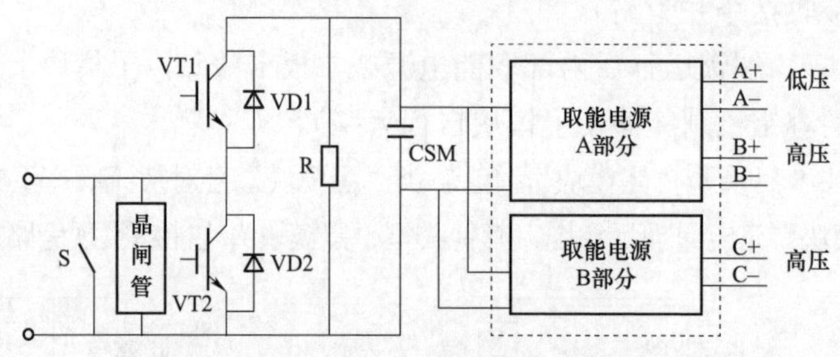

图 3－48　子模块取能电源双电源配置

3.7　换流阀典型故障分析及处理方法

正常情况下，若检测到子模块故障，则由控制板下发旁路指令，通过触发控制电路闭合旁路开关，实现子模块的旁路。但存在以下几种故障，会导致旁路开关旁路功能失效，因此亟须针对不同风险问题设置有效识别故障并做出隔离指令的预防措施。

（1）故障一：子模块控制板卡工作异常，无法发出旁路触发指令。

预控措施：采用冗余的过电压比较回路，除软件过电压比较回路外，还设置两路硬件过电压比较回路，硬件过电压回路不依靠控制板卡，且为了防止误动，只有两路硬件过电压比较回路均动作才触发旁路开关闭合，如图 3－49 所示。

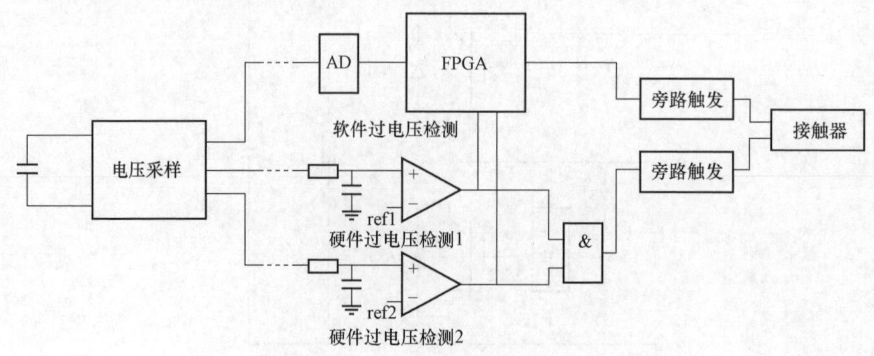

图 3－49　冗余的过压比较回路

（2）故障二：旁路开关触发回路局部故障。

预控措施：采用冗余的旁路触发回路，对旁路开关的触发电路进行双重化冗余设计，当其中一路触发电路因局部元件故障而失效时，另一路电路作为冗余可以继续触发旁路开关，从而提高旁路开关触发的可靠性。

（3）故障三：旁路开关自身本体故障。

预控措施：若旁路开关本体故障出现拒动，则由控制板触发上、下 2 只 IEGT（也称为 PP－IGBT，具有失效短路的特性），上、下 2 只 IEGT 导通后，直流电容瞬间短路放电，巨大的 di/dt 使得器件发热失效，形成可靠的通流路径，如图 3－50 所示。

（4）故障四：取能电源故障或板卡故障，整体控制功能失效。

预控措施：取能电源故障或板卡故障，整体控制功能失效，采用有源钳位触发的方式使得器件失效，从而形成可靠的通流路径，如图 3－51 所示。

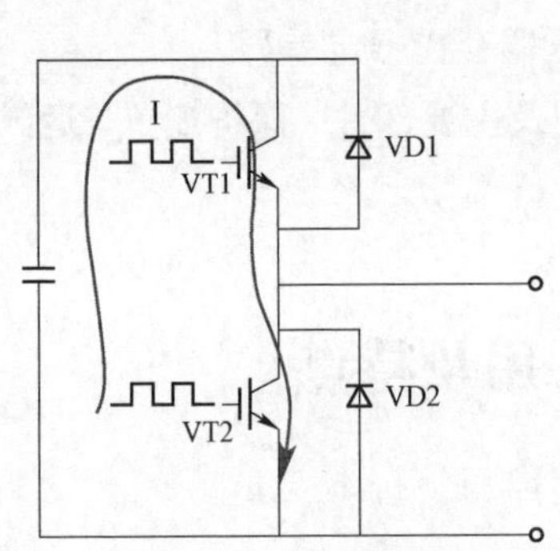

图 3－50　拒动后主动触发直通

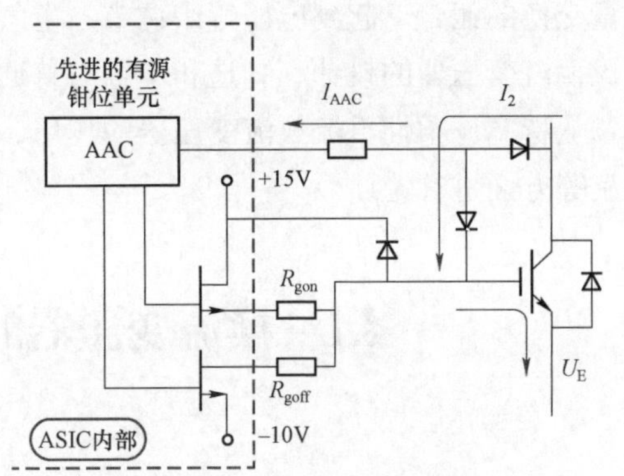

图 3－51　控制失效后的有源钳位触发

4　特高压柔性直流换流变压器

柔性直流换流变压器是特高压柔性直流换流站的核心设备之一，是连接交流系统与换流站能量交换的纽带，起到电压等级调节、电气隔离等作用，由于应用工况具有特殊性，柔性直流换流变压器的设计、制造和运行与普通变压器存在一定差异。

本章从特高压柔性直流换流变压器的作用、结构及主要部件、保护配置、运维风险及防范措施等方面进行论述。

4.1　换流变压器的作用及特点

4.1.1　换流变压器的作用

柔性直流输电系统的换流变压器在换流站与交流系统之间起连接和协调作用，在直流系统中的作用主要包括以下几方面：

（1）连接交流和直流系统，与换流阀共同实现交、直流的变换。

（2）匹配交、直流侧的电压等级，使换流阀工作有合理的调制比。

（3）将换流阀与交流电网进行电气隔离，抑制换流器输出的零序电压对电网的影响或者交流电网的零序电压对换流阀的影响。

（4）起到连接电抗器的作用，在交流系统和换流器间提供换流电抗，用以平滑波形和抑制故障电流。

4.1.2　柔性直流换流变压器与常规直流换流变压器对比

应用于常规直流输电系统的换流变压器已有相关文献进行介绍，其应用工况和特点本书不再赘述。相比于常规直流换流变压器，柔性直流换流变压器还有一些新的特点。

（1）由于柔性直流换流阀不存在换相问题，不需要换流变压器提供换相电抗，不需要设计较大的短路阻抗减少换相冲击。

（2）在常规直流输电工程中，较为常见的配置为每 12 脉动换流器配置 6 台单相双绕

组换流变压器，其中采用 Yy 和 Yd 接线形式的各 3 台，或配置 3 台单相三绕组换流变压器，采用 Yyd 接线形式。在特高压柔性直流换流站中，高低端阀组的换流变压器不再需要通过接线组别进行移相，因此均采用 Yy 接线形式的单相双绕组换流变压器。

（3）对于柔性直流输电对称双极系统，在设计换流变压器时还需额外考虑直流偏置效应。

（4）在常规直流输电工程中，换流变压器需要调节分接头位置，以匹配不同工作状态下保持触发角在一定范围内，对分接头数量需求较多。柔性直流换流站由于换流器采用全控电力电子器件，仅需要通过调节变压器变比，以满足换流器的调制比在合理范围内，需要的分接头数量大幅减少，且分接头动作次数较少。

4.2 换流变压器结构

按照换流变压器油箱内外进行划分，其结构与部件可分为内部结构部件和外部结构部件。内部结构部件主要包含绕组与铁芯；外部结构主要包含储油柜、冷却器、有载调压操动机构以及套管。

4.2.1 内部结构部件

换流变压器内部结构主要由铁芯、绕制在铁芯上的绕组、主绝缘等构成，其内部结构示意图如图 4-1 所示。

图 4-1 换流变压器内部结构示意图

4.2.1.1 铁芯

铁芯是换流变压器的基本部件之一，它的选材和结构决定了换流变压器的体积、质量和损耗。铁芯由硅钢片、绝缘材料、铁芯夹件及其他结构件组成。铁芯既是换流变压器的磁路，也是绕组和引线以及换流变压器内部器身的主要骨架。铁芯的具体作用如下：① 作为磁路，铁芯的导磁体把一次系统的电能转换成磁能，又把磁能转换成二次系统的电能，是能量转换的主要载体，因此要求导磁体应具有高磁导率和较小的磁阻，以减小换流变压器的体积和励磁损耗。② 作为骨架，铁芯的结构应具有足够的机械强度和稳定性，以便换流变压器内部引线和分接开关、出线装置等绝缘件的安装和固定，同时应能承受换流变压器在制造运输和运行中可能受到的各种作用力。

1. 铁芯的分类

换流变压器铁芯结构主要根据其容量、电压等级和运输条件等多种因素确定。

（1）按结构分类。铁芯按结构可分为壳式（外铁式）铁芯和芯式（内铁式）铁芯。它们的主要区别是磁路形式不同，即铁芯与绕组相对位置不同，绕组被铁芯包围的称为壳式，铁芯被绕组包围的称为芯式。芯式铁芯是国内变压器行业在交流产品上普遍采用的结构型式，目前制造的换流变压器也均采用芯式结构。

（2）按工艺分类。按照制造工艺，大型换流变压器主要采用的是叠积式铁芯，该种铁芯是指由片状电工钢片叠积而成的铁芯。叠积式铁芯又分为搭接和对接两种：当各个结合处的接缝在同一垂直平面内，称为对接；接缝在两个或多个垂直平面内，称为搭接。

对接式的芯柱片与铁轭片间易短路，且机械上没有联系，夹紧结构和拉紧结构的可靠性要求高。搭接式是芯柱与铁轭的硅钢片的一部分交替地搭接在一起，使接缝交替遮盖，从而避免了对接式的缺点。因此，多级搭接式是换流变压器铁芯采用的主要结构。

（3）按芯柱分类。单相单柱旁轭式铁芯又称为框式铁芯，是指中柱套线圈，两侧柱为旁轭的铁芯结构，也称单相三柱式铁芯。

单相两柱式铁芯是指两柱套线圈的铁芯结构。单相两柱旁轭式铁芯是指两柱套线圈的四柱式铁芯结构，是高压换流变压器和特高压交流变压器常见的一种铁芯结构。

单相三柱旁轭式铁芯是指三柱套线圈的五柱式铁芯结构，是大容量高端换流变压器的一种常见铁芯结构。

套线圈的柱数以及是否带旁轭，取决于换流变压器电压等级、容量和运输的限值尺寸等因素。通常，套线圈的柱数增加，可缩小运输宽度。铁芯的旁轭用于降低铁轭的高度，对降低运输高度起至关重要的作用。

2. 铁芯的磁通密度

换流变压器的容量确定之后，可以相应确定铁芯芯柱的直径，从而得出铁芯柱的截面积，再乘以所选用硅钢片的叠片系数，便可得到铁芯柱的有效截面积。铁钜截面积与铁芯柱截面积的关系，由铁芯各部分磁通分布确定。铁芯柱最终截面积应由所选取的磁通密度确定。

由电磁感应定律可知变压器的相电压

$$U_{ph} \approx 4.44 fWB_C A_C \times 10^{-4} \tag{4-1}$$

式中：f 为电源频率；W 为绕组匝数；B_C 为铁芯磁通密度；A_C 为铁芯有效截面积。由式（4－1）可得

$$B_C = (10^4 / 4.44 fA_C)(U_{ph} / W) \tag{4-2}$$

式（4－2）阐明了铁芯中磁通密度 B_C 与每电势 e_z 间的基本关系，也就揭示了变压器

的磁与电的基本关系。B_C决定了变压器的基本性能和材料的利用。

取B_C值大时：e_z不变且A_C小些，硅钢片用量少；A_C不变且e_z大些，导线用量少；设计时e_z大些且A_C小些，则导线和硅钢片用量均少。

取B_C值小时：e_z不变且A_C大些，硅钢片用量多；A_C不变且e_z小些，导线用量多；设计时e_z小些且A_C大些，则导线和硅钢片用量均多。

从上述分析可知，B_C值大硅钢片用量少、导线用量少或导线和硅钢片用量均少。但磁通密度B_C的选取是由硅钢片的牌号和换流变压器所要求的空载性能决定的，B_C只能在一定变化的范围内选取。

在设计变压器时，如果B_C值选取大时，空载损耗会增加，变压器噪声增大，过励磁特性变差，但铁芯体积、用铜量会下降，B_C值选取过小时，空载损耗会减小，变压器噪声也减小，但硅钢片用量增加，用铜量和负载损耗增加。由此可见，磁通密度的选择决定了铁芯直径的大小，不仅影响整个换流变压器的体积、重量、形状、制造成本，还影响换流变压器的空载电流、空载损耗、负载损耗、温升、短路阻抗、噪声等性能参数。因此，换流变压器的磁通密度B_C应合理取值，这是换流变压器设计审查的重要内容之一。

3. 铁芯的基本结构

换流变压器的铁芯由高导磁晶粒取向冷轧硅钢片叠积而成，铁芯的结构件主要由铁芯本体、夹件、垫脚、撑板、拉板、拉带、拉螺杆和压钉以及绝缘件组成。铁芯通过高强度纵向和横向拉板连成整体，上、下夹件设有三维强力定位装置，总装配时分别固定在油箱底和箱盖上，防止器身产生位移。

换流变压器铁芯基本结构与交流变压器相同，但在铁芯屏蔽、接缝、散热等结构细节方面有所差异。其基本结构包括铁芯柱、铁轭、旁轭和夹件及结构件等。

（1）铁芯柱是指铁芯中套有线圈的部分。

（2）铁轭是指铁芯中不套线圈的铁磁部分，它与铁芯柱垂直并与芯柱构成闭合的磁路。

（3）旁轭是铁芯中不套线圈的铁磁部分，它与铁芯柱平行并与芯柱构成闭合的磁路。

（4）夹件（包括拉板和脚垫等）：加紧铁使铁芯稳固并可用来压紧线圈，以及通过与油箱配合达到对器身定位的结构件，同时也是承受器身起吊重量的重要组件。

对于大容量的换流变压器，为了满足制造和运输要求，通过设计为单相变压器，其铁芯通常采用单相四柱结构，两个主柱和两个旁柱，两个绕组并联布置在两个立柱上，每个立柱绕组容量为换流变容量一半。其铁芯为两芯柱带旁轭结构，该种铁芯结构如图4-2所示。

4. 铁芯的夹紧结构

由铁芯、绕组和引线等组成变压器的器身必须形成刚性的整体结构，以承受产品在制造、运输和运行过程中可能受到的各种作用力，铁芯作为器身的骨架，必须能够承受包括换流变压器出口短路冲击力在内的各种作用力：① 长期作用力，如铁芯柱和夹件的夹紧力，压紧线圈的反作用力等；② 短时间的作用力，如起吊、拖动和运输过程中的作用力等；③ 瞬时作用力，如换流变压器外部突发短路、地震等突发性自然灾害时产生的冲击作用力等。所以，铁芯必须有足够的机械强度，保证其结构能够承受上述各种力的作用；还应有足够的裕度，以保证换流变压器在使用中不致损坏。

图 4－2　单相四柱旁轭式铁芯结构

铁芯由整体为框架装置的夹件、拉板、拉带等组件组成的夹紧装置固定，并承受上述各种作用力。换流变压器的夹件一般采用板式夹件，由高强度结构钢制成。夹件的作用是夹紧铁芯片并能可靠地压紧绕组、支撑引线、布置器身绝缘。对于强迫导向油循环的换流变压器，下夹件还兼有主油道和导向作用。夹紧装置的加紧力应均匀，铁芯片应不出现超过允许范围的波浪度，边沿不得翘曲，接缝严合。为了减小漏磁通在结构件中产生的涡流损耗和防止铁芯多点接地，结构件应采用绝缘材料与铁芯本体隔开，而结构件自身不能交链主磁通而形成短路匝。绝缘件还应尽可能增设油道，以利于散热。

铁芯底部装有梯形垫块防止铁芯片串片移位。整个铁芯通过高强度纵向和横向拉板连成整体，上、下夹件设有三维强力定位装置，总装配时分别固定在油箱底和箱盖上，防止器身位移。

4.2.1.2　绕组

绕组是指由一组串联的线匝构成的组件。绕组是换流变压器的主要构成部件之一，根据电磁感应定律把磁和电联系在一起。在结构上通过铁芯（磁路）和绕组（电路），实现电能传递和转换。绕组由若干个线匝组成，线匝是指组成一圈的一根或多根并联的导线，每次穿过铁窗并与主磁通相交链，则称为一个线匝。

1. 绕组的结构性能

为了保证换流变压器长期安全可靠运行，绕组的结构必须满足以下电气强度、耐热强度和机械强度的基本要求。

（1）电气强度。换流变压器在运行中，其绝缘应能承受长期运行电压、短时过电压、大气过电压、内部过电压、直流电压和直流极性反转等各种电压的作用，并保证有合理的绝缘裕度，并满足局部放电的要求。

（2）耐热强度。绕组的耐热强度主要包括两方面：① 在长期工作电流的作用下，绕

组的绝缘寿命应不少于设计使用年限；② 换流变压器在运行状态下，在任意线端发生短路时，绕组应承受住该短路电流所产生的热作用而无损坏。因此，在设计换流变压器时应合理选择导线的电流密度，采取有效的绕组冷却措施，保证运行温度不超过绝缘材料的温度限值。

2. 绕组的结构

换流变压器的绕组分为调压绕组、网侧绕组和阀侧绕组，这些绕组与引线共同组成换流变压器的基本电路。

（1）调压绕组。换流变压器的调压绕组一般采用单层式绕组或双层式绕组，具体由换流变压器的整体结构所确定。

采用单层式调压绕组的换流变压器，其各分接引线流过相同方向的电流，会在铁芯中产生很大的镜像电流，影响换流变压器的正常运行。因此需要在铁芯结构上采用加装环形铜导体屏蔽措施，以减小进入铁芯的镜像电流。换流变压器采用双层结构的调压绕组时，两层线圈的绕向相反，其引线中电流的方向也相反，同方向的电流之和很小，无需在铁芯上装设环形铜导体屏蔽。

换流变压器的调压绕组一般布置在最里层，紧靠铁芯柱，用机械强度和绝缘强度很高的硬纸筒作为绕组的骨架和主绝缘的一部分，克服了层式绕组的机械稳定性较差的弱点。对于阀侧电压较低的换流变压器，阀侧绕组常位于紧靠铁芯处。这时，调压绕组则置于网侧绕组外侧，其电气强度和机械稳定性问题的处理，比紧靠铁芯柱要复杂些。

（2）网侧绕组和阀侧绕组。换流变压器的网侧绕组一般采用分级绝缘结构，阀侧绕组则采用全绝缘结构。网侧和阀侧绕组采用饼式结构型式，其中以纠结—连续式、叉花纠结式和插入电容式的绕组结构较为多用。

纠结式绕组是换流变压器网侧和阀侧绕组的一种常用结构型式，即在相邻的两线匝间插入另一线匝，形似许多线匝纠集在一起，故称为纠结式绕组，示意图如图 4－3 所示。图 4－3 所示为两段共 16 匝的纠结式绕组，两段线第一个纠结单元相邻两匝导线的电位差为单匝电动势的 8 倍，因而大大提高了线段自身的电容量（纵向电容），从而达到改善雷电冲击电压分布的目的。

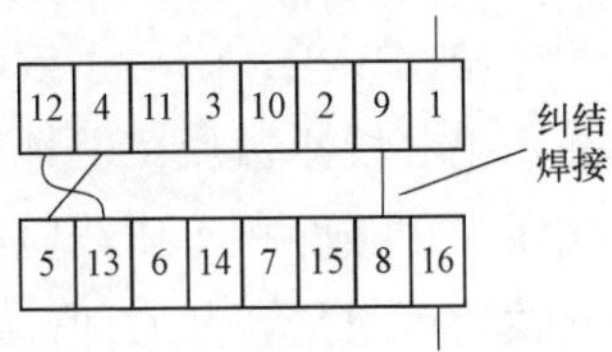

图 4－3 纠结式绕组示意图

纠结式绕组具有良好的耐雷电冲击性能，适用于电压等级较高的绕组。纠结式绕组的主要缺点：一是匝间的电位差大，需要增加匝间绝缘厚度；二是绕制工艺复杂，导线焊头较多，尤其是大容量绕组的并联导线根数较多，绕制比较困难，工艺要求严格。但纠结式绕组的优点还是起主要作用的，得到了广泛运用。叉花纠结式绕组和纠结—连续式结构绕组在换流变压器网侧和阀侧绕组中的应用较为广泛。

叉花纠结式绕组也是换流变压器网侧和阀侧绕组的一种常用结构型式。

纠结—连续式结构绕组通常将雷电冲击梯度分布较高的首端设置为纠结段，其余则为一般连续段，可以降低绕组的绕制难度。例如，网侧绕组的首端若干段为纠结式，其余部

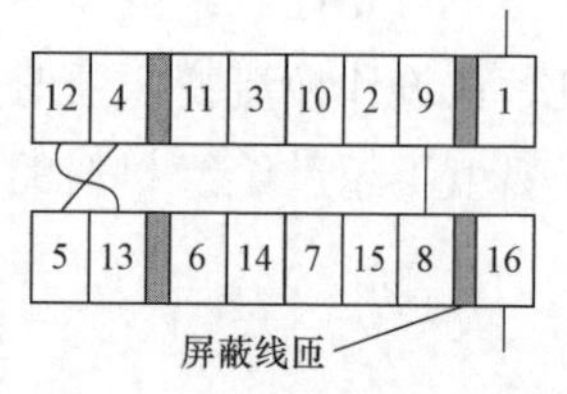

图 4-4　插入电容式绕组示意图

分为连续式；而阀侧绕组的两端若干段为纠结式，中间部分为连续式等。

插入电容式绕组也是高端换流变压器网侧和阀侧绕组的一种常用结构，它与纠结式绕组相比，同样可以起到改善绕组端部冲击电位梯度的作用，但内屏蔽式除屏蔽线需要少量焊接外，承载电流的主导线没有焊头。插入电容式绕组（如图 4-4 所示）简化了绕组结构，工艺简单，既减小了工作量，又提高了产品可靠性。

插入电容式绕组是将屏蔽线夹入绕组导线进行绕制。由于屏蔽线跨在不同的绕制线匝之间，屏蔽线与相邻导线间的电位也远高于单匝电动势，同样起到增加绕组纵向电容，改善雷电冲击电压分布的作用。屏蔽线的端头断开并经过圆角化处理后包好绝缘悬空，它不流过换流变压器的工作电流。实际的内屏蔽式绕组在结构上包括两段跨接、四段跨接、八段跨接和分段连接等型式，跨接线段越多，增加的纵向电容越显著，对导线的绝缘处理要求越高。对于内屏蔽式连续绕组，在插入线段的屏蔽线匝与相邻工作线匝间电位梯度相等的条件下，利用静电能量的计算方法，即可得出双饼的等值插入电容 C_p。

对于两段式

$$C_{p2} = 2nC_p \tag{4-3}$$

对于四段式

$$C_{p4} = 4nC_p \tag{4-4}$$

式中：n 为每一线段的有效电容线匝数；C_p 为单一线段内一匝电容线匝与相邻工作线匝的几何电容。

由此可见，当跨接段数一定时，插入的电容随插入电容线匝数成比例地增加。这样，电容匝数、线匝导线截面积工作线匝的绝缘距离以及跨接的线段数均可用来调节 C_p 值，因而内屏蔽式连续绕组插入电容线的匝数能任意调节，可根据冲击电位分布的计算需要调节纵向电容，这是其最大优点。换流变压器插入电容式绕组外形如图 4-5 所示。

图 4-5　换流变压器插入电容式绕组外形

3. 绕组的发热与散热

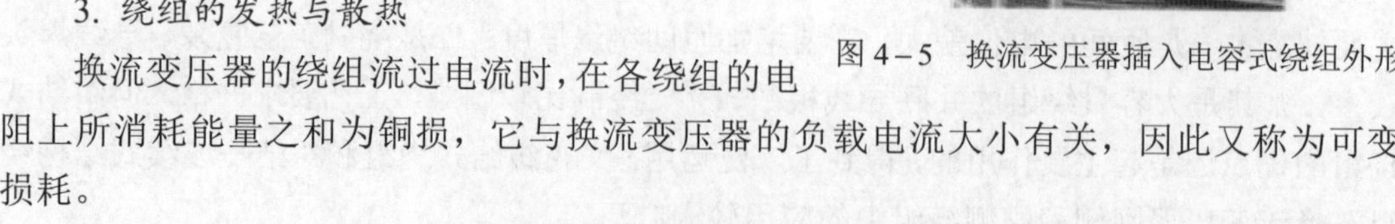

换流变压器的绕组流过电流时，在各绕组的电阻上所消耗能量之和为铜损，它与换流变压器的负载电流大小有关，因此又称为可变损耗。

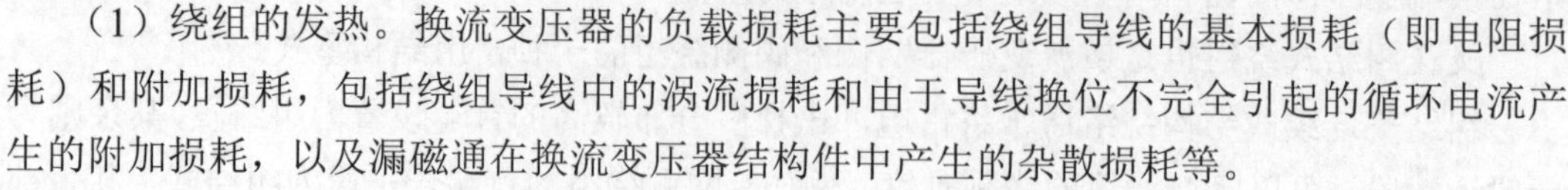

（1）绕组的发热。换流变压器的负载损耗主要包括绕组导线的基本损耗（即电阻损耗）和附加损耗，包括绕组导线中的涡流损耗和由于导线换位不完全引起的循环电流产生的附加损耗，以及漏磁通在换流变压器结构件中产生的杂散损耗等。

（2）绕组的散热。绕组温升取决于绝缘油的温升，绕组导线的电流密度、附加损耗，冷却油道尺寸以及冷却器的选择、冷却油的流速等多个因素。降低绕组温升的措施分为两类：一类是降低损耗，抑制发热；第二类是加强散热，提高散热效率。

降低负载损耗最有效的方法是降低基本损耗，即增加导线截面积，降低绕组导线的电流密度。但绕组电流密度的选取，不仅影响着换流变压器的制造成本，而且还影响其体积、温升等其他的重要参数以及冷却方式和冷却器选择等。

降低附加损耗也是抑制发热的重要措施之一，为了降低附加损耗，换流变压器除了在导线和绕组结构以及金属结构件上采取措施，在引线和金属结构件的布置上也应尽量避开漏磁场、优化引线排列，采取引线与钢结构保持一定距离、绕组端部安装磁分路、油箱警安装电屏蔽或磁屏蔽等措施。

合理设置散热油道，加快油的流速，采用大功率冷却器提高冷却效率。换流变压器的冷却器方式有强迫油循环风冷和强迫导向油循环风冷两种。强迫油循环是利用潜油泵的作用加快油的流速，风冷是在风机的作用下快速散热。强迫油循环风冷是指冷油进入油箱下部按自然阻力无定向循环对器身进行冷却。导向油循环是指冷油进入绕组后按设置好的纵向和横向冷却油道有规律地定向流动，具有更高的冷却效率。

4.2.1.3 绝缘类型

换流变压器绝缘是指绕组对其本身以外的其他部分的绝缘，主要是绕组对铁芯、夹件、油箱等接地部分的绝缘，不同绕组之间的绝缘，以及引线对接地部分和不同绕组引线之间的绝缘等。

1. 主绝缘

由于换流变压器的绝缘既要承受交流电压的作用，又要承受直流电压的作用，还要经受运行中投切的全电压作用、直流极性反转电压等作用，因此，其绝缘状态比交流变压器更加复杂。在交流场下，油介质中的场强高于固体介质中的场强，并按电容性（容抗）规律分布在这两种介质中，即介电常数大的绝缘介质中承受较小的交流电场强度，而介电常数小的绝缘介质中承受较大的交流电场强度。一般情况下变压器油的介电常数约为绝缘纸板的一半，所以变压器油隙中的交流电场强度约为绝缘纸板中的一倍。因此，变压器中交流电场主要集中在油院中。但在直流电场下，固体介质中的场强高于油介质中的场强，由于直流电场是按照阻性规律分布在两种绝缘介质中的，即电阻率大的绝缘介质中承受较大的直流电场强度，电阻率小的绝缘介质中承受较小的直流电场强度。在室温条件下，变压器油的电阻率为 $10^{13}\Omega\cdot m$ 数量级，而绝缘纸板的电阻率为 $10^{15}\Omega\cdot m$ 数量级。也就是说，绝缘纸板中的直流电场强度约为变压器油中的 100 倍。由此可见，换流变压器中直流电场的分布主要集中在固体绝缘材料中。因此，虽然换流变压器与交流变压器主绝缘结构均是油纸绝缘结构，但换流变压器的主绝缘结构中的绝缘纸板与绝缘油一样，同样起重要作用。

作为变压器的主绝缘：绕组之间和绕组对地绝缘，一般采用绝缘纸板和变压器油组成的油一隔板绝缘结构型式。换流变压器主绝缘处理原则是均匀电场分布，合理配置油道间隙和纸板尺寸，选择优质的绝缘材料及绝缘成型件等，使各种试验电压下的绝缘耐电强度满足要求。

在电场比较均匀的情况下，油—隔板绝缘结构中油隙的耐电强度随油隙的减小而增加。因此，在同一绝缘距离下，油隙分隔越小，耐电强度越高。此外，在该种绝缘结构中对交流电场而言，主绝缘的击穿电压主要由油隙决定，油隙一旦击穿，纸板也随之丧失绝缘能力。所以，纸板主要起分隔油道的作用，并不需要选择太厚。但限于机械强度的要求，也不能太薄。对于换流变压器而言，由于存在直流电场的作用，主绝缘中需要更多的绝缘纸板来承担大部分的直流电场强度。所以，阀侧绕组要被多层围屏纸板筒和角环所包绕，主绝缘中纸板（筒）的厚度和用量远远超过交流变压器。同理，阀侧引线的绝缘材料数量也要有所增加。

2. 端绝缘

端绝缘是指绕组端部至上下铁轭以及相邻绕组之间端部的绝缘，它是换流变压器主绝缘的重要组成部分。该处电场极不均匀，容易发生沿面放电。端绝缘是油—纸隔板结构，尽量按照电场等位线设置绝缘角环的弧度。

影响绕组端部电场分布的因素很多，如端部绝缘距离、绕组间主绝缘距离、静电环曲率半径和绝缘厚度及绝缘材质，静电环的数目和形状及布置方式，以及角环分隔油隙和端圈分隔油隙的数目和大小等。

高压静电环置于换流变压器绕组的端部，它是一个具有一定厚度的开口金属环，用金属箔或金属编织带包绕在一个用绝缘材料制成的骨架上，或直接用金属制成芯体，其外部用绝缘纸包裹绝缘。金属芯体与金属箔片或金属编织带经金属软线或金属箔带可靠连接后引出，再与高压绕组端部首匝线饼相连接。静电环既可以改善首端的电场分布又可以在静电环与首端的线饼间形成附加电容，从而改善冲击电压作用下绕组电位的起始分布。

角环是一种带有向内或向外翻边的弧形绝缘件。角环的作用一方面是增加端部绝缘距离，防止端部沿面放电；另一个作用是分隔端部的油隙，将处于绕组端部极不均匀电场中的较长油隙分隔成若干个较小的油隙，并使每个油隙基本具有同样的绝缘裕度，提高绝缘的利用系数。为了起到最好的绝缘作用和防止沿面放电，角环的理想形状应与端部等电位线相重合。换流变压器采用基本上符合等电位面的成型角环，这样可以有效降低该区域绝缘沿面放电的风险。

3. 纵绝缘

纵绝缘是指绕组的匝间、层间、线段间的绝缘。纵绝缘主要取决于雷电冲击电压的分布和长时间运行电压的作用，同样的雷电冲击电压，如果选择不同的绕组型式，其匝绝缘厚度和段间油道的尺寸也可能不同，需要通过仔细的计算校核进行优化设计。纵绝缘处理还应考虑特殊情况下绕组间的相互影响以及纵绝缘对主绝缘的影响、段间油隙大小对换流变压器散热影响等综合因素。

对于层式绕组而言，纵绝缘主要指匝间绝缘和层间绝缘。对于饼式绕组主要指匝间绝缘和段间油道绝缘。

绕组上的最大梯度电位则是决定纵绝缘的主要依据，由于作用在绕组间绝缘上的工频

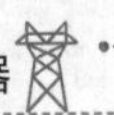

电压与匝数成正比例关系，所以在纠结线段上的匝电压要比连续式大若干倍。在冲击电压作用下，匝间将出现更高的冲击电压，因此在纠结线段应采用更大的绝缘裕度。

换流变压器绕组一般由高密度纸包绝缘导线绕制而成，由于纸具有毛细作用，因而提高了油纸的绝缘强度，构成了较好的匝绝缘结构。但导线绝缘纸的包绕过程有一定的工艺分散性，在绕组的绕制、运转、存放过程中，也有损坏绝缘的可能性等其他因素。因此，在纵绝缘结构设计中通常采用较大的绝缘裕度。

4.2.2 外部结构

换流变压器外部部件主要由本体储油柜、有载调压操动机构冷却器、套管及油箱等构成，其外部结构如图 4－6 所示。每个部件具有独立的功能，通过钢结构连接，共同组成换流变压器的设备主体。

图 4－6　换流变压器外部结构

1. 储油柜

储油柜是换流变压器用于储油的装置，其主体是用钢板焊接成的圆筒形的容器，容积大约为油箱容积的 10%。储油柜水平安装在油箱的顶部，里面的油通过气体继电器的连通管道与变压器油箱连通，使油面能够随着温度的变化而自由地升降，如图 4－7 所示。储油柜主要有两个作用：① 补偿变压器油体积随温度的变化，保证变压器内始终充满变压器油；② 缩小变压器油与空气的接触面积，减慢变压器油的氧化速度，从而延长变压器的使用寿命。

2. 有载调压分接开关

有载调压分接开关是指能在换流变压器负载状态下操作变压器分接头，从而调节变压器输出电压的一种装置。其基本原理就是在变压器高压绕组中引出若干分接头，在不中断负载电流的情况下，由一个分接头切换到另一个分接头，以改变有效匝数，即改变变压器的电压比，从而实现调压的目的。

图 4-7　变压器储油柜

分接开关油箱与本体油箱相互独立密封，储油柜也一分为二，本体储油柜边缘处有一部分作为分接开关储油柜，两边各有一个油位表计，分别表示本体油位和分接开关油箱油位。分接开关示意图如图 4-8 所示，在分接开关同时布置一台在线滤油机，在线滤油机主要由电动机、泵、压力筒、控制保护装置、滤芯等组成。在线滤油机的主要作用是在不中断换流变压器运行的情况下，滤除换流变压器分接开关调节过程中拉弧导致绝缘油分解而产生的游离炭等杂质，以保持分接开关内循环油的绝缘强度。

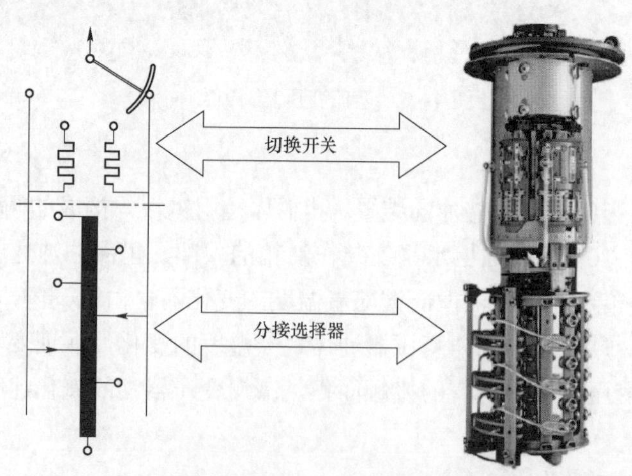

图 4-8　分接开关示意图

柔性直流交、直流变换时，为了保证换流器调制比在适当范围内，通过控制换流变压器分接头来进行阀侧交流电压调节。以龙门换流站换流变压器为例，其分接头调节范围为±5%，共分为 9 级（-4/+4），每一级调节 1.25%。

分接头调节分为手动和自动两种模式，自动模式又分为阀侧电压控制和定调制比两种模式。

3. 冷却器

（1）冷却器结构及选型。常见的换流变压器冷却器布置结构有两种方式，第一种是工作冷却器和备用冷却器集中布置在换流变压器短轴箱壁的一侧，如图 4－9（a）所示，这是换流变压器冷却器布置的普遍采用方式；第二种是工作冷却器和备用冷却器集中倾斜呈人字形布置在换流变压器的顶部，如图 4－9（b）所示，该种冷却器布置方式目前比较少用。

(a) 冷却器集中布置在油箱短轴一侧

(b) 冷却器人字形布置在换流变压器的顶部

图 4－9　换流变压器冷却器

冷却器应采用低速、大直径、低噪声风扇，风扇电动机为三相感应式、直接启动、防溅型配置，电动机轴承应采用密封结构。油泵电动机为三相感应式，对强油导向的柔性直流变压器油泵应选用转速不大于 1500r/min 的低速油泵，且不能因油泵扬程过大导致气体继电器误动作。风机及油泵选取原则如下：

1）风机选取原则。根据冷却器性能要求，为保证空气与变压器油能够充分进行热量交换，必须有足够的空气流量。同时还需控制冷却器噪声值在要求范围内。因此设计选用大直径、低转速、大风量、低噪声的变压器风机，并设置适当长度的消声器，以满足上述需要。

2）油泵选取原则。根据油在冷却管内部流动速度、流程长度、油回程数，计算冷却器内油阻力为 100kPa，变压器预留 25kPa，因此选用额定流量为 $120m^3/h$、扬程为 12.5mH□O 性能的油泵。

（2）冷却器运行方式。以昆柳龙直流输电工程龙门换流站为例，该站换流变压器的冷却方式为强迫油循环风冷，单台柔直变压器配有 5 组冷却器，每组冷却器组包括 1 台油泵（8kW）和 5 台风机（5×2.2kW）。冷却器电源采用两路交流电源同时供电，实现电源的两路电源的一主一备，并具备自动回切功能。由接触器 KMS1 和 KMS2 两路交流进线电源切换，当转换开关 HK1 转至“1 电源”，则接触器 KMS1 吸合，汇控柜由 1 路电源优先供电；当 1 路电源发生缺陷，如缺相、反相序、欠电压或失电等故障，则 KMS1 失磁，KMS2 吸合，由 2 路电源供电；当 1 路电源恢复后，则自动恢复至 1 路供电。冷却系统电压切换回路如图 4－10 所示。

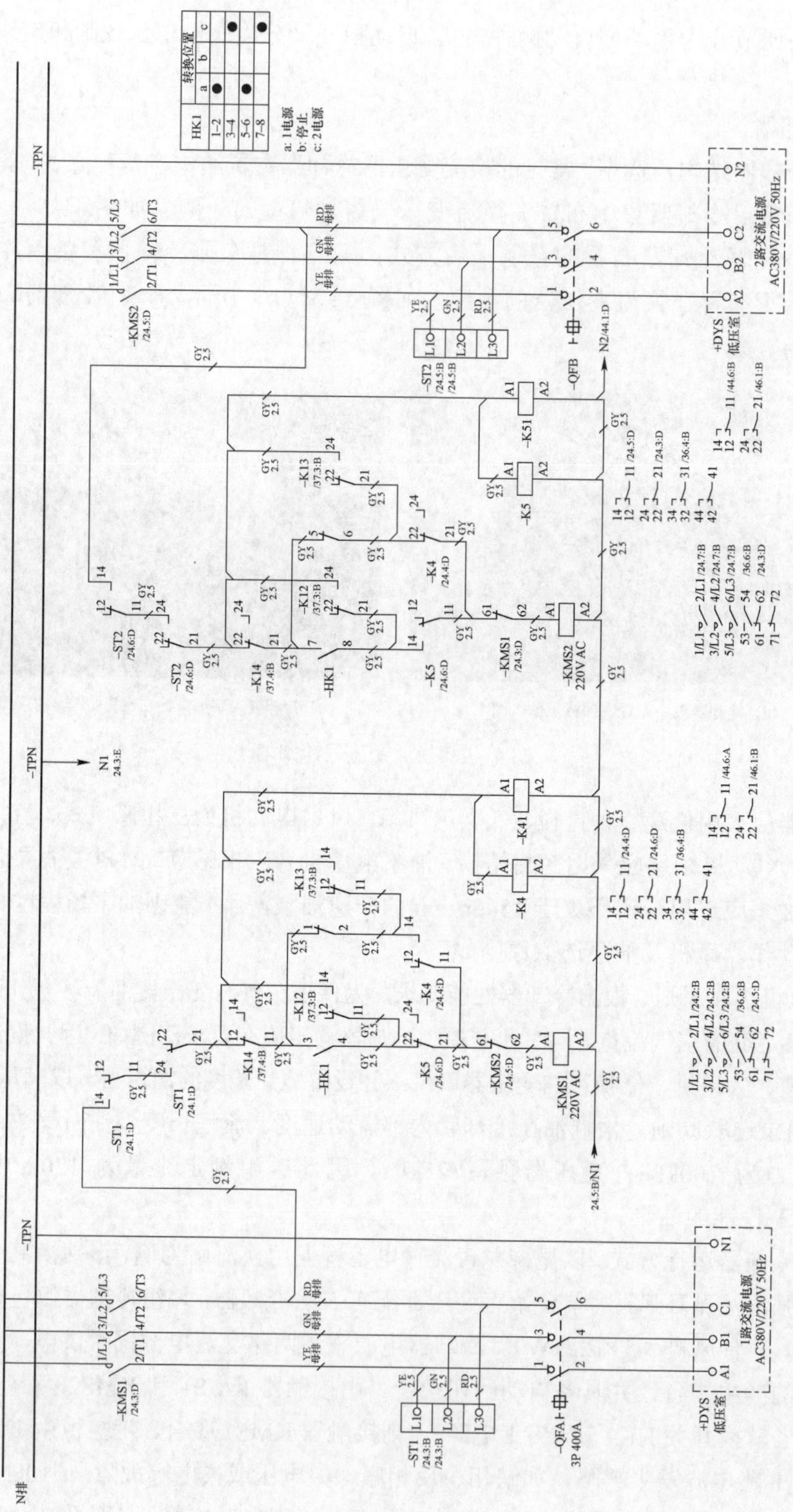

图 4-10　冷却系统电压切换回路

龙门换流站每相换流变压器共有5组冷却器，每组冷却器包括5个风扇和1个油泵，安装在本体非阀厅侧。换流变压器冷却器共有两种运行模式：

1）自动控制模式。控制器自动控制冷却系统，由PLC根据负荷电流、油面及绕组温度、设备故障等情况控制冷却器。自动模式下，PLC 接收到控制保护中心发来的换流变压器带电信号后，1～5组冷却器组按顺序全部启动，组与组之间启动延时时间为30s，运行5min后，则按照运行时间进行排序，启动运行时间最短的一组冷却器。为了均衡各组冷却器组的总运行时间，所有冷却器统计运行时间，并进行比较排序，启动时启动当前停止冷却器组中运行时间最短的一组，停止时停止运行的冷却器组中运行时间最长的一组。自动模式下，如果PLC发生故障，则启动冷却器应急全启回路，1～5组冷却器组按顺序间隔30s全部启动。冷却器故障处理功能：当冷却器组发生故障后（油流继电器故障或油泵、风机对应电机启动器跳闸），自动发出告警信号，启动停止冷却器中运行时间最短的冷却器组；如果该冷却器也出现故障，则启动其他停止无故障冷却器中运行时间最短的冷却器组，保证冷却器的冷却容量。具体冷却器启停条件见表4-1。

表4-1　冷却器启停条件　℃

冷却器组类别	油温启动	油温停止	绕温启动	绕温停止	负荷启动	负荷停止
工作	换流变压器带电	换流变压器失电，油面温度低于45℃，运行30min后	换流变压器带电	换流变压器失电	换流变压器带电	换流变压器失电
辅助1	40	35	50	45	40	35
辅助2	50	45	60	55	60	55
辅助3	60	55	70	65	80	75
辅助4	75	70	80	75	100	95

注　当冷却器出现故障后，则切除本组，启动停止冷却器中运行时间最短的冷却器组。

2）手动控制模式。需要手动投退冷却器时，通过各组冷却器组对应的控制转换开关控制冷却器组的启停，可以实现油泵的单独启停。当手动/自动选择开关置于手动位置时，由手动控制；当手动/自动选择开关置于自动位置时，由远方控制冷却器逻辑启停。

4. 套管

换流变压器套管主要由网侧套管与阀侧套管组成。

（1）网侧套管。一般换流变压器网侧绕组的首端和末端套管采用防污型瓷绝缘外套的油浸纸电容结构的户外—浸入式变压器套管，一般采用导杆式，套管垂直安装于换流变压器箱盖上。其主要由电容芯子、储油柜、法兰、上下瓷套、固定附件等组成，如图4-11所示。该套管的主绝缘为电容芯子，采用同心电容串联而成，以均匀电场分布。油浸纸电容芯子是用电缆纸和油作绝缘，电极一般用铝箔或金属化纸。电容芯子两端加工成阶梯状或锥形，并全部浸在变压器油中。储油柜用于对套管油热胀冷缩的体积变化进行补偿。瓷套是外绝缘和保护芯子的密闭容器，套管一般采用磁针式油位计指示油位。

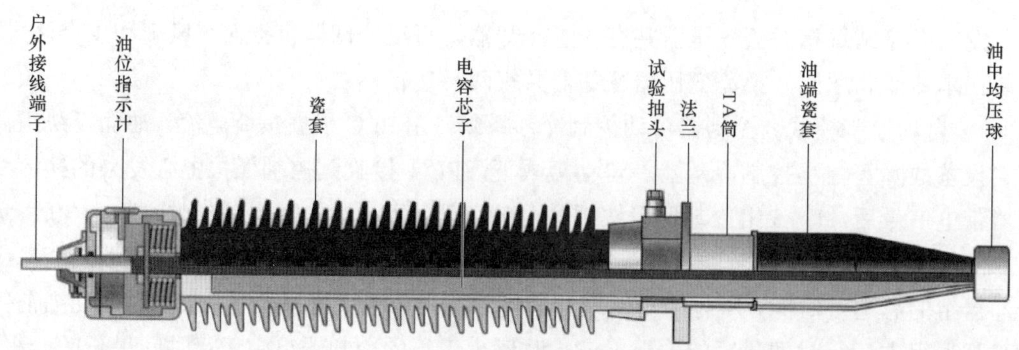

图 4－11　换流变压器网侧套管剖面图

高压电容式套管设有测量电容量和介质损耗端子，用小瓷套从末屏（电容芯子最外层电极）引出，运行时末屏必须接地。

换流变压器网侧套管首端与系统的接线端子采用设备线夹连接，尾部一般采用螺栓与绕组引线连接。高压套管的首端设有均压环，尾部伸入出线装置中，并设有均压球用以均匀电场，提高绝缘强度，减小局部放电。

（2）阀侧套管。阀侧套管主要包括硅橡胶复合绝缘外套、套管法兰、电容芯子等，其本质是 RIP 电容式套管，如图 4－12 所示。其中电容芯子是直流套管的主绝缘，电容芯子由绝缘纸卷绕而成，并经过真空、干燥后浸渍环氧树脂，在卷制时插入的铝箔屏保证了套管径向和轴向电场的均匀分布。电容芯子安装在硅橡胶负荷绝缘外套内。硅橡胶伞裙和法兰通过专门的技术直接模接到玻璃环氧筒上。套管头部的均压罩用于均匀头部电压。套管电容芯子和复合外套之间填充 SF_6 绝缘气体。套管法兰通过螺栓与复合外套下法兰连接，分压器位于分压器盒内，法兰上还提供有接地螺栓孔、放气阀、起吊环及变压器放气塞。

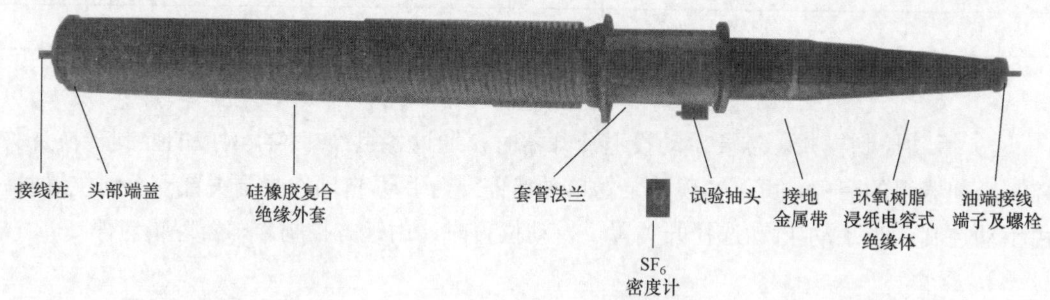

图 4－12　GSETF 型直流套管结构图

5. 压力释放阀

压力释放阀主要应用于油浸式换流变压器油式容积设备，当换流变压器油箱内部压力因故障急剧升高时，此压力如不及时释放，将造成油箱变形甚至爆裂。压力释放阀可在油箱压力升高到其开启压力值时，迅速开启，使油箱内的压力很快降低，通过导油管道对内部油进行泄油，同时通过辅助触点（压力开关）动作发出告警跳闸信号。当压力降低到压力释放阀关闭压力值时，压力释放阀又可靠关闭，使油箱内永远保持正压，油箱防止外部

空气、水分及其他杂质进入油箱，压力释放阀如图 4－13 所示。

6. 温度表

换流变压器本体上有用于测量本体油温的油温表和测量绕组温度的绕温表。温度表如图 4－14 所示，油温表主要包括表盘、毛细管和传感器。主要原理是通过温度传感器安装在变压器测量点，当被测换流变压器油温度发生变化时，温包内介质体积随之线性变化。这个体积增量通过毛细管的传递使波纹管产生一个相对应的线性位移量，这个位移量通过机构放大后便可以指示油温，并驱动内部的微动开、关等控制信号以驱动冷却系统。

图 4－13　压力释放阀

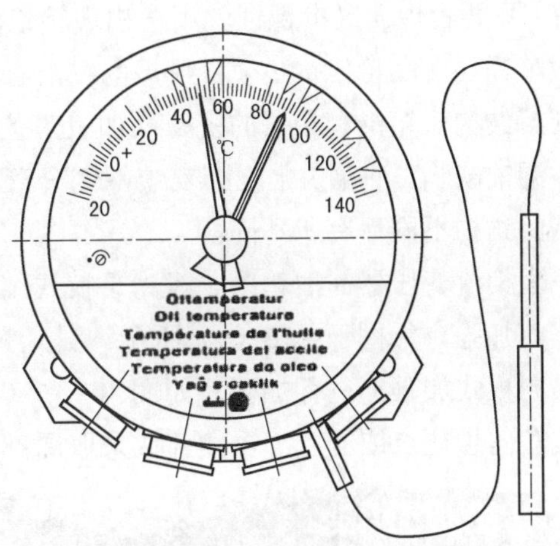

图 4－14　温度表

7. 气体继电器

气体保护是变压器的主要保护，可以反映换流变压器的内部故障，包括油箱内部的绕组匝间短路、绕组与铁芯与外壳间的短路、铁芯故障、油面下降或漏油、分接开关接触不良等。瓦斯保护动作迅速、灵敏可靠，而且结构简单。气体继电器主要分为作用于信号的轻瓦斯气体继电器（由开口杯、干簧触点等组成）以及作用于跳闸的重瓦斯气体继电器（由挡板、弹簧、干簧触点等组成）。气体继电器如图 4－15 所示。

正常运行时，气体继电器充满油，开口杯浸在油内，处于上浮位置，干簧触点断开。当变压器内部故障时，故障点局部发生过热，引起附近的变压器油膨胀，油内溶解的空气被逐出，形成气泡上升，同时油和其他材料在电弧和放电等的作用下电离而产生瓦斯气体。当故障轻微时，排出的瓦斯气体缓慢地上升而进入气体继电器，使油面下降，开口杯产生的支点为轴逆时针方向的转动，使干簧触点接通，发出信号。整改过程即是轻瓦斯动作过程。

图 4－15　气体继电器

当变压器内部故障严重时，产生强烈的瓦斯气体，使变压器内部压力突增，产生很大的油流向储油柜方向冲击，因油流冲击挡板，挡板克服弹簧的阻力，带动磁铁向干簧触点方向移动，使干簧触点接通，作用于跳闸，这个过程就是重瓦斯动作过程。

8. 油箱

（1）油箱结构。换流变压器的油箱一般为桶式结构，油箱盖分为平箱盖或拱形箱盖两种结构。拱形箱盖多在高端换流变压器上采用，是为了满足铁路运输隧道尺寸的要求。油箱盖与箱体的连接方式分为封焊密封和用螺栓连接密封两种。封焊密封方式的密封效果好，只要封焊质区有保证就不会出现箱沿渗漏油缺陷，其缺点是一旦换流变压器发生内部故障需要吊芯检修，必须将封焊的箱沿打开。因此，吊芯检查、检修不方便。用螺栓连接密封结构对箱沿和箱盖的密封面加工工艺要求严格，密封材料质量必须保证，否则会出现渗漏油缺陷。油箱盖上设有安装网侧套管、压力释放阀等组件的法兰孔，具体因换流变压器的结构不同而有所不同。

换流变压器的油箱壁一般为平板式结构，用槽形加强筋加强，一种加强铁结构是仅用竖向加强，如图 4－16（a）所示；另一种加强铁结构除采用竖向加强铁外，还采用数条横向板式加强筋进行加强，如图 4－16（b）所示。对于千斤顶的支点、牵引部位、运输装车的悬挂点或支点等受力部位采取局部加强措施。

(a) 型式一

(b) 型式二

图 4－16　换流变压器油箱

油箱的短轴箱壁和箱盖分别设有人孔，便于安装和检修人员出入。冷却器通过进出油管和框架安装在油箱一侧短轴的箱壁上，少数结构的换流变压器将冷却器安装在油箱顶部，或将备用冷却器安装在油箱上部的侧面。在油箱另一侧短轴箱壁上设有安装阀侧套管的法兰孔，如图 4－17 所示。由于阀侧套管倾斜安装在该侧箱壁上，套管的重量在该侧箱壁产生较大的应力，因此，该侧的箱壁用槽型加强或板式加强铁进行加强。法兰处各焊接一块经过加工的较厚法兰钢板进行加强，阀侧套管升高座也用板式加强筋进行加强，如图 4－18 所示。

换流变压器油箱盖和箱底分别设有与铁芯夹件定位销相对应的定位孔，器身装配时对器身形成强力定位，保证器身在运输、运行和突发出口短路以及突发自然灾害等情况下器

身不发生位移。

图 4－17　油箱阀侧套管法兰孔和人孔

图 4－18　阀侧套管升高座板式加强筋

换流变压器油箱一般采用优质高强度碳素结构钢，有些大电流套管的升高座采用了无磁钢。箱底和箱盖均采用整块钢板。整块钢板在焊接前均用超声波进行无损探伤以保证钢板质量。油箱拼接焊缝及重要加强筋焊缝采用着色渗透法、超声波探伤或其他方法进行检验。油箱采用气体保护焊和埋弧焊方法焊接，每台油箱应经过负压、最高油面静压密封试验和真空度检验。

（2）油箱屏蔽。由于换流变压器的体积较大、磁路较长，漏磁通会在油箱上产生较大的涡流和附加损耗而引起发热。因此，换流变压器的油箱结构需要采取磁屏蔽或电屏蔽措施。

1）磁屏蔽。在油箱内壁设置由硅钢片条竖立叠装组成的磁屏蔽，用以对来自绕组端部的漏磁通起疏导作用，减小在油箱壁产生涡流损耗。由于硅钢片磁屏蔽需要将硅钢片与油箱良好绝缘并可靠接地，有时绝缘不当或接地不良，会引起局部过热或放电缺陷。固定磁屏蔽会有许多突出的螺杆，对电场处理不利；同时，磁屏蔽突出于油箱内表面，占据了一定的空间距离，不利于减小换流变压器的运输宽度。因此，磁屏蔽结构在换流变压器应用相对较少。

2）电屏蔽。是在油箱壁上焊接 5mm 左右厚度的铜板或 15mm 左右厚度的铝板，如图 4－19 所示。由于铜（铝）板具有良好的电导率，漏磁通进入铜板产生涡流，涡流产生的反磁通对漏磁通起去磁作用，从而减少在油箱壁产生涡流损耗。电屏蔽焊接方便，基本不增加油箱宽度，在换流变压器上应用广泛，是高端换流变压器油箱屏蔽的一种常用结构。

除了防止油箱发热，在换流变压器油箱结构上还需采取必要防止局部放电的屏蔽措施，如在油箱内侧的网侧首端以及阀侧出线法兰孔处安装屏蔽环，对处于出线附近的高电场区域的箱盖加强筋等尖角、棱角部位加装绝缘屏蔽等，组成一定的绝缘屏障，以减小尖端放电风险。

图 4-19　油箱壁铜屏蔽

4.3　换流变压器保护配置

由于换流变压器保护单独配置，独立于系统控制保护系统，故本部分单独列举换流变压器保护配置，具体可分为电气量保护和非电气量保护两种。换流变压器保护用于保护换流变压器、换流变压器引线及相关区域，其目标是快速切除保护区域中的短路故障或不正常运行设备，防止其造成损害或干扰系统其他部分的正常运行。

（1）电气量保护配置及其动作策略。换流变压器保护应为双重化或三重化配置，保护的冗余配置必须保证在任何运行工况下其所保护的每一设备或区域都能得到正确保护。换流变压器的电气量保护配置如图 4-20 所示，包括引线差动保护、换流变压器及引线差动保护、换流变压器差动保护、绕组差动保护、过电流保护、零序过电流保护、过电压保护、相间阻抗保护、过负荷报警、过励磁保护。

换流变压器的电气量保护配置及动作后果见表 4-2。

表 4-2　　　　电气量保护配置及动作后果

序号	保护名称	保护目的	动作后果
1	引线差动保护	反映网侧开关 TA 到网侧首端套管 TA 间区域的相间和接地故障	跳开换流变压器进线开关，切除换流变压器冷却器，启动事故音响、故障录波、SER，相应阀组 ESOF
2	换流变压器及引线差动保护	反映网侧开关 TA 到阀侧首端套管 TA 间区域的相间和接地故障	跳开换流变压器进线开关，切除换流变压器冷却器，启动事故音响、故障录波、SER，相应阀组 ESOF
3	换流变压器差动保护	反映网侧首端套管 TA 到阀侧首端套管 TA 间区域的相间和接地故障	跳开换流变压器进线开关，切除换流变压器冷却器，启动事故音响、故障录波、SER，相应阀组 ESOF
4	绕组差动保护	反映换流变压器各绕组的相间和接地故障	跳开换流变压器进线开关，切除换流变压器冷却器，启动事故音响、故障录波、SER，相应阀组 ESOF

续表

序号	保护名称	保护目的	动作后果
5	过电流保护	反映换流变压器的内部故障	跳开换流变压器进线开关，启动事故音响、故障录波、SER，相应阀组 ESOF
6	零序过电流保护	反映换流变压器的接地故障	跳开换流变压器进线开关，启动事故音响、故障录波、SER，相应阀组 ESOF
7	过电压保护	防止系统过电压对换流变压器的损坏	跳开换流变压器进线开关，启动事故音响、故障录波、SER，相应阀组 ESOF
8	相间阻抗保护	反映换流变压器内部绕组或引出线故障	跳开换流变压器进线开关，启动事故音响、故障录波、SER，相应阀组 ESOF
9	过负荷报警	防止换流变压器长期处于过负荷状态而引起的损坏	启动事故音响、故障录波、SER
10	过励磁保护	防止换流变压器长期处于过励磁状态而引起的损坏，如过电压和低频	Ⅰ段：启动事故音响、故障录波、SER Ⅱ段：启动事故音响、故障录波、SER

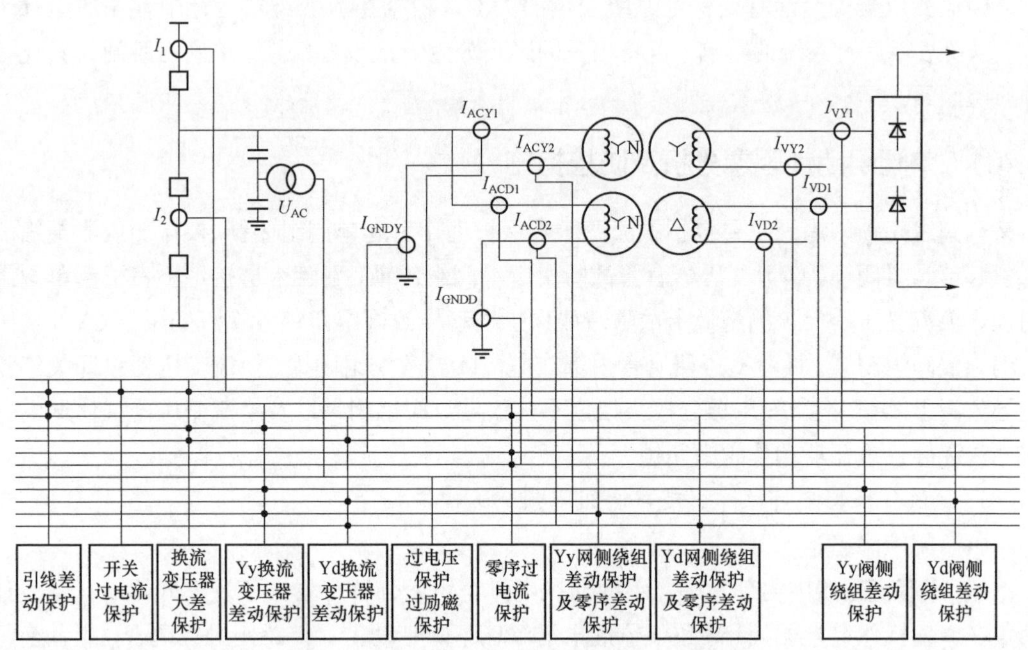

图 4-20　换流变压器的电气量保护配置图

（2）非电气量保护配置及其动作策略。换流变压器的非电气量包括本体轻瓦斯、重瓦斯、压力释放；分接开关油流继电器、压力继电器、压力释放；套管 SF_6 压力低、油温高、绕组温度高等。其中本体重瓦斯、分接开关压力继电器、套管 SF_6 压力低会出口跳闸，其余只发告警。具体的保护配置及动作后果见表 4-3。

表 4-3　　非电气量保护配置及动作后果

序号	保护类型	动作方式
1	油温高、线温高	告警
2	本体轻瓦斯保护	
3	本体、分接开关压力释放	
4	分接开关油流继电器	
5	换流变压器阀侧套管 SF_6 压力告警	
6	换流变压器阀侧套管 SF_6 压力跳闸	跳闸
7	本体重瓦斯保护	
8	分接开关压力继电器保护	

4.4　换流变压器运行与系统安全关键问题分析

换流变压器安全运行是保证系统安全的关键，根据换流变压器运行中存在的运行风险，以及故障后对系统的影响，可将相关的影响分为一次设备闭锁、单阀组跳闸及其他各种风险因素。

4.4.1　单阀组闭锁因素分析及防控措施

单阀组闭锁的原因主要包括换流变压器保护动作引起单阀组闭锁、换流变压器绝缘故障引起单阀组闭锁、换流变压器套管故障引起单阀组闭锁、套管末屏接地不良引起单阀组闭锁、换流变压器保护测量板卡故障造成保护误动导致阀组闭锁、换流变压器 CVT 端子松动导致阀组闭锁、换流变压器套管内部放电故障导致阀组闭锁、换流变压器单开关停复电导致阀组闭锁、换流变压器分接头挡位不一致导致阀组闭锁以及换流变压器气体继电器浮球渗漏导致重瓦斯动作阀组闭锁。

1. 换流变压器内部故障引起单阀组闭锁及防控措施

（1）闭锁隐患。

1）换流变压器因内部故障，绝缘油在电弧作用下分解产生大量烃类气体，气体上升聚集在本体气体继电器处，导致气体继电器浮球下降带动重瓦斯跳闸触点闭合，或者绝缘油产生油流涌动冲开气体继电器挡板，带动重瓦斯跳闸触点闭合，以上均造成本体气体继电器重瓦斯动作，闭锁单阀组；储油柜呼吸器堵塞，则无法补偿换流变压器本体绝缘油因温度变化产生的压力变化，若突然导通产生的油流涌动冲开气体继电器挡板，带动重瓦斯跳闸触点闭合，导致一次设备闭锁。

2）换流变压器有载分接开关因触头接触不良过热、机构卡涩未完成切换导致燃弧、变压器油质下降造成调压绕组短路等内部故障，绝缘油分解产生大量烃类气体，同时绝缘

油受热内部压力急剧变化，产生油流涌动冲开油流速动继电器挡板，带动继电器跳闸触点闭合，导致一次设备闭锁。

3）换流变压器阀侧套管复合外套与法兰黏结面密封不良、SF_6 密度继电器管道连接处密封不良造成漏气，当柔性直流变压器阀侧套管 SF_6 压力低于一定值时，SF_6 密度继电器跳闸触点闭合，导致一次设备闭锁。

4）非电气保护器件触点受潮，导致触点之间绝缘降低，造成换流变压器非电量保护动作，闭锁单阀组。

（2）预控措施。

1）监视换流变压器油在线监测系统，定期取油样分析，防止故障发展；定期巡视换流变压器温度、油位，呼吸器是否有气泡，呼吸通畅。

2）定期对换流变压器有载分接开关进行吊芯检修，取油样试验，巡视分接开关油位并检查在线滤油系统是否正常工作，滤芯是否需要更换。定期检查呼吸器是否有气泡，呼吸通畅。

3）定期巡视、抄录 SF_6 压力值并根据厂家提供的 SF_6 压力温度对照表进行分析对比。若发现 SF_6 压力偏低或已发告警信号，应及时申请进行停电检查处理，避免压力过低而跳闸。每年对套管复合外套与法兰黏结面、SF_6 密度继电器管道连接处进行 SF_6 气体泄漏检查。

4）停电时对柔性直流变压器非电气量保护元器件进行校验和检查，确保不渗油、螺栓紧固，二次端子不进水或受潮。

2. 换流变压器外部故障引起单阀组闭锁及防控措施

（1）闭锁隐患。

1）换流变压器网侧一次导线接头过热烧熔跌落，支柱绝缘子脏污，发生雨闪、雾闪、盐闪等，站内漂浮物搭接，因安全距离不足对地放电引起一次引线接地故障，换流变压器保护中的引线差动、引线过电流保护将动作，跳开换流变压器交流侧开关，闭锁直流系统。

2）换流变压器套管引线接头发热，导致套管密封老化，套管外套破损，水分进入套管内部，造成套管主绝缘降低，发生对地放电击穿；套管外套脏污，发生雨闪、雾闪、盐闪等引起柔性直流变压器套管外部接地故障，换流变压器保护中的引线差动、引线过电流保护将动作，跳开换流变压器交流侧开关，闭锁直流系统。

（2）预控措施。

1）定期对一次导线接线板进行红外测温，防止过热；支柱绝缘子定期清污清扫，复合绝缘子做憎水性检查，必要时清洗或喷涂 PRTV；注意保持站内卫生，塑料、薄膜等临时遮盖物品、外包装需要按规定固定好。

2）定期对换流变压器套管接头进行红外测温，日常巡视时利用望远镜对套管外绝缘进行检查。停电时对户外套管外绝缘及将军帽进行详细检查，对套管进行清污清扫，对复合绝缘外套做憎水性检查，必要时清洗或喷涂 PRTV。

3. 换流变压器套管故障引起单阀组闭锁及防控措施

（1）闭锁隐患。阀侧套管二次接线端子松脱，接线端子烧毁；套管接线盒密封不严，触点进水受潮；电缆护管破损进水，电缆绝缘降低均会导致控保系统采集到错误的阀侧套管相电流，阀组保护中的交流连接母线差动保护动作，闭锁单阀组。或者换流变压器保护中的阀侧绕组差动保护动作闭锁单阀组。

（2）预控措施。停电时对套管接线盒进行检查、封堵；定期检查电缆护管，发现积水时，及时排水干燥。

4. 套管末屏接地不良引起单阀组闭锁

（1）闭锁隐患。换流变压器套管末屏密封不良进水，末屏引出接地柱生锈导致接地电阻增大，接地柱发热烧毁。套管末屏产生悬浮电位，电容芯子在悬浮电位作用下逐层击穿，导致高压侧接地。若发生在网侧套管，换流变压器保护中的保护动作闭锁单阀组。若发生在阀侧套管，阀组保护中的交流连接母线差动保护动作，闭锁单阀组。

（2）预控措施。停电时对套管末屏进行检查，确保接地盖密封良好，末屏引出接线柱无锈蚀。

5. 换流变压器保护测量板卡故障导致阀组闭锁

（1）闭锁隐患。换流变压器保护测量板卡故障，导致保护测量计算值出现偏差达到定值，造成保护误动，导致阀组闭锁。

（2）预控措施。

1）按照运维策略对保护装置进行巡视，按照定检计划开展保护装置功能检验，及时发现保护装置板卡存在的异常情况。

2）日常监盘对保护重要采样数据进行分析对比核实，对于测量偏差的测量量，应结合停电计划及时处理。

3）确保主保护装置板卡运行工况良好，保证装置所在小室温度为25℃，湿度不高于80%，保护装置无过多积灰，进行板卡更换工作等需佩戴防静电手环以防止静电损坏板卡。

6. 换流变压器 CVT 绕组二次回路端子松动导致阀组闭锁

（1）闭锁隐患。换流变压器 CVT 绕组二次回路端子松动，导致 TV 断线，引起阀组闭锁。

（2）预控措施。气体继电器端子盒应配置防雨罩，并加强对端子盒日常维护和防潮检查。

7. 换流变压器套管内部放电故障导致阀组闭锁

（1）闭锁隐患。换流变压器套管可能由于末屏接地回路长期运行后接触不良；油中杂质飘浮于套管端部，悬浮体引起电荷积聚，从而导致套管内部放电，引起阀组闭锁。

（2）预控措施。停电时对套管末屏进行检查，确保接地盖密封良好，末屏引出接线柱无锈蚀，接地良好。定期开展套管油品检测工作，确保油质合格。

8. 换流变压器单开关停复电导致阀组闭锁

（1）闭锁隐患。换流变压器单开关运行、另一开关停复电时，隔离开关中途故障长时间拉弧，可能导致换流变压器引线差动保护动作，阀组闭锁。

（2）预控措施。换流变压器单开关运行而另一开关停复电时，若发生隔离开关长时间拉弧，及时隔离故障隔离开关。

9. 换流变压器分接头挡位不一致导致阀组闭锁

（1）闭锁隐患。换流变压器分接头挡位调整过程中，某相分接头由于故障未调整导致三相不一致，换流变零序过流保护动作导致阀组闭锁。

（2）预控措施。年度检修时检查分接头调整情况，按照运维策略对换流变压器分接头开展巡视。

10. 换流变压器气体继电器浮球渗漏导致重瓦斯动作阀组闭锁

（1）闭锁隐患。换流变压器气体继电器浮球存在渗漏情况时，浮球重量增加直至超过浮力，浮球下沉造成重气体继电器跳闸触点动作阀组闭锁。

（2）预控措施。年度检修时检查气体继电器浮球是否存在渗漏情况。

4.4.2 其他风险因素分析及防控措施

除单阀组跳闸外，换流变压器还存在一些其他风险因素导致的风险，本小节主要对以下因素举例说明其隐患及预防措施。

1. 换流变压器本体重瓦斯保护

（1）闭锁隐患。

1）换流变压器因内部故障，绝缘油在电弧作用下分解产生大量烃类气体，气体上升聚集在本体气体继电器处，导致气体继电器浮球下降带动重瓦斯跳闸触点闭合；绝缘油产生油流涌动冲开气体继电器挡板，带动重瓦斯跳闸触点闭合；储油柜呼吸器堵塞，则无法补偿柔性直流变压器本体绝缘油因温度变化产生的压力变化，若突然导通产生的油流涌动冲开气体继电器挡板，带动重瓦斯跳闸触点闭合。

2）换流变压器本体气体继电器受潮，导致触点之间绝缘降低，重瓦斯跳闸触点导通造成换流变压器非电量保护动作，单阀组闭锁。

（2）预控措施。

1）监视换流变压器油在线监测系统，定期取油样分析，防止故障发展；定期巡视换流变压器温度、油位，呼吸器是否有气泡，呼吸通畅。

2）每三年对换流变压器本体气体继电器进行校验，对其二次回路进行绝缘测试，继电器整定值符合运行规程要求，动作正确，绝缘电阻要求不低于 1MΩ。

2. 换流变压器有载分接开关重瓦斯保护及防控措施

（1）闭锁隐患。

1）换流变压器有载分接开关因触头接触不良过热、机构卡涩未完成切换导致燃弧、变压器油质下降造成调压绕组短路等内部故障，绝缘油分解产生大量烃类气体，同时绝缘油受热内部压力急剧变化，产生油流涌动冲开油流速动继电器挡板，带动有载分接开关重气体继电器跳闸触点闭合，满足“三取二”逻辑后换流变压器非电量保护动作，闭锁单阀组。

2）有载分接开关油流速动继电器节点受潮，导致触点之间绝缘降低，油流速动继电器跳闸触点导通，造成换流变压器非电量保护动作，闭锁单阀组。

（2）预控措施。

1）定期对换流变压器有载分接开关进行吊芯检修，取油样试验，巡视分接开关油位并检查在线滤油系统是否正常工作，滤芯是否需要更换。定期检查呼吸器是否有气泡，呼吸通畅。

2）停电时对换流变压器有载分接开关油流速动继电器进行检查，确保不渗油、螺栓紧固，二次端子不进水或受潮。

3）每三年对换流变压器有载分接开关气体继电器进行校验，对其二次回路进行绝缘测试，继电器整定值符合运行规程要求，动作正确，绝缘电阻要求不低于 1MΩ。

5 特高压柔性直流换流站启动电阻

启动电阻是柔性直流换流站中特有的设备。在柔性直流换流阀投入运行时限制功率模块的充电电流。本章首先介绍启动电阻的作用及在柔性直流换流站的配置方式，其次论述模块化多电平换流阀充电启动过程及控制方法，再次介绍不同类型启动电阻的结构特性与工作特性，论述启动电阻选型、设计原则，最后分析启动电阻对换流阀和直流系统安全运行产生的影响，论述防止运行风险所需要采取的措施。

5.1 柔性直流换流站启动电阻作用及配置方式

5.1.1 启动电阻作用

无论是传统两电平、三电平拓扑结构的换流阀，还是 MMC 结构的换流阀，在系统投入之前直流侧的电容电压为 0，为了防止启动时电容充电电流过大，需要在电容器充电的回路中串联电阻进行限流，这个电阻被称为启动电阻。本书主要介绍用于 MMC 换流阀的启动电阻。

对于 MMC 换流器，其子模块的工作电源是从子模块电容上进行取电。初始上电时刻，所有子模块电容电压均为 0，子模块控制器缺乏稳定的工作电源无法工作，子模块处于闭锁状态，此时的子模块电容充电处于不受控的状态。当子模块电容电压满足一定要求后，子模块的控制器能够正常工作，可以控制子模块的功率器件工作状态，使得换流阀受控地充电，当换流阀电压满足一定条件后可以将启动电阻旁路退出，避免造成有功功率损耗。

启动电阻投入和退出需要相应的开关进行配合完成，图 5-1 所示为典型的启动电路示意图。通常在启动电阻上并联隔离开关，当系统启动时，先合上隔离开关 QS1，通过启动电阻向子模块充电，子模块电压和回路电流满足一定要求后再合上隔离开关 QS2，隔离开关 QS1 也随之断开，将启动电阻旁路。

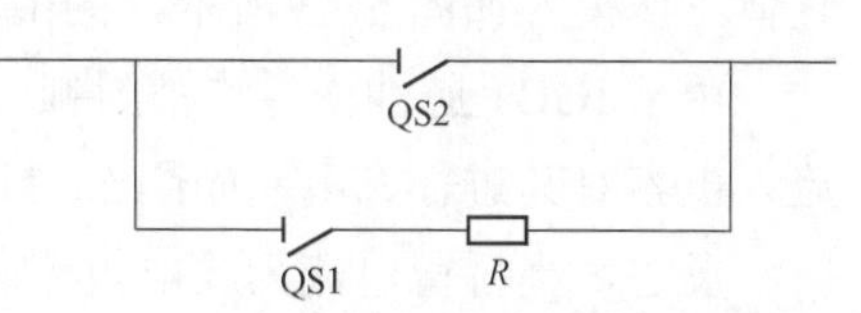

图 5-1 典型的启动电路示意图

启动电阻的作用如下：

（1）限制电容的充电电流，减小柔性直流系统上电时对交流系统造成的扰动。

（2）使换流器相关设备免受冲击电流与冲击电压影响，保证设备安全运行。

5.1.2 启动电阻配置方式

根据具体工程情况，换流阀启动过程中可以采用交流侧给电容充电，也可以采用直流侧给电容充电，为此，启动电阻在系统中的位置主要有三种：① 换流变压器网侧串接；② 换流变压器阀侧串接；③ 直流侧串接。

通常，启动电阻的配置方式如下：

（1）交流电网为有源网络的 MMC，采用第一种或者第二种串接方式。若考虑到换流变压器可能为多绕组变压器，为方便对其他辅助设备进行供电，辅助设备的启动一般应早于换流器的启动，为了不影响三相交流系统对辅助设备供电，限流电阻的串接方式可采用第二种。启动电阻设置在网侧时可降低励磁涌流，但需承受励磁涌流在其上产生的能量，能量耐受要求相对较高。工程中多将启动电阻设置于换流变压器阀侧。

（2）交流电网为无源网络的 MMC，通常采用第三种串接方式，即考虑到 MMC 交流输出端无三相交流电源，需借助有源端通过直流母线对无源端 MMC 各子模块电容进行预充电，限制充电电流。

图 5－2 为 MMC 启动电阻配置方式示意图。

5.2 换流阀充电启动工作过程分析

根据柔性直流换流站的启动电阻配置方式不同，其具体工作过程也存在差异，启动过程中控制的方式也不同。下面对配置交流侧启动电阻、直流侧启动电阻两种方式的换流阀充电启动过程分别进行分析。

5.2.1 半桥子模块换流阀交流侧启动的充电过程

柔性直流输电系统的预充电过程包括两个阶段：不可控充电阶段以及可控充电阶段。目前，针对 MMC 的可控充电过程控制都是基于启动电阻被旁路后的阶段。

本节内容主要介绍不可控预充电阶段。在不可控充电阶段，以半桥子模块为例，其工作方式有两种，这两种工作方式是由系统上电后流经子模块的桥臂电流方向唯一决定的，具体工作模式如图 5－3 所示，图中箭头虚线表示桥臂电流方向。

由于 IGBT 脉冲信号均被封锁，当桥臂电流为充电电流时，桥臂电流经过二极管 VD1 流入电容对其进行充电，如图 5－3（a）所示。

反之，当桥臂电流为放电电流时，桥臂电流经过二极管 VD2 续流，子模块电容被旁路，如图 5－3（b）所示。

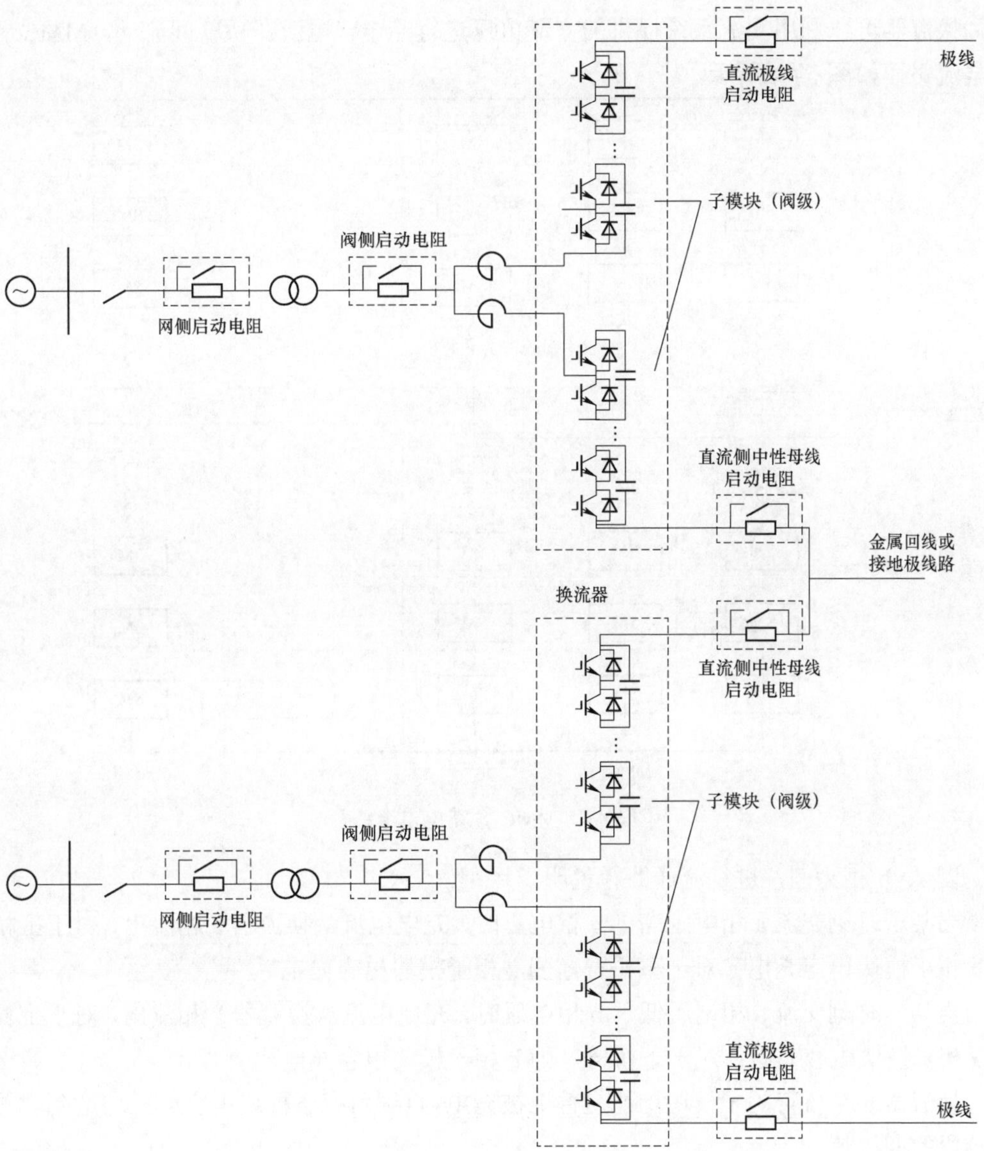

直流极线
启动电阻
极线
子模块（阀级）
阀侧启动电阻
网侧启动电阻
直流侧中性母线
启动电阻
金属回线或
接地极线路
换流器
直流侧中性母线
启动电阻
子模块（阀级）
阀侧启动电阻
网侧启动电阻
直流极线
启动电阻
极线

图 5－2 MMC 启动电阻配置方式示意图

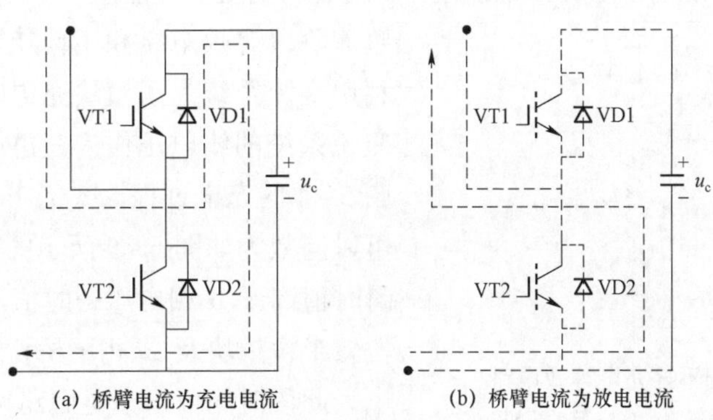

图 5－3 不可控充电阶段子模块的工作模式

换流器可以利用交流系统提供的交流电压进行充电，电流在桥臂间流动，MMC 预充电电流路径如图 5-4 所示。

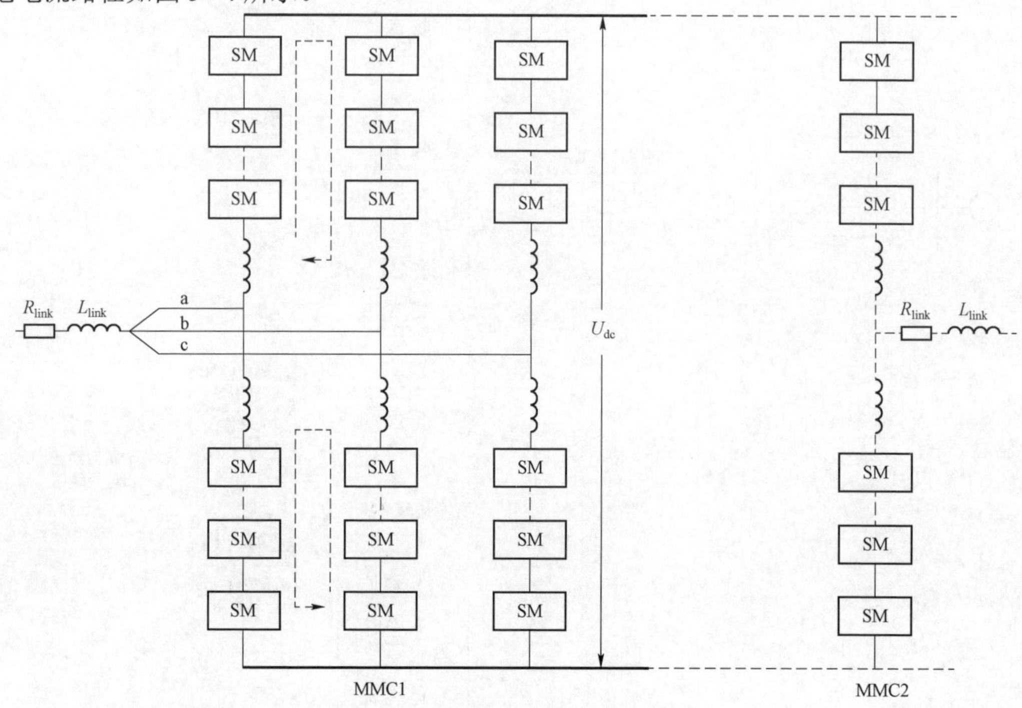

图 5-4　MMC 预充电电流路径

以 a、b 相为例，进行流通路径说明。

当某一时刻交流 a 相电压高于 b 相电压时，充电电流从换流器 a 相流出，对于上桥臂为 b 相子模块电容充电；对于下桥臂，为 a 相子模块电容充电。

当某一时刻交流 a 相电压低于 b 相电压时，充电电流从换流器 b 相流出，对于上桥臂为 a 相子模块电容充电；对于下桥臂，为 b 相子模块电容充电。

换流器 6 个桥臂的子模块均能交替地被充电，直到所有子模块电容电压均达到此预充电阶段的期望值。

为了明晰该阶段电容上存储的能量，以及启动电阻消耗能量，对启动电阻接入的不控整流阶段等效电路和工作特性进行详细分析。利用交流系统为子模块充电时，其实质是利用交流系统的线电压作为充电电源电压。为分析图 5-4 的充电过程，以 a、b 相为例，充电回路可以等效为如图 5-5 所示的电路。当 a 相电压瞬时值高于 b 相电压瞬时值，电源将为 b 相上桥臂半桥模块及 a 相下桥臂半桥模块内电容充电。此段时间内，充电回路可近似等效为 RLC 零状态二阶串联电路。

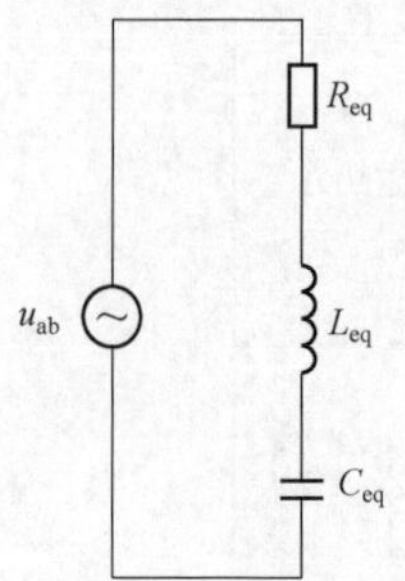

图 5-5　交流侧不控充电等效电路

u_{ab}—a 相和 b 相间电压差；R_{eq}—等效电阻；L_{eq}—等效电抗；C_{eq}—进行充电的半桥电容所等效电容

由零状态响应电路原理可知，启动电阻的投入可限制启动回路中的充电电流，降低冲击电流峰值，限制对电容器充电时启动瞬间在桥臂电抗器上的过电压及功率模块二极管上的过电流。

在启动过程中，启动电阻上流过充电电流会不断消耗能量，电源供给的能量一部分转换成电场能量储存于电容中，一部分被电阻转变为热能消耗，电阻消耗的热能为

$$W_{\mathrm{R}}=\int_{t=0}^{\infty}i^2R_{\mathrm{eq}}\mathrm{d}t=\frac{1}{2}C_{\mathrm{eq}}U_{\mathrm{s}}^2 \tag{5-1}$$

不论等效回路中电阻 R_{eq} 和电容 C_{eq} 的数值为多少，在充电过程中电源提供的能量只有一半转变成电场能量储存于电容中，另一半则为电阻所消耗。

5.2.2 混合桥子模块换流阀交流侧启动的充电过程分析

混合桥子模块换流阀交流侧启动的方式有两种，分别为直流侧开路的充电方式和直流侧短接的方式。

无论换流阀直流侧是开路还是短接，其充电均分为两个阶段：① 不控充电阶段：通过各子模块反并联二极管充电（所有 IGBT 闭锁）；② 可控充电阶段：各子模块取能电源已带电并能稳定工作，子模块及阀控系统能够控制 IGBT。

（1）直流侧开路的充电过程分析。

1）不控充电阶段，当桥臂电流正向进入子模块时，半桥子模块和全桥子模块电容均充电；当桥臂电流负向进入子模块时，只有全桥子模块电容充电，半桥子模块电容旁路。因此，此阶段充电过程中半桥子模块电压为全桥子模块电压的一半。不控充电时半桥/全桥子模块导通路径如图 5-6 所示。

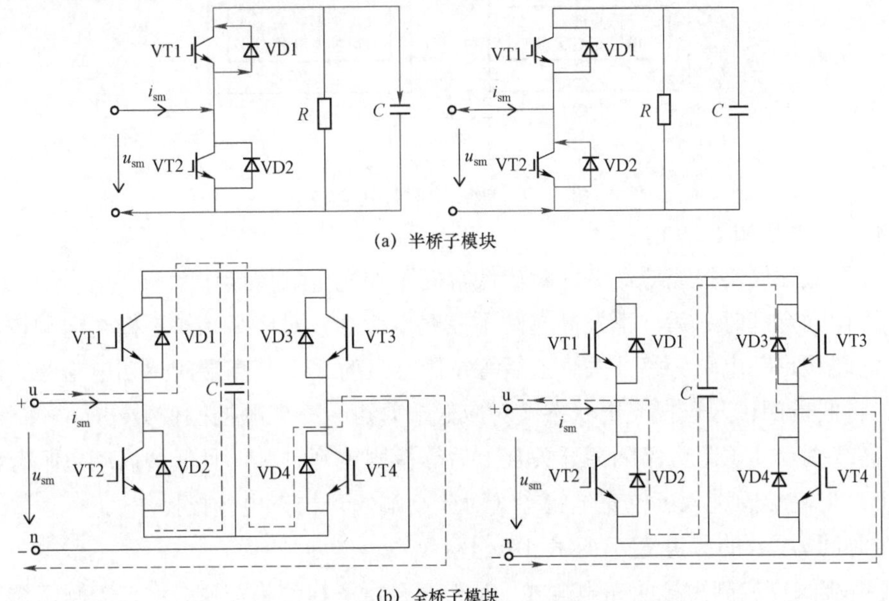

图 5-6 不控充电时半桥/全桥子模块导通路径

2）可控充电阶段，若导通全桥子模块的 VT4 管，在桥臂电流负向进入子模块时，子模块电容被 VD2～VT4 旁路，全桥子模块被强制为半桥子模块。

（2）直流侧开路充电时双极高低端阀组充电时序。对于特高压柔性直流换流站，换流站多个阀组间存在高阻抗的等效回路，后充电的换流阀子模块会被动地充电，产生非期望的电压，严重时导致后充电的换流阀无法启动充电。等效的充电回路时间常数为分钟级，可以采取减少各换流阀充电时间差来避免这种被动充电导致的不利影响。

昆柳龙直流输电工程中提出采用极充电顺控操作的方式，避免出现上述换流阀先后充电时间差导致的问题。极充电时序逻辑如图 5-7 所示。

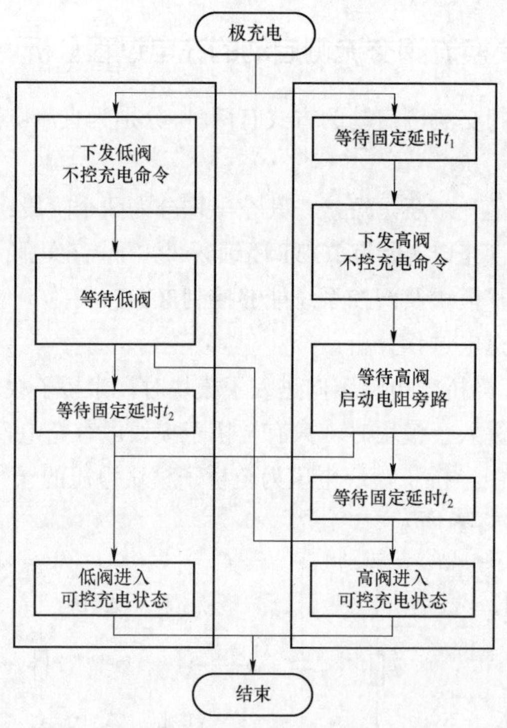

图 5-7　极充电时序逻辑图

具体操作过程如下：

1）下发低端阀不控充电命令（对应低端阀不控充电顺控操作）。

2）等待固定延时 t_1 后，下发高端阀不控充电命令（对应高端阀不控充电顺控操作）。

3）低端阀启动电阻旁路开关合上后等待固定延时 t_2，且高端阀启动电阻旁路隔离开关合上，将低端阀进入可控充电状态（对应低端阀可控充电顺控操作）。

4）高端阀启动电阻旁路隔离开关合上后等待固定延时 t_2，且低阀启动电阻旁路隔离开关合上，将高端阀进入可控充电状态（对应高端阀可控充电顺控操作）。

延时时间 t_1、t_2 的参考值为 6s 和 10s。

（3）换流阀直流侧短接的充电方式。对于混合桥子模块换流阀，将直流侧短接后通过交流侧电源对子模块充电也是一种可行的方案。该充电方式同样包括不控充电阶段和可控充电阶段。

不控充电阶段，当电流从交流侧流向直流侧时，上桥臂的电压为 $U_1=U_{FB}\times N_{FB}$，下桥臂电压为 $U_2=U_{HB}\times N_{HB}+U_{FB}\times N_{FB}$，$U_2>U_1$，使下桥臂二极管（$U_2$ 支路）承受反压截止，电流从上桥臂流过；同理，当电流从直流侧流向交流侧时，下桥臂导通，此时半桥子模块不充电。混合桥子模块不控充电阶段电路示意图如图 5-8 所示。

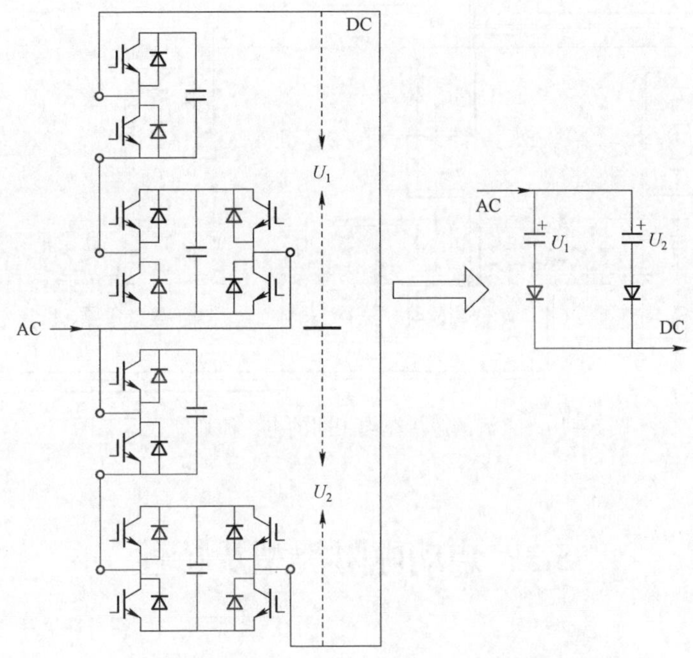

图 5-8 混合桥子模块不控充电阶段电路示意图

为了控制半桥模块充电，可使全桥模块的 VT2 管导通，等效为反方向的半桥充电模式，即电流正向时全桥模块不充电，电流负向时全桥模块充电，如图 5-9 所示。

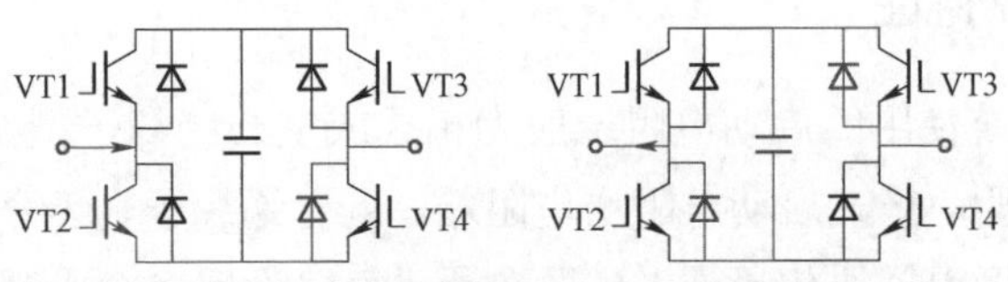

图 5-9 全桥模块等效负半桥工作模式

直流侧短接充电相间的电流流通路径示意图如图 5-10 所示。以 A、B 相为例，当电流由 A 相流向 B 相时，在不控阶段的电流路径为 A 相上桥臂→直流短接线→B 相下桥臂，只全桥模块充电；可控阶段，导通部分全桥 VT2 管，电流路径为 A 相下桥臂→直流短接线→B 相上桥臂，半桥和全桥模块均充电。

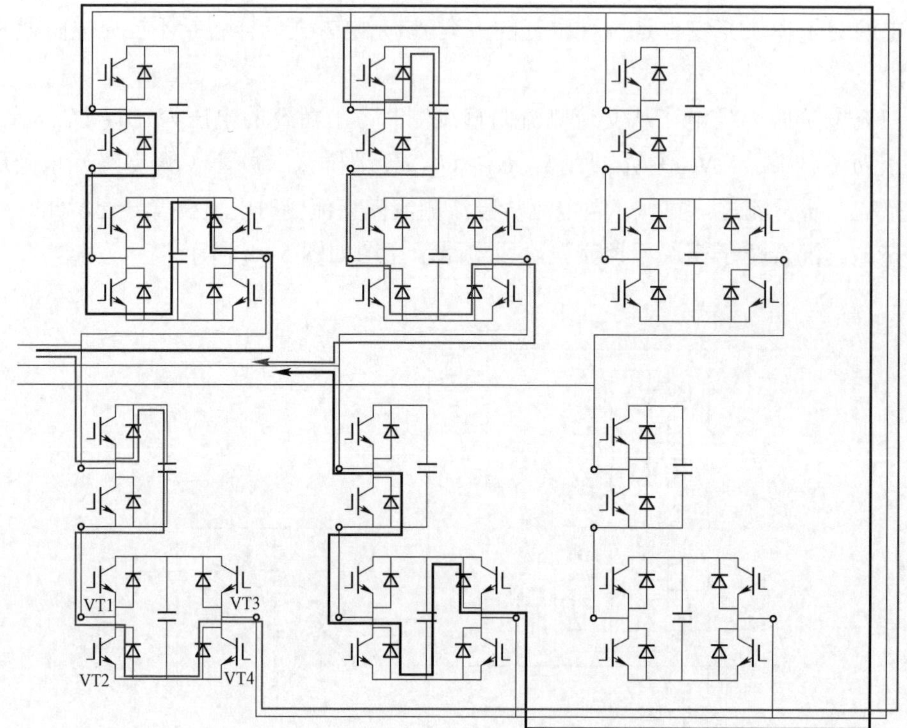

图 5-10　直流侧短接充电相间的电流流通路径示意图

5.3　启动电阻类型及特性

启动电阻一般由多个电阻器模块、连接件、支柱绝缘子和用于与基础连接的固定件组成，其结构如图 5-11 所示。其中，电阻器模块是启动电阻的核心部分，一般采用无感化设计，由多个电阻元件、连接材料及支撑材料通过串联或者并联方式组装于单个外壳或外套中，并配有出线端子。

5.3.1　结构类型及特性

柔性直流输电系统使用的启动电阻一般为箱式或空心绝缘子型结构。

（1）箱式启动电阻。箱式启动电阻由电阻箱、支柱绝缘子、套管和连接管形母线等器件组成。整体电阻器采用模块化设计，分层布置，每层设置多个电阻箱，且每个电阻箱内都设置有电阻模块。相邻层之间的电阻箱由支柱绝缘子进行连接支撑。每一电阻箱的侧壁上均设置有套管，套管内部与电阻模块采用连接片连接，套管外部与连接管形母线或进出端子连接，组成串、并联结构。每个电阻箱的顶部和底部均设置有箱体均压环，套管与连接管母或进出端子的连接处设置有套管均压环，用以改善电阻箱体及连接处的电场强度。具体结构如图 5-12 所示。

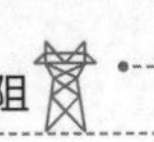

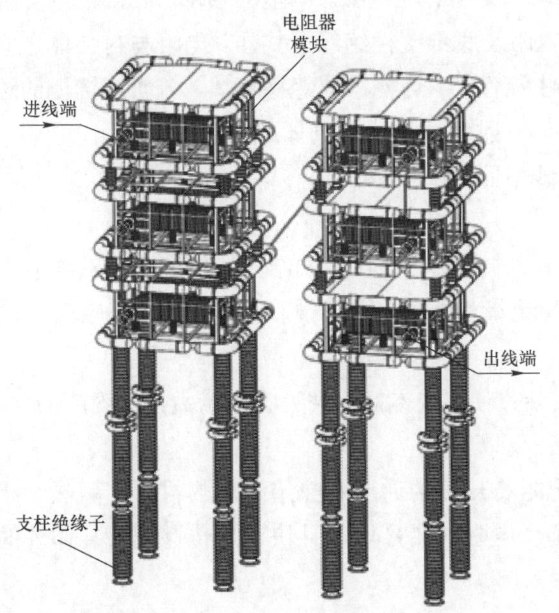

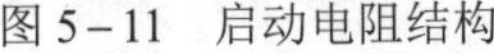

图 5－11 启动电阻结构

图 5－12 箱式启动电阻外观图

该类型启动电阻具有以下优点：

1）采用模块化电阻串联结构，绝缘性能好、耐冲击能量大。

2）电阻模块分层布置，多个电阻模块纵向叠装，有利于节省设备占地面积。

3）通过设置箱体均压环和套管均压环，可有效降低启动电阻接入回路瞬间电阻箱本体、套管与管形母线连接处的电场强度，避免出现局部电晕放电，保障设备安全运行。

（2）空心绝缘子型启动电阻。空心绝缘子型启动电阻可以解决系统对端间绝缘的要求，克服现有箱式电阻器的端间绝缘能力低、在过电压下容易失效的不足。

空心绝缘子型启动电阻结构如图 5－13 所示，电阻器包括至少一个对地绝缘的电阻，电阻由多个电阻和用于封装电阻的封装体构成，多个电阻上下堆叠设置，端间绝缘通过封装体实现。电阻为圆盘、圆环或圆柱结构，可采用由铝、黏土、碳粉组成的复合陶瓷电阻，也可选用金属电阻。

封装体为两端密封的空心圆柱结构，封装体采用瓷质、硅橡胶或环氧树脂等材料制成。相邻两个电阻之间设有金属连接板，金属连接板的上下表面与相邻电阻紧密接触，用于导电和增加散热面积。

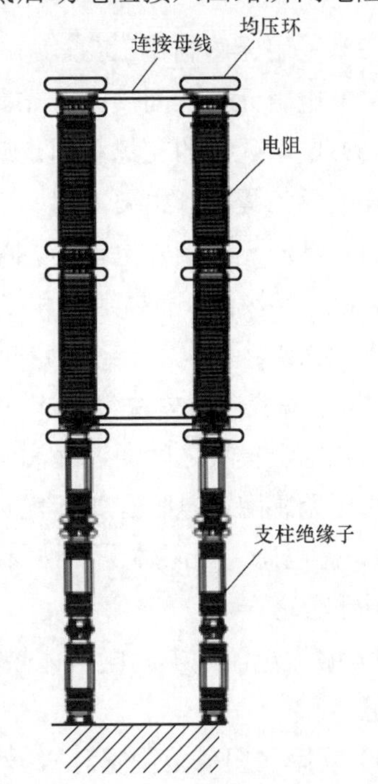

图 5－13 空心绝缘子型启动电阻结构

电阻的底部设有支柱绝缘子，通过支柱绝缘子实现对地绝缘。电阻的顶部、底部以及支柱绝缘子的顶部均设有均压环，均压环用于电阻及底部支柱绝缘子均压。电阻与封装体之间留有空隙，空隙处设有填充物，填充物为耐热绝缘均热材料或绝缘气体，金属连接板的边缘伸入耐热绝缘均热材料中，其中绝缘气体一般为六氟化硫气体或氮气等。

根据系统要求，多个电阻通过连接母线串联和/或并联。

该型式电阻器的优点如下：

1）电阻器采用层叠布设的多个体电阻，并采用套管封装式结构，提高了启动电阻端间绝缘耐受能力，克服了箱式电阻的端间绝缘受到其固定结构的影响无法适应高压的缺陷。

2）整个电阻器结构简单、体积小、安装方便、成本低，且吸收能量大，绝缘能力强，在相同体积下绝缘能力是金属箱式电阻的三倍以上。

3）电阻设置在支柱绝缘子支架上，电阻将热量传递至耐热绝缘均热材料，耐热绝缘均热材料再将热量传递至封装体，能够使整个电阻的热量均匀且快速地传递到封装体外的环境中，有效保证了启动电阻安全可靠运行。

5.3.2 材料类型及特性

电阻器原件一般有如下要求：

（1）应确保在各种工作电流下电气和机械性能稳定可靠。

（2）电阻材料应采用抗氧化、耐腐蚀、耐高温、温度系数低、加工材料好的合金材料等。

（3）采用无感制作工艺。

（4）电阻元件之间接应可靠。

（5）电阻元件的支撑和固定应采取措施，消除高温对结构等产生的影响。

在实际工程中，主要采用的有高压无感陶瓷电阻器和不锈钢片式电阻器。

（1）高压无感陶瓷电阻器。陶瓷电阻器包括绝缘封装体、耐热绝缘棒、耐热绝缘均热材料、金属连接件、隔离组件和多个陶瓷电阻模块。多个陶瓷电阻模块依次设置于耐热绝缘棒上。绝缘封装体用于封装耐热绝缘棒和多个陶瓷电阻模块，耐热绝缘均热材料填充于其中。每个陶瓷电阻模块包括 N 个陶瓷电阻片和 $N+1$ 个金属均热板，二者上下间隔设置。相邻陶瓷电阻模块之间通过隔离组件隔离，同时通过金属连接件连接，如图 5－14 所示。

高压无感陶瓷电阻有如下优点：

1）无电感。电阻体是活性材料，电感很小，仅为几毫亨，是其他种类无感电阻电感量的几十分之一。

2）耐大电流冲击。电阻体热容大，与其他种类的电阻相比，同样的温升可吸收更多的电能。

3）功率及阻值范围宽。根据使用和安装需求的不同，通过集成装配可达到各种功率和阻值，最大功率可达几十千瓦。

4）造型多样，适用性强，设计灵活。除了长方板形、饼形等种类外，还可按需求设计制造。

但陶瓷导电电阻体在电阻值不变的条件下，能量越大，陶瓷电阻器的体积越大，温升越高，导致对散热的要求不断提高，存在体积大、成本高的问题。

（2）不锈钢片式电阻器。不锈钢电阻片由数控机床冲压加工而成，四角上开有圆孔，四个固定螺杆分别穿过不锈钢电阻片四角圆孔，两端固定于安装端板上。每片电阻片之间用陶瓷环串接绝缘，并通过不锈钢导电环、高频陶瓷和固定螺杆串接在一起，固定螺杆上套云母管，防止电阻片相互短路。电阻器可按不同电阻值要求，分成若干级，每级引出接头，各接头用焊接方式与固定螺杆相连接。不锈钢片状电阻器如图 5－15 所示。

图 5－14　高压无感陶瓷电阻器

图 5－15　不锈钢片状电阻器

采用不锈钢制成的电阻片作为电阻元件，可充分利用合金材料耐腐蚀、无接地电阻、不易氧化、组织稳定、体积小、使用寿命长的优点。且机械强度高，不易损坏，使用时间长，耐高温，电阻误差小，冲制成本低，无电感。

该式电阻器的缺点是不锈钢片相互搭接部位多，结构复杂。为获得较佳的散热性，不锈钢片间分布疏松，易积灰尘，体积较大。该结构抗振动性能差，易导致耐压击穿。

5.4　启动电阻选型及设计原则

5.4.1　启动电阻选型原则

对于启动电阻的选型，首先应能有效地保护其他重要设备，防止过电压、过电流，保证设备安全运行，因此先通过冲击电流峰值来确定启动电阻阻值范围，而冲击电流包括闭合交流断路器时的冲击电流及切除启动电阻时的冲击电流。

1. 启动电阻阻值

启动电阻的作用主要考虑限制对电容器充电时启动瞬间在阀电抗器上的过电压及功率模块二极管上的过电流。同时，也要考虑充电速度不宜太快，以免电压和电流上升率过高，电容电压不均衡。因启动电阻阻值增加将较明显地增大设备的体积，且一定程度上提高造价。同时换流站场地也较紧张，所以在满足其他要求的前提下应尽量降低启动电阻阻值。

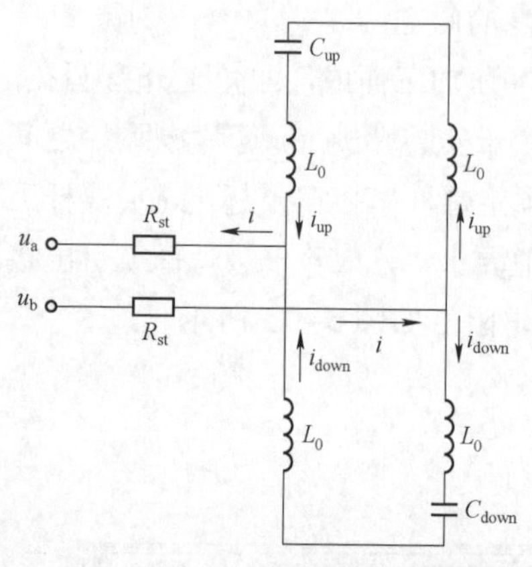

图 5-16 不控充电相间等效电路

2. 闭合交流断路器时的冲击电流

一般最大充电电流出现于启动期间的前半个周波内，且合闸时电容电压为零，合闸冲击电流最大，此时不控整流回路可等效为一个零状态响应的二阶 RLC 串联回路，如图 5-16 所示。

由等效电路可推得充电电流 i

$$i = i_p + i_h \tag{5-2}$$

式中：i_p、i_h 分别为稳态分量和衰减分量。

$$i_p = I_0 \sin(\omega t - \varphi + \theta_0) \tag{5-3}$$

$$i_h = I_0 e^{-\frac{R_{eq}}{L_{eq}}t} \sin\left[\sqrt{\frac{1}{C_{eq}L_{eq}} - \left(\frac{R_{eq}}{2L_{eq}}\right)^2} t + \varphi + \theta_0\right] \tag{5-4}$$

$$I_0 = \frac{\sqrt{3}U_{sm}}{\sqrt{R_{eq}^2 + X_{eq}^2}}$$

$$\varphi = \arctan\left(\frac{X_{eq}}{R_{eq}}\right)$$

$$X_e = \omega\left(2L_s + \frac{2}{3}L_0\right) - \frac{N}{3\omega C}$$

$$R_{eq} = 2(R_s + R_{st})$$

式中：θ_0 为电流初相位；R_{st} 为限流电阻；R_s 为系统等效电阻；L_s 为系统等效电抗；U_{sm} 为交流系统相电压幅值；X_e 为充电回路等效电抗；R_{eq} 为充电回路等效电阻；L_{eq} 和 C_{eq} 分别为等效电感和等效电容。

通常 R_{eq} 远大于 $2L_{eq}$，意味着振荡分量 i_h 衰减很快，故充电电流的最大值由稳态分量来决定，即

$$I_{\max} \approx i_{\mathrm{p(max)}} = \frac{\sqrt{3}U_{\mathrm{sm}}}{\sqrt{R_{\mathrm{eq}}^2 + X_{\mathrm{eq}}^2}} \tag{5-5}$$

考虑到交流系统电阻分量一般较小，即 $R_{\mathrm{eq}} \approx 2R_{\mathrm{st}}$。如果给定充电电流限值 $I_{\max}$，就可以反推求解限流电阻，即

$$R_{\mathrm{st}} \approx \frac{1}{2}\sqrt{\frac{3U_{\mathrm{sm}}^2}{I_{\max}^2} - X_{\mathrm{eq}}^2} \tag{5-6}$$

一般由系统允许的冲击电流算出启动电阻对应阻值，由式（5–6）可知，充电电流限值选得越大，限流电阻越小。

3. 切除启动电阻时的冲击电流

在不控充电各子模块电容电压达到稳定值后，将对启动电阻进行旁路操作。交流电源供给流过直流线路对地电容的漏电流、变压器的励磁电流，以及子模块并联电阻与高位取能电源等元件损耗，这些电流在启动电阻上造成压降，启动电阻值越小，这些电流造成的压降越小，旁路启动电阻时的冲击电流越小。但考虑到旁路启动电阻时电容已达到不控充电电压最大值（70%～80%电容电压额定值），此时的冲击电流峰值较小，因此冲击电流峰值主要考虑闭合交流断路器时冲击电流峰值。在得出启动电阻阻值与系统允许的冲击电流峰值间的关系后，也应考虑阻值启动电阻对充电时间及启动电阻积累能量的影响。

4. 启动电阻峰值电流

启动电阻上的峰值电流主要取决于启动电阻阻值，启动电阻阻值越小，峰值电流越大。对应于启动电阻值 5000Ω，根据理论计算，并考虑电阻存在 5%偏差特性，启动电阻最大峰值电流为 70A。

5. 启动电阻稳态电流

根据不控整流末期启动电阻上的最大稳态电流计算结果，取一定裕度，设计取值 2A。

6. 带启动电阻充电时间

电路接通后，交流电源通过启动电阻经反并联二极管对功率模块电容充电，充电时间常数与启动电阻值成正比，故可通过调节启动电阻值来调节启动速度。启动电阻越大，电容器电压上升越慢；启动电阻阻值越小，电容器电压上升越快，所需的稳定时间越短。因此选择启动电阻阻值时，需考虑系统对充电速度的要求，如对于容量较小的换流站，由于电容值较小，启动电阻值应取值较高，避免充电速度太快。一般来说，加入启动电阻 10s 后直流电压已近峰值，启动电阻上的电流已近稳定，对于启动电阻，可要求 10s 时的吸收能量，此后按启动电阻稳态电流进行要求。

7. 启动电阻上累积能量

从启动电阻工作原理中可知，换流阀功率模块电容不控整流分为两个阶段，第一阶段为从开始充电到充电电压基本稳定，第二阶段为充电电压稳定到解锁。第一阶段中交流系

统提供的能量有一半会被电阻所消耗；第二阶段中因变压器励磁电流基本恒定，启动电阻阻值越大，充电稳定后的启动电阻功率越大；同时，启动电阻阻值越大，充电时间越长，因而累积的能量越大，而启动电阻的吸收能量大小主要影响启动电阻造价、制造难度和占地体积。因此在选择启动电阻阻值时，需考虑换流站对设备体积的要求及启动电阻器的建设成本。

8. 全、半桥子模块不平衡电压

针对混合桥子模块换流阀，由上文可知，换流阀通过交流侧充电，此时由于全桥模块电流可以双向流动，在不控充电阶段中半桥模块电压始终是全桥模块电压的一半，不控充电的时间越久，全桥和半桥模块之间的电压偏差越大。因此启动电阻阻值选择也应考虑限制充电速度，避免充电过程中子模块电容器电压偏差过大。

9. 启动时间

充电速度与启动电阻阻值、换流器功率模块电容值相关。一般来说，加入启动电阻10s后直流电压已近峰值，启动电阻上的电流已近稳定，对于启动电阻，可要求10s时的吸收能量，此后按启动电阻稳态电流进行要求。

根据上述分析得出，启动电阻阻值的选取，首先需满足限制冲击电流的目的，其次应综合考虑系统启动速度要求、换流站对启动电阻器的设备要求等因素，最后综合确定。

5.4.2 启动电阻设计原则

1. 一般要求

启动电阻应为单相或单极、空气自然冷却、户外或户内布置，设计时应考虑下列因素：

（1）在运行、安装和维护期间的机械应力。

（2）在运行时的热应力。

（3）内部或外部故障对电阻器的电磁力。

（4）风力、冰雪负荷。

（5）抗振要求。

（6）温度变化引起的机械应力影响。

2. 结构设计

启动电阻一般为箱式或空心绝缘子型。完整的电阻器应包括电阻元件、连接件、支柱绝缘子和固定件。固定件应便于与基础连接，并有接地孔。

电阻器应安装在绝缘子上。电阻器绝缘子采用瓷质，并符合 GB 8287.1—1998《高压支柱瓷绝缘子　第 1 部分：技术条件》的要求。底支撑绝缘子涂 RTV，箱间及箱内绝缘子不涂 RTV，保证 RTV 不脱落。套管符合 GB 12944.1—1991《高压穿墙瓷套管技术条件》、GB 12944.2—1991《高压穿墙瓷套管尺寸与特性》的要求。绝缘子和套管应设计合理，并按照所在位置处所承受的电压，采用合理的耐受电压进行型式试验。依照最大运行电压，绝缘子和套管的最小爬电比距不应小于要求值。

设计时应考虑现场安装、更换、检查和维护方便。电阻器模块应配备起吊孔，以便安装及替换。外壳及内部的金属支架不应出现电位悬浮，电阻器模块内的电阻单元的中间段与金属柜体相连，无电位悬浮。所有接线应可靠，并且规范。

金属箱式电阻器、金属构架应有良好的防腐蚀层，外罩应采用耐腐蚀性好的材料。侧面、顶棚、防鸟保护的盖板以及电阻器排气网应采用不锈钢。每个电阻器的两个相对的面板应装有活叶。空心绝缘子型电阻器，应采取必要措施以便查看内部情况。

金属箱式电阻器中点电位接于内部框架上，保证模块外壳电位固定，并减小框架内电位差，以方便测量套管与外罩之间的电阻值。对于内部电阻元件与外罩相连的电阻器，应采取必要措施，以便测量套管与外罩之间的电阻值。对于空心绝缘子型电阻器及串联的电阻器段，应采取必要措施，以便测量每一段的电阻值。

3. 电阻器模块

电阻器若为模块设计，每个模块的额定电阻值应从整相电阻器的额定阻值推导获得。

$$R_{Nn} = \frac{R_N}{n} \tag{5-7}$$

式中：R_{Nn} 为电阻器模块的额定电阻值；R_N 为整相电阻器或整极电阻器额定电阻值；n 为电阻器模块串联数。

电阻器模块阻值的公差水平和整相电阻器或整极电阻器阻值的公差水平相同。

4. 电阻元件

电阻元件所用材料应采用抗氧化、耐腐蚀、耐高温、温度系数低、加工性能好的合金材料，应采用无感制作工艺，电阻元件之间连接应可靠，应确保在各种工作电流下电气和机械性能稳定可靠。电阻元件的支撑和固定应采取措施，以消除高温对其产生的影响并满足热空气对绝缘的影响。

5. 电阻器材料在最大持续电流下持续运行的温升

电阻器材料在最大持续电流下持续运行的温升应满足表 5-1 的要求。

表 5-1　主要电阻器材料温升限值

电阻器型式	电阻器材料	电阻器最热点温升（K）
片状	Cr20Ni30	小于 550
	Cr15Ni60	小于 600
	Cr23Ni60	小于 550
	Ni25Cr20Mo5	小于 550
圆盘式	陶瓷材质	小于 120

6. 重复充电时间间隔

启动电阻应满足连续 5 次间隔 0.5h 再次充电的要求，5 次以后可间隔 2h 再次充电。

7. 冲击能量耐受能力要求

应能耐受正常充电能量和短路时冲击能量最大值的 2 倍，交流网侧启动电阻还应耐受变压器励磁涌流造成的冲击能量。

5.5 风险因素分析及防范措施

1. 启动电阻绝缘故障引起单阀组闭锁

（1）闭锁隐患。

1）启动电阻内部电阻片发生闪络、击穿，有效电阻值减小，启动回路热过载保护。

2）启动电阻支柱绝缘子闪络，启动电阻过流保护动作。

3）启动过程中励磁涌流过大，导致启动电阻热过载保护动作。

（2）预控措施。定期对启动电阻有效电阻值进行测量。恶劣天气时，直流场一次设备易发生放电等情况，应加强监视，根据实际情况，采取降压运行。每年停电期间，对启动电阻支柱绝缘子定期进行绝缘子盐密检查和绝缘子探伤。必要时外绝缘表面喷涂 PRTV 涂料，提高绝缘性能。检修、试验后对换流变压器进行消磁处理。

2. 启动电阻旁路开关拒合导致单阀组闭锁

（1）闭锁隐患。换流器不控充电过程中，发出启动电路旁路隔离开关合闸命令后，延时后启动电阻旁路开关由于电机电源故障、机构卡涩、辅助触点失效等原因未合上，造成充电电阻旁路开关合闸失败跳闸。

（2）预控措施。隔离开关安装时在厂家指导建议下安装调试隔离开关，加强检修工作及日常巡视检查。在基础支架检查方面，隔离开关基础支架应接地良好，基础无松动，无裂纹、沉降，地脚螺栓无松动、锈蚀、变形；检修过程中应检查隔离开关安装螺栓无松动、锈蚀，各销轴及转动部位无锈蚀，转动灵活，不卡滞；垂直连杆、水平连杆无锈蚀、变形，连接螺栓紧固可靠。检查隔离开关辅助触点动作可靠。维护定检时紧固隔离开关信号回路端子接线、信号电源端子。日常运维中定期检查隔离开关电源状态。检修工作结束后、送电前应先试分合旁路开关能否正常工作。

6 特高压柔性直流换流站桥臂电抗器

在 MMC 换流器运行时，需要在每一相上下桥臂中分别串联 1 台电抗器，称为桥臂电抗器。桥臂电抗器是柔性直流换流站特有的电气一次设备，也是 MMC 的关键组成部分，其对于换流器的稳态运行和故障电气分量抑制都有着重要作用。

本章主要介绍桥臂电抗器的作用和原理，分析桥臂电抗器参数设计需要考虑的因素，以及参数设计方法，阐述其结构及设备制造的要点，分析系统运行中桥臂电抗器存在的主要风险，以及相应的应对措施。

6.1 桥臂电抗器在换流器中的配置及作用

6.1.1 桥臂电抗器在换流器中的配置方式

桥臂电抗器串联在 MMC 每相的桥臂中，根据不同工程现场空间特点以及特殊的目标，桥臂电抗器可以布置于桥臂的交流侧，也可布置于桥臂的直流侧，如图 6-1 所示。

6.1.2 桥臂电抗器作用

桥臂电抗器主要有以下作用：

（1）平滑电流波动。当桥臂电抗器布置于换流器交流侧时，桥臂电抗器和换流变压器的漏抗共同作用成为换流站的连接电抗，起到控制功率传输、滤波、抑制交流侧电流波动、抑制由电网电压不平衡引起的负序电流等作用。

（2）抑制相间环流。柔性直流换流器在能量传输交换过程中，由于子模块电容电压存在波动，相单元交流出口处电压不对称会造成桥臂中出现环流，继而会在相间产生环流，导致系统不必要的损耗。环流可以通过附加环流抑制策略进行一定程度的抑制，但无法完全消除，桥臂电抗器在一定程度上对环流进行限制，降低相间环流大小。

（3）抑制故障电流上升率。桥臂电抗器能够降低换流器直流侧短路时的电流上升率。以双极对称系统发生单极接地故障为例，如换流器的出口处出现接地短路，此时相单元内

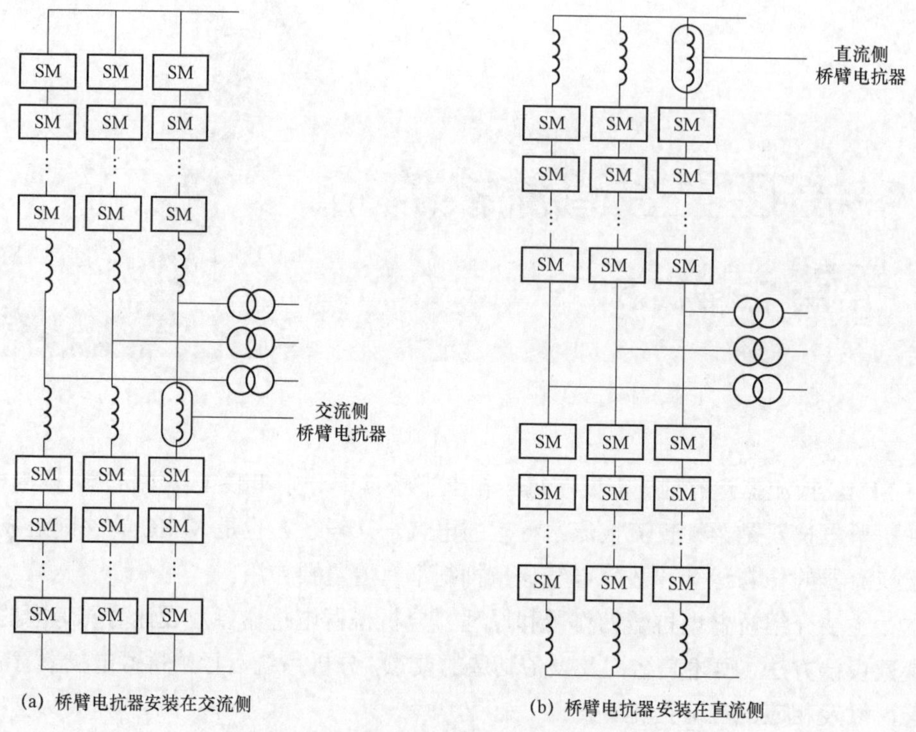

图 6-1 桥臂电抗器电气接线示意图

投入的子模块电容将向故障点迅速放电，而桥臂电抗器串联于故障回路，能够对故障电流上升率进行有效的抑制，从而保证电流的波动在可控范围内，在避免设备遭到损害的情况下，实现开关装置的安全关断。

6.2 桥臂电抗器参数选择

由上文可知，桥臂电抗器主要有三方面作用，而电抗值的参数会对作用效果产生影响。因此，桥臂电抗器参数的选取需要从以下三方面考虑：

（1）当桥臂电抗器用于传输功率时，从 MMC 输出交流电流跟踪交流电流指令值来看，换流电抗越小越好，因为其越小跟踪速度越快。另外，从换流电抗对换流器容量的影响来看，也是越小越好，因为电抗越小无功损耗越小，换流器的容量可以得到更充分的利用。但从抑制交流侧电流波动以及换流器抵御交流系统负序电压的能力考虑，换流电抗越大越好。MMC 阀侧等效电路如图 6-2 所示。

如图 6-2 所示，设换流站交流母线电压运行在额定值 $U_{\text{pccN}}=1$，MMC 在额定工作点运行时的输出电流为 I_{vN}，额定工作点定义为 $P_{\text{diffN}}=1$ 和 $Q_{\text{diffN}}=0$ 的点。易得在额定工作点：

$$P_{\text{diffN}}=\frac{U_{\text{diffN}}}{X_{\text{link}}}\sin\delta_{\text{N}}=1 \tag{6-1}$$

$$Q_{\mathrm{diffN}}=\frac{U_{\mathrm{diffN}}}{X_{\mathrm{link}}}(U_{\mathrm{diffN}}-\cos\delta_{\mathrm{N}})=0 \tag{6-2}$$

式中：P_{diffN}、Q_{diffN} 分别为阀侧有功、无功功率；U_{diffN} 为虚拟等电位点 Δ 电压幅值；δ_{N} 为换流器交流电网侧的基波分量 U_{s} 相位；X_{link} 为等效连接电抗。

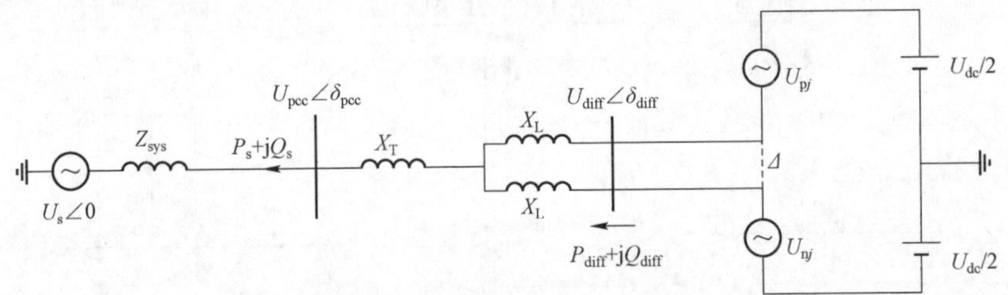

图 6－2　MMC 阀侧等效电路图

由式（6－2）可得

$$X_{\mathrm{link}}=\cos\delta_{\mathrm{N}}\sin\delta_{\mathrm{N}}=\frac{1}{2}\sin(2\delta_{\mathrm{N}}) \tag{6-3}$$

根据实际工程中 δ_{N} 的取值范围，即可确定连接电抗 X_{link}。实际工程中一般把 δ 控制在较小的范围内，当 δ 的绝对值处于 6°～17° 时，X_{link} 的取值为 0.1～0.3（标幺值）。在已知换流变压器漏抗 X_{T} 的条件下，即可确定基于稳态运行范围所约束的桥臂电抗器的电抗取值。

（2）当桥臂电抗器用于抑制桥臂之间的环流时，因相间环流仅含偶次谐波成分，且其中二倍频环流峰值最高，因此抑制环流时主要考虑 2 倍频分量。MMC 等效电路图如图 6－3 所示。

由图 6－3 可知

$$U_{\mathrm{dc}}=u_{\mathrm{p}j}+u_{\mathrm{n}j}+L_0\frac{\mathrm{d}i_{\mathrm{p}j}}{\mathrm{d}t}+L_0\frac{\mathrm{d}i_{\mathrm{n}j}}{\mathrm{d}t} \tag{6-4}$$

式中：j 为 a、b、c 三相中一相。

由上文可知，桥臂环流由子模块电容电压波动引起，设相单元子模块电容电压和可表示为基准量 U_{dc} 与 Δu_j 之和。则由式（6－4）可得：

$$\Delta u_j=-L_0\frac{\mathrm{d}i_{\mathrm{p}j}}{\mathrm{d}t}-L_0\frac{\mathrm{d}i_{\mathrm{n}j}}{\mathrm{d}t} \tag{6-5}$$

对式（6－5）两侧进行傅里叶分解可得第 k 次谐波：

$$(i_{\mathrm{p}j}+i_{\mathrm{n}j})_k=-\frac{1}{\mathrm{j}k\omega L_0}(\Delta u_j)_k \tag{6-6}$$

后经分析可得结论，桥臂电抗取一定值时，可能发生环流谐振，偶次谐波电流幅值可能趋于无穷大；各次谐振电感值随着谐波次数的增加而降低；即与二次环流谐振的谐振电感值最大；二次、四次谐波电流占主要成分，6 次及以上谐波电流幅值相对较小，可忽略不计。

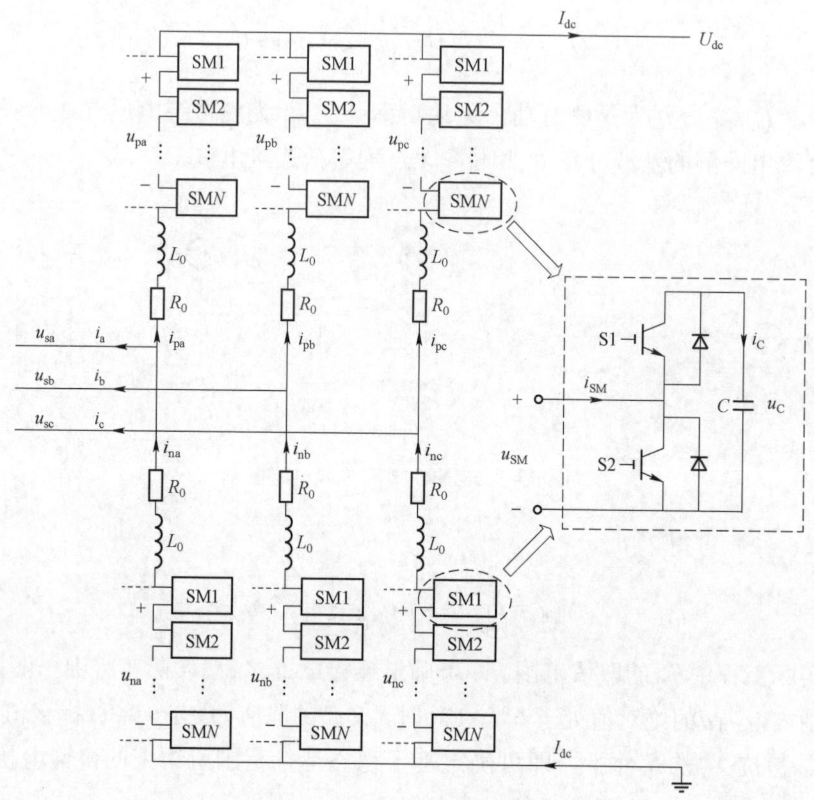

图 6-3 MMC 等效电路图

（3）当桥臂电抗器用于抑制故障下的冲击电流时，由于桥臂电抗器与子模块电容相当于串联，在直流侧故障时，可以有效限制电容放电电流，抑制短路电流的冲击，使得 MMC 拓扑在直流侧故障时具有良好的响应特性。

当双极对称系统发生单极接地故障时，短路电流可以通过相单元构成回路，如图 6-4 所示。考虑实际工程中可能发生的最严重故障，当直流侧正极母线接地短路，此时假设各个子模块电容电压没有突变，则 1 个相单元内换流器模块的等效电压为 U_{dc}。仍然设桥臂电流的参考方向为从上到下，则在短路瞬间，由基尔霍夫电压定律（KVL）可以得出

$$L_0\frac{\mathrm{d}i_{pa}}{\mathrm{d}t}+L_0\frac{\mathrm{d}i_{na}}{\mathrm{d}t}=u_{pa}+u_{na}=U_{dc} \tag{6-7}$$

式中：i_{pa}、i_{na} 分别为 a 相单元上桥臂、下桥臂电流。

又由于短路后的极短时间内，电流暂态分量极大，因此可以假设同相上下 2 个桥臂电流相等（即 $i_{pa}=i_{na}$）且短路电流 i_k 在 3 个相单元之间平均分配，从而得到桥臂电流的上升率

$$\frac{\mathrm{d}i_{pa}}{\mathrm{d}t}=\frac{\mathrm{d}i_{na}}{\mathrm{d}t}=-\frac{U_{dc}}{2L_0} \tag{6-8}$$

因此，在给定桥臂暂态电流上升率 α（单位为 kA/s）的情况下，桥臂电抗器的选取计

算式为

$$L_0=\frac{U_{\mathrm{dc}}}{2\alpha} \tag{6-9}$$

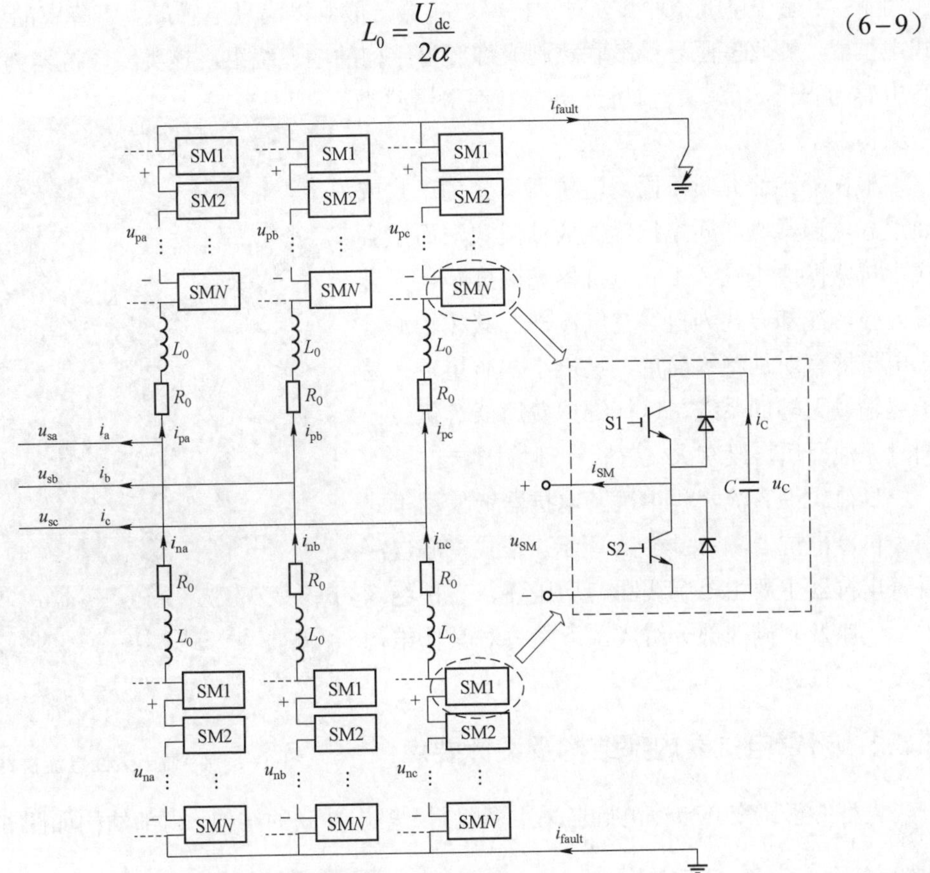

图 6-4　双极对称系统单极接地故障回路

以±400kV 的换流器为例，如果要求桥臂暂态电流上升率$\alpha \leqslant 0.1\mathrm{kA/\mu s}$，根据上面的原则，可以得到满足要求的最小桥臂电抗值为 4mH。

本节从桥臂电抗器基于稳态运行范围约束、桥臂电抗值与环流谐振的关系，以及桥臂电抗器用于抑制直流侧故障电流上升率三方面分析。其中稳态运行时对桥臂电抗器的取值约束较宽；用于抑制直流侧故障电流上升率对桥臂电抗器的取值要求较低；对桥臂电抗器要求较高的是桥臂电抗用于抑制环流分量时电抗值必须避开环流谐振角频率，以减少 2 倍频环流峰值。

6.3 桥臂电抗器结构

按照电抗器磁路是否采用铁芯材料来划分，电抗器主要有铁芯结构和空心结构两类。铁芯式电抗器在绕组内设有铁芯，可达到减小电抗器体积或使绕组磁通限制在一定空间内的目的，但铁芯式电抗器的电感随励磁电流增大具有明显的饱和特性，尤其在暂态大电流作用下，电感下降非常明显，对于桥臂电抗器一般难以满足电感最大下降率的要求。空心式电抗器，即将多匝导线串联绕制成螺旋管结构的单一绕组，该类型电抗器为线性元件，其电感为一恒定值，目前桥臂电抗器都采用此类型结构。

根据外绝缘介质不同，电抗器可分为干式或油浸式。通常铁芯式电抗器做成油浸式，而空心式电抗器做成干式。干式电抗器无磁屏蔽，无金属外壳，冷却方式为自然空气冷却，其相较油浸式电抗器有对地绝缘简单、噪声小、质量轻、易于运输、无辅助系统、运行维护费用低等优点；同时无油介质，没有火灾危险和环境影响。

目前柔性直流工程中桥臂电抗器皆使用干式空心自冷电抗器，如图 6-5 所示。干式空心自冷桥臂电抗器主要由电感线圈、均压环、支柱绝缘子、底座及基础四部分组成。下文将对具体结构及设计要点进行分析。

图 6-5　特高压柔性直流桥臂电抗器

6.3.1　桥臂电抗器内部结构及设计要点

大型的干式空心自冷电抗器采用多包封、多层并联的结构，内部结构如图 6-6 所示。

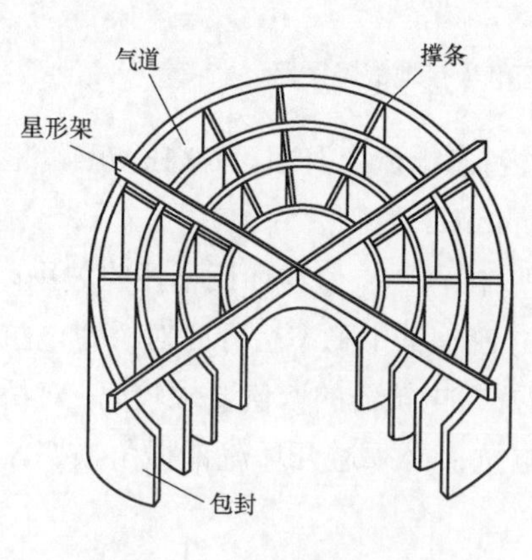

(a) 内部结构

(b) 内部外观

图 6-6　干式空心自冷电抗器内部基本结构

线圈由多个小截面的导体（多为细导线绞绕压制成的矩形扁导线或是多根圆导线）并联组成，在线圈导体外部包有聚酯薄膜或聚酰亚胺薄膜等绝缘材料制成的匝间绝缘。

包封由多股型换位导线并联绕制，在其端部、内径及外径侧面置有绝缘胶束密封，形成多层并联的包封结构。每层各包封导线端部焊接在铝质的星形架上，星形架既作为电抗器的汇流架、整体夹持件（固定线圈），又是电抗器安装定位的承力底座。包封均由环氧玻璃纤维绕包而成，且包封间均由撑条隔开，形成环形竖直气道，自冷电抗器便是以热对流的自冷方式进行散热。

传统的干式空心自冷电抗器的设计一般需考虑包封内导线的抗短路能力及绕组振动，而桥臂电抗器作为柔性直流输电的重要设备，在运行过程中需承受幅值较大的交直流复合大电流，因此除干式空心自冷电抗器自身的设计要点，桥臂电抗器在设计时还需考虑交直流电流在包封内的合理分配以保证不同包封的温升同步。下面将对上述问题进行具体分析。

6.3.1.1 绕组温升平衡

干式空心自冷电抗器的结构是多包封并联结构，且每个包封由多层线圈并联而成。即干式空心自冷电抗器的电路结构是多条支路并联的电路，设电抗器共有 n 条支路，每一条支路上都有电阻、自感以及互感。其等效电路图如图 6-7 所示，因为各包封在电气连接上是并联的，这使得各包封的端电压值相等均为 $\dot{U}_N$。

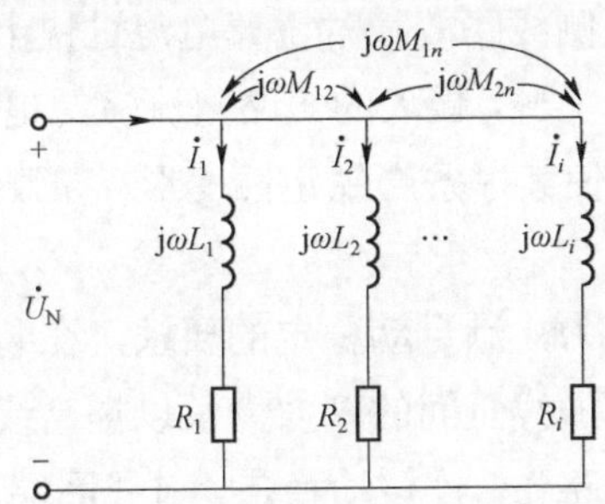

图 6-7 电抗器的包封等效电路

$\dot{U}_N$ 一电抗器的额定电压相量；$\dot{I}_N$ 一额定电流相量；ω—电源角频率；

L_i—第 i 层的自感；M_{ij}—第 j 层对第 i 层的互感；R_i—第 i 层电阻

由图 6-7 的包封等效电路易见，交流电流基于电感分布，直流电流基于电阻分布，因此桥臂电抗器既要考虑交流电流分配特性，也要考虑直流电流分布特性，这直接导致了电流在包封内分布情况的差异性。在电流分布不均的情况下，空心电抗器很容易产生局部过热的现象。而温升过高将加速匝间绝缘老化，甚至破坏绝缘，这将缩短电抗器的使用寿命。

上述原因使桥臂电抗器在绕组层间电流分配、绕组及金属结构件的温升过热抑制等方面的设计不同于常规的交流电抗器和直流平波电抗器。若以传统电抗器的设计方法对桥臂电抗器进行设计，会因各支路的电流分配不均匀而导致温升分布异常，出现某个包封过热的现象。

随着柔性直流输电系统的输送容量逐渐增大，交直流电流分配的平衡更加困难，如何在设计中满足交直流电流下各并联包封的温升均等成为桥臂电抗器的设计要点。平衡绕组温升的改进措施如下：

（1）优化电抗器直流电阻分布。干式空心平波电抗器的结构特点决定了其最内和最外包封层的绕组散热条件良好，中间层散热条件较差，由于每一个导线层均为热源，且向上向外辐射，导致最热点温升出现在中间偏外的包封层位置。

因此，从设计入手人为调整绕线分布，将内、外层导线加多，提高该层损耗，增大其发热量，中间层位置减少绕组，降低损耗，减少发热量，缓解中间损耗带来的温升压力。内外层虽然发热量大但通风散热条件好，中间层通风散热条件差但发热量少，均衡下来，各层热点温升差值将被缩小。

（2）改善通风散热条件。对于电抗器各包封层不同的散热情况，通过优化不同包封层采用不同的散热间隙来处理。在各包封层之间铺设不同宽度的通风条，通风散热条件好的，采用窄型通风条；通风散热条件差的，在保证通风条不倒条的前提下，适当增加通风条的宽度，留给中间包封层相对较大的散热空间。

（3）仿真指导设计。通过仿真软件对桥臂电抗器在最大连续直流电流加谐波的工况下进行仿真，得到各包封层的温升分布情况，并将仿真结果与设计方案进行对比调整，以提高交、直流作用下的温升分布准确性，保证运行安全。

6.3.1.2　承受短路电流导致线圈倒伏

桥臂电抗器有着抑制直流侧线路故障时桥臂电流过快上升的作用，但由于桥臂电抗器流经电流将会以极大的变化率上升，极大的短路电流流经电抗器中的导体，相邻载流导体间将产生巨大的电动力，可能使其撑条产生塑性变形，导致线圈松动，线匝在径向力作用下产生倒伏。

为增强电抗器的抗短路能力，满足动稳定的要求，在装备制造时采用以下措施：

（1）线圈应紧密绕制，增加线匝间的摩擦力，以提高线匝的轴向抗倒伏能力。

（2）根据系统参数计算短路力，校核动稳定，对线圈端部包封的面积（与个数及宽度有关）进行调整，以使每层线产生足够的刚度，减小轴向电动力。同时，增加线圈端部包封面积，也能有效地提高线饼的轴向抗倒伏强度。

（3）在不影响电抗器散热的条件下，在线圈绕制过程中适当增加包封层厚度，增强包封体系的稳定性。

（4）提高绑扎带机械强度，进一步提高线圈的抗短路能力。

6.3.1.3　磁场力导致导线振动

当电抗器绕组通过交流电流时，流经绕组的电流会在电抗器内、外部产生磁场，磁场反作用于载流的绕组，于是对绕组产生磁场力。当通过的电流随时间交变时，磁场的大小和方向随之变化，于是绕组导线所受的磁场力在大小上发生变化，引起绕组的振动。

电抗器绝缘材料受到机械应力的持续作用，会加速电抗器使用寿命的衰减。

复杂的电流成分增大绕组振动程度，产生影响设备运行和人体健康的噪声污染。桥臂电抗器的电磁噪声在很多方面与一般交流电抗器有很大区别，由于桥臂电抗器电磁振动的动力主要是直流电流形成的恒定磁场作用于绕组内各次谐波电流所产生的交变磁场力，以及谐波电流的磁场作用于绕组内直流电流形成的交变磁场力，而直流磁场较大，恒定磁场较强，将谐波电流所产生的交变磁场力放大，所以桥臂电抗器所产生的噪声随容量的增大

而增大。为降低电抗器的噪声，可采取以下方法：

（1）在线圈绕制过程中，每根导线绕制时均通过环氧胶槽，使得环氧胶最大限度地填充导线之间、导线和包封纱之间的空隙，使线圈形成一个整体，减小导线振动所产生的噪声，从电抗器线圈本体即声源上降低噪声。

（2）保证电流分配均衡，使高次谐波在每层导线中的分布均匀，避免高次谐波在任何层导线中的集中，防止较大的振动。

（3）采用独立的四周散热片布置方式，遮挡声波传播，降低噪声强度。

上述方法能够改善包封内部振动，但电抗器的振动和噪声是固有的，在电抗器设计、制造、运行中，只能从一定程度上去限制振动和噪声的幅值，却无法消除振动和噪声问题，还需要辅助采用其他措施降低噪声。

6.3.2 桥臂电抗器外部结构及设计要点

桥臂电抗器多安装在户外，整体外观如图 6-8 所示。外部装置包括防鸟栅、防雨帽、降噪装置及支撑绝缘子。

图 6-8 干式空心自冷桥臂电抗器

为避免特殊气象环境和地质条件影响户外设备的正常运行，外部需要设计合理的防雨、防噪、抗震、防鸟害等措施。

6.3.2.1 防雨

桥臂电抗器由于不带铁芯等接地体，电场分布简单、均匀，工作场强非常低，因此一般意义上的潮湿空气虽在一定程度上降低线圈内部绝缘电阻，但不至于导致因绝缘电阻降低而出现的热击穿。然而潮湿空气在一定程度上提高空气间隙的局部放电电压，当导电性污染液（如酸雨或带有粉尘的雨水）进入线圈内部时，可能在电抗器内部诱发局部放电现象，最终导致匝间和层间绝缘的电化学击穿。为此，只要有效地阻止雨水进入线圈内部，保证内部没有大面积水膜的存在，就可以防止与潮湿有关的内绝缘事故。

据此，应为空心电抗器配备大直径的防雨帽，在防雨帽的通风孔处加装防雨格栅，防止雨水从通风孔倾斜落到各层绕组上。根据 GB/T 4208—2017《电气设备外壳防护等级》IP03 级的技术要求，与水平呈 30° 以上夹角的雨水无有害影响，且应保证雨水不能从通风孔和帽檐下斜流入线圈上端，雨滴无法飘进层间风道内。

6.3.2.2 防止表面放电

降雨时，线圈绝缘表面形成一层连续性的导电水膜，在表面电场作用下连续性水膜中出现较大的泄漏电流，导致表面电场畸变，出现表面的局部湿污放电现象。电抗器线圈的包封绝缘为有机材料，耐热性和耐电弧性远不如无机材料，表面局部放电很快会在线圈绝缘表面灼烤出黑色的痕迹。黑色漏电痕迹的本质是炭化导电沟道，潮湿后电阻大幅降低，漏电痕迹起始端的电位与痕迹末梢电位非常接近。当漏电痕迹深度和长度达到一定程度后，在稳态电压下也会造成绕组包封的横向击穿，引发内绝缘事故。

漏电痕迹一旦在雨天出现，就会造成表面电场局部集中，比原始状态下更容易出现局部表面放电。且电抗器一旦在雨天出现漏电痕迹，若线圈表面爬电距离不够大，降雾也会促使某些漏电痕迹在原有基础上继续加深，会使电抗器在雾天也出现局部表面放电现象。

漏电起痕是有机绝缘材料在严重潮湿和污秽条件下特有的现象，杜绝了潮湿条件下的小型局部干区，杜绝了局部表面放电，就可防止出现漏电起痕现象。根据这一现象发生的机理，凡处于户外或者电位梯度较大的桥臂电抗器，都应设法防止绝缘表面形成连续性的水膜，采取以下方法来解决。

（1）桥臂电抗器的绝缘材料在长期运行中耐老化、不龟裂、不吸潮。表面爬距应满足在长期运行和湿污条件下不发生爬电或漏电起痕的要求。涂层应耐污秽和腐蚀，具有憎水性。

（2）桥臂电抗器线圈上下两端应装设均压环以防止电晕，防止线圈表面出现树枝状放电碳痕。

（3）电抗器固化出炉后，应仔细检查各包封层外层漆膜质量，保证电抗器表层光滑，避免形成表层积水区域。

6.3.2.3 防鸟害

桥臂电抗器作为户外运行电力设备，在运行过程中，经常会有鸟类在电抗器顶部进行筑巢、进食、排泄等活动，这会严重危害电抗器的安全运行。鸟类的排泄物会黏着于电抗器风道内，长期积聚会使电抗器发生闪络事故；另外，鸟类排泄物会沿着电抗器包封层表面下滑，形成一条长长的短路带，电抗器会有发生短路的危险。

通过加装防鸟栅，可以杜绝鸟类进入电抗器中。如图 6-9 所示，在电抗器降噪装置主体部分

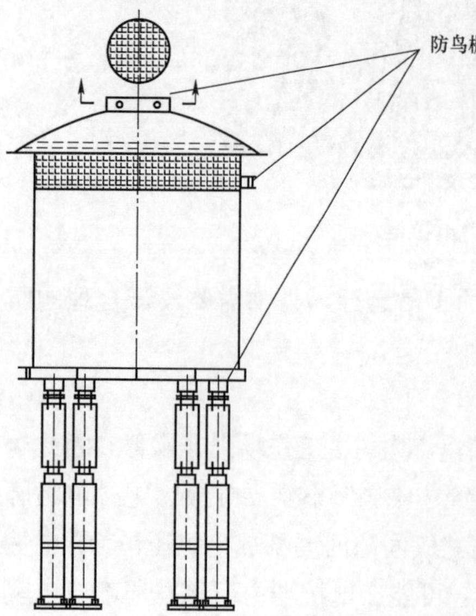

图 6-9　防鸟栅

的中间位置加装防鸟栅，防止鸟从降噪装置的上部进入电抗器；在防雨装置与电抗器间隙较大的部分增加防鸟栅，阻止鸟从电抗器侧面进入电抗器；在电抗器底部星形架中间加装防鸟栅，防止鸟类从电抗器底部进入电抗器。

6.3.2.4　磁场防护

对于桥臂电抗器，由于其自身结构特点，以空气为磁介质，无法采取措施强制改变磁路，其磁通路径为电抗器本体内的空气和导线、上端部空气、外表面以外的空气、下端部空气，再回到电抗器。由于空气和导线的磁导率相差无几，可能导致漏磁污染严重，处于近电抗区域范围内的闭合环路将产生环流，且处于变化磁场内的导体也会产生涡流。所以在磁场防护方面，需要对电抗器周围的金属构件进行针对性的设计，以避免涌磁造成不良影响。在实际应用中，为防止磁通外溢，会在空心式电抗器外装设磁屏蔽，但由于其磁回路中加入了磁性材料，使得整个磁路的磁阻减小，线性度变差。

根据这一现象发生的机理，可采用如下防护方法：

（1）桥臂电抗器周围应按照防磁空间要求进行金属构件的布置，在距离电抗器中心小于 2 倍电抗器直径的周边及垂直范围内，不得存在金属闭环。三相水平安装的电抗器间的最小中心距离应不小于电抗器外径的 1.7 倍。

（2）桥臂电抗器地基基础金属构件（如钢筋）不形成闭合回路，金属构件交叉位置用绝缘材料隔开。

（3）桥臂电抗器线圈端部金属结构件及均压环等应避免对磁通形成闭合环路或面积过大，所采用的隔音罩应使用非磁性螺栓，以防止环流或涡流发热。

（4）桥臂电抗器安装时其底部的接地线不能形成闭合回路，与地网应直接明连接，不能通过其他设备外壳或构架连接，不能形成闭合磁路。电抗器安装时，其水泥基础内预埋的地脚平铁等金属制件不得形成闭合回路；水泥基础内不得有封闭钢筋，以免形成环流和发热。

6.3.2.5　抗震

对于特高压电气设备，由于系统电压等级高、对地绝缘水平高，因此支柱绝缘子的高度很高，导致桥臂电抗器的重心很高，支柱绝缘子和电抗器组件很容易发生折断或者其他损坏。

支撑电抗器的支柱绝缘子采用垂直支撑结构，每柱绝缘子由多节组成，沿圆周均匀分布。顶部线圈由铝合金汇流排支撑，汇流排通过法兰与其底部口字形钢支架连接。支架通过无缝钢管与支柱绝缘子法兰相连。由于支柱绝缘子材质为非磁性钢，为满足抗震需要，应通过对多种支柱绝缘子支撑结构方案，反复进行水平、纵向地震荷载（对应最大风速）以及吊装荷载作用下的有限元分析，最终确定满足要求的抗震结构。在支柱绝缘子的上部安装有支撑平台并在支柱绝缘子之间加环形支架固定，同时在各层之间增加支柱绝缘子的拉筋结构，提高整体稳定性。

6.3.2.6　降噪

针对噪声水平要求，除在绕组上进行限制，通常还需要装配降噪装置。在传播途径上

图 6-10　降噪装置示意图

控制噪声是噪声控制的普遍技术，包括吸声、隔声、消声、阻尼减振等措施，对电抗器采取隔声措施降低噪声是行之有效的方法。

对电抗器降噪采取隔声罩处理，用隔声罩将其罩起来，以达到降噪目的。降噪装置示意图如图 6-10 所示。隔声罩的主要结构是罩壁，需具有足够的隔声量，才能阻隔声源机器设备的噪声不致外传，从而使噪声降低到规定的允许声级以下。按照质量定律，罩壁的结构应当是重质的，例如采用砖、石块、混凝土或厚钢板等的构造；但大多数情况是由于现场的空间条件、机器的维修及隔声罩的拆装运等因素，要求罩壁结构轻巧、拆装方便。这种隔声的罩壁一般采用较薄的金属板，内饰一定厚度的吸声材料，如玻璃丝棉隔声罩的孔洞和缝隙对其噪声特别是高频噪声有明显影响，开口面积应尽量小。

6.4　风险因素分析及防范措施

干式空心自冷电抗器自身结构较简单，无精密电力器件及辅助系统等，因此桥臂电抗器一般不需特殊维护及维修。但目前国内缺乏特高压柔性直流工程桥臂电抗器运维经验，且桥臂电抗器自身故障可能使得换流器触发桥臂过电流保护等动作，导致换流器闭锁，因此需对桥臂电抗器的运行风险进行分析，并采取有针对性的预控措施。

6.4.1　桥臂电抗器本体故障导致单阀组闭锁

1. 闭锁隐患

（1）桥臂电抗器过热，影响直流正常运行甚至起火造成桥臂电抗器开路，会造成同相另一桥臂过流保护动作，也有可能引起故障桥臂欠压子模块冗余耗尽，导致单阀组强迫停运。

（2）运行过程中当出现漂浮物进入桥臂电抗器内部造成搭接短路时，该电抗器将失去抑制二倍频电流作用，若此时直流功率较大，将有可能造成桥臂过流保护动作。

2. 预控措施

（1）日常运行中需要对桥臂电抗器进行目测，检查桥臂电抗器是否完整；检查顶部和底部支架，检查是否与绕组之间有松动，以及引出线是否有损伤，焊头部位是否接触良好；检查电抗器接线端与母线排接触是否良好，发现接触不良时，须对表面进行处理，并上紧螺栓；检查顶部和底部绕组表面，是否有碳化、放电痕迹等异常情况；检查电抗器的表面绝缘漆，如有损伤或脱落应及时补刷。

（2）在大负荷、满负荷时缩短对桥臂电抗器的运行红外巡视周期，严密监视发热趋势，尽快处理。

（3）加强对桥臂电抗器支撑绝缘子的监测，定期检查伞群憎水性、老化程度，视情况在硅橡胶伞群表面涂 RTV 涂料。

6.4.2 桥臂电抗器支柱绝缘子闪络导致单极闭锁

1. 闭锁隐患

直流支柱绝缘子外部伞群老化、脏污等原因导致外部闪络，造成桥臂电抗器发生直流接地，引起桥臂电抗差动保护、直流差动保护动作。

2. 预控措施

（1）恶劣天气时，桥臂电抗器支柱绝缘子发生放电等情况下，应加强监视，视实际情况，采取降压运行。

（2）每年停电期间，清扫支柱绝缘子，定期进行绝缘子盐密检查和绝缘子探伤。

（3）外绝缘表面喷涂 PRTV 涂料，提高绝缘性能。

7 特高压柔性直流换流站直流场开关

直流场是换流站内由多类型直流开关、隔离开关、接地开关及直流测量装置、避雷器等设备通过特定的方式连接组成的，连接于直流线路和换流单元之间的特定区域。其中，直流场开关用于接通或断开相关的直流回路，对换流站的运行方式转换、故障隔离具有重要作用。

本章以特高压三端直流输电工程的柔性直流换流站为例，介绍直流场的直流转换开关、直流旁路开关和直流高速开关，结合各类开关设备的具体用途，阐述其工作原理、结构与特点，分析各类开关参数设计方法，介绍直流旁路开关和直流高速开关运行维护的关键事项。

7.1 直流场开关设备构成及作用

7.1.1 直流场开关设备配置

特高压多端混合或柔性直流输电系统的柔性直流换流站直流场开关主要包括直流转换开关、直流旁路开关以及直流高速开关（HSS），以昆柳龙直流输电工程为例，柔性直流换流站的典型直流场开关配置如图 7－1 所示。

7.1.2 直流场开关分类及作用

直流转换开关、直流旁路开关以及直流高速开关（HSS），这三大类直流场开关是依据配置位置以及其作用进行分类的，具体作用如下：

（1）直流转换开关是指用于将直流电流从一个运行支路转换到另一个支路的开关设备，其工作中承受电压电流较小，需具备双向断流能力。根据开关所处的电气位置不同，直流转换开关包括金属回线转换开关（MRTB）、大地回线转换开关（ERTB）、中性母线开关（NBS）和中性母线接地开关（NBGS）。

1）MRTB 是指将直流电流从大地回线通路转换到金属回线通路的开关设备。

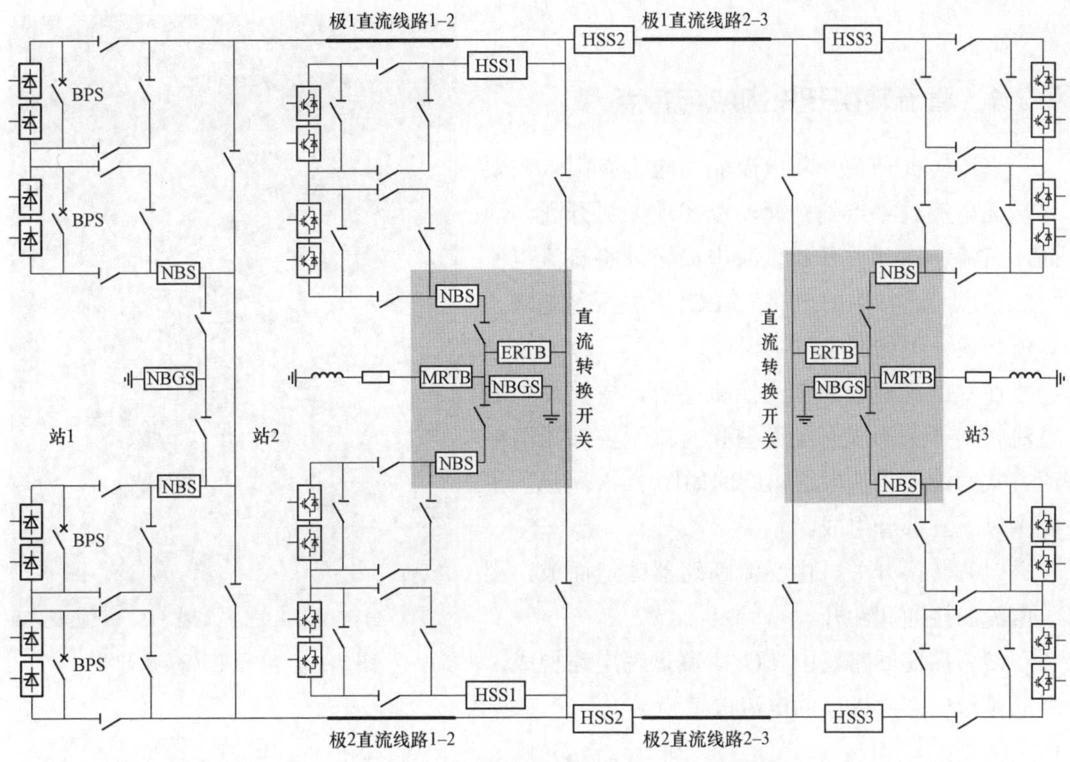

图 7–1 柔性直流换流站的典型直流场开关配置

2）ERTB 是指将直流电流从金属回线通路转换到大地回线通路的开关设备。

3）NBS 是指用于把停运的换流器与中性母线断开的开关设备，NBS 还应能够把直流极线故障所产生的故障电流转换到由接地极及其引线构成的接地回路中。

4）NBGS 是指中性母线接地开关安装在换流站站内接地线上，用于提供站内临时接地的开关设备。

（2）直流旁路开关是跨接在一个或多个换流阀直流端子间的开关装置，可以在柔性直流换流阀没有负荷电流时进行分合操作，进而实现换流阀的旁路操作。

（3）直流高速开关（HSS）能够对特高压三端直流输电工程中某一回电力线路进行开断、接通等操作，具备一定的电流开断能力（具体开断电流的能力，以及开断的条件，由具体设备决定）。

7.2 直流转换开关

直流转换开关需要具备将故障电流转换至接地极，以及在大地回线和金属回线间转换电流的能力，所以直流转换开关成为柔性直流换流站中可实现故障隔离及运行方式转换的重要设备。在原理上，柔性直流换流站与常规直流换流站中使用的直流转换开关是类似的。本节结合昆柳龙直流输电工程，对直流转换开关的结构、工作原理以及参数设计进行详细分析。

7.2.1 直流转换开关构成与特点

图 7-2 高压直流转换开关

直流转换开关开断电流能力较为有限，需要尽量在电流过零点处开断，以实现无弧开断，因此，直流转换开关开断直流电流必须将直流电流“强迫过零”，常用的电路为 LC 串联振荡电路。直流转换开关如图 7-2 所示。

在我国已建成的直流换流站中，主要使用的直流转换开关形式有无源型和有源型叠加振荡电流方式两种，其基本结构原理如图 7-3 所示，主要由以下三部分组成。

（1）转换开关，由交流断路器改造而成，用于电流的接通和断开。

（2）振荡回路，由 LC 串联振荡电路构成，目的是形成 2 次以上的电流过零点。

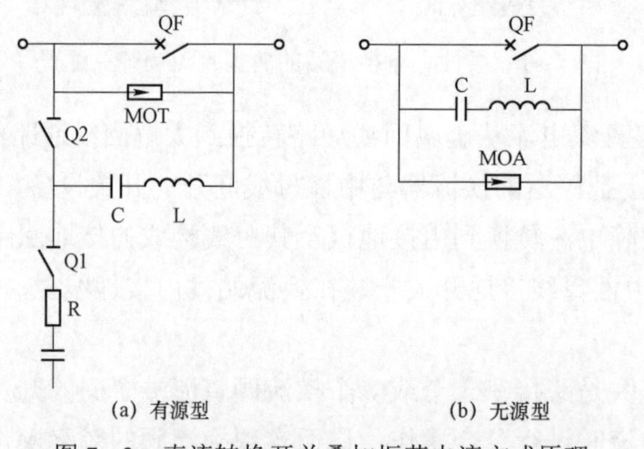

图 7-3 直流转换开关叠加振荡电流方式原理

（3）耗能元件，由金属氧化物避雷器构成，目的是吸收直流回路中储存的巨大能量。

有源型叠加振荡电流方式是由外部电源先向振荡回路的电容 C 充电，继而电容 C 和电感 L 组成 LC 振荡电路向断路器 QF 的断口间隙放电，产生振荡电流叠加在原直流电流之上，在总电流中形成电流过零点。

这种方式完成一次开断的过程：外部电源充电开关 Q1 合闸向 C 充电，紧接着 Q1 断开，直流断路器 QF 开断直流电流产生电弧。与此同时，合上振荡回路开关 Q2 产生振荡电流，在断路器 QF 断口处的总电流形成电流过零点。由此可见，有源型叠加振荡电流方式采用了多个控制步骤，对可靠性有一定影响。但有源型叠加振荡电流方式容易产生足够大的振荡电流，开断的成功率也较高。

无源叠加振荡电流方式是利用电弧电压随电流增大而下降的非线性负电阻效应的原

理进行工作，在与电弧间隙并联的LC回路中产生自激振荡（无源叠加振荡电流方式又被称为无源自激振荡方式），使电弧电流叠加上振荡电流，当总电流过零时实现遮断。这种方式是根据断口间隙电弧的不稳定性，利用电弧电压波动使电弧与LC振荡回路存在一个充放电过程，并且电弧的非线性负电阻效应又使充放电电流的振幅不断增大，从而实现总电流强迫过零。由于这种方式的控制过程较为简单，因而回路的可靠性较高。鉴于其工作原理，断路器QF与LC回路的参数必须要较好地配合。这种方式的开关在开断过程中电流过零后即使发生电弧重燃现象，也不会影响之后电流形成二次过零点。所以，目前在特高压直流输电系统中主要使用的是无源自激振荡型的直流转换开关。

当电弧电流过零后，断路器QF触头之间的灭弧介质（通常是六氟化硫气体）绝缘性能开始逐步恢复，由于直流系统仍旧储存着非常巨大的能量，这些能量将使断口间的电压（该电压称之为恢复电压）快速上升。当断路器QF的灭弧介质绝缘水平恢复速度高于断口间恢复电压上升速度时，就不会发生电弧重燃现象。当恢复电压上升至耗能装置（金属氧化物避雷器MOA）的最大持续运行电压（金属氧化物避雷器在不导通状态下持续运行所能承受的最大电压）时，MOA进入导通状态，会将这部分能量全部吸收，使断路器QF完成开断过程。

由此可以看出，直流转换开关的开断工作主要包含以下两个阶段。

（1）熄弧前：开断装置燃弧过程中，振荡回路在电弧的作用下产生振荡电流。振荡电流叠加直流电流过零时，开断装置中的电弧熄灭。

（2）熄弧后：直流电流将流经电容器继续导通，使电容充电至一定电压（此电压定义为转换电压），直至并联避雷器动作。转换电压的高低由与开断装置并联的避雷器伏安特性决定，转换电压越高，直流电流转换速度越快。在转换过程中，避雷器吸收回路中存储的能量。

7.2.2 直流转换开关配置情况及操作模式

1. 直流转换开关配置情况

（1）金属回线转换开关：MRTB装设于接地极极线回路中，主要是用来将直流电流从单极大地回线倒换到单极金属回线，从而保证转换过程中直流功率的不中断输送。在此特别要强调的是MRTB与ERTB必须联合使用。

（2）大地回线转换开关：ERTB安装于接地极极线与高端极线之间，用于在不停运的情况下，将直流电流从单极金属回线倒换至单极大地回线。

（3）中性母线开关：与MRTB和ERTB配置于双极公共区域不同，NBS安装于各极中性母线回路中，用于开断中性母线直流电流。

2. 直流转换开关操作模式

以昆柳龙直流输电工程单极为例，介绍直流接线方式的转换模式。在正极处于解锁状态时，可以使用大地回线作为回路，亦可将负极直流线路作为金属回线构成回路，两种回路之间的切换需要MRTB与ERTB的协调配合。多端直流系统单极运行方式示意图如图7-4所示。

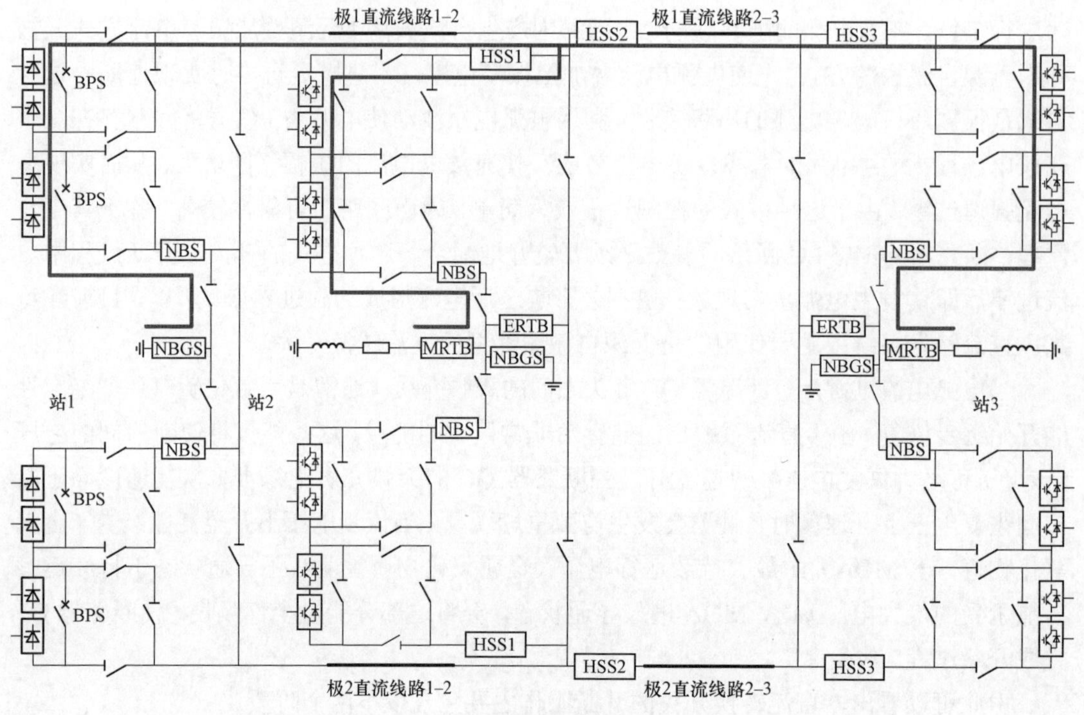

(a) 单极大地回线运行方式

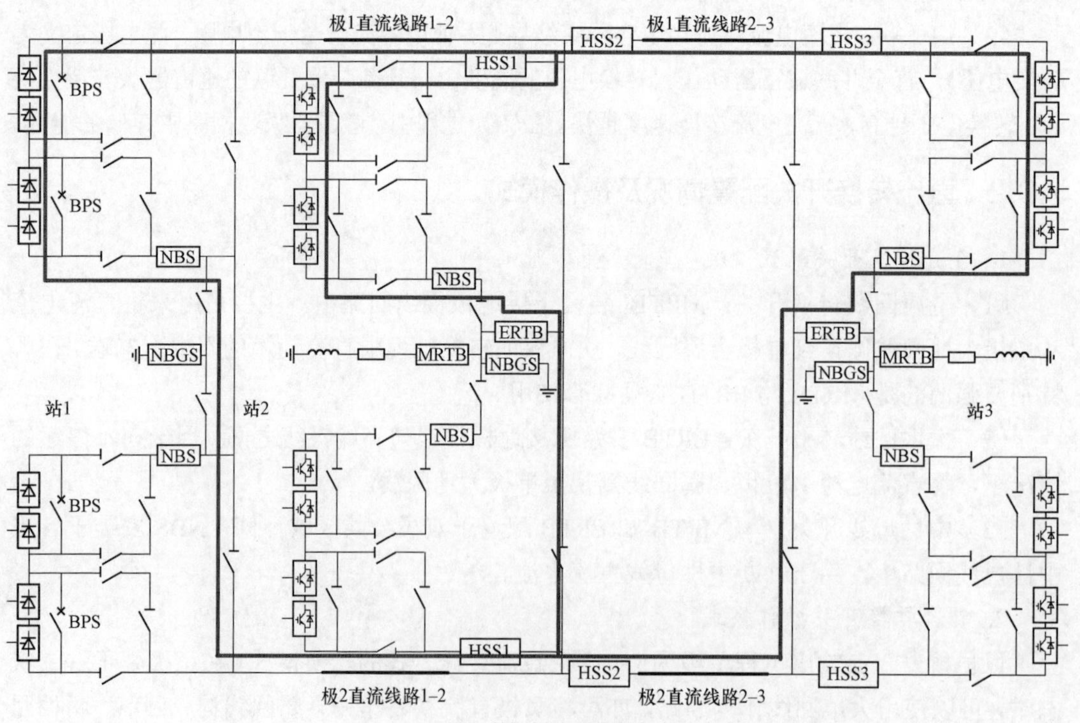

(b) 单极金属回线运行方式

图 7–4 多端直流系统单极运行方式示意图

如图 7-4 所示，以昆柳龙直流输电工程单极运行方式为示例，大地回线运行方式下，各站点通过接地极接地，形成单极大地电流回路。金属回线运行方式下通过合上整流站（站 1）高速接地开关 NBGS 作为电位参考点，在 2 个逆变站（站 2 和站 3）均设置大地回线转换开关 ERTB 和金属回线转换开关 MRTB，用以在大地回线和金属回线相互转换时切断原电流回路，实现电流的转换。直流系统运行时进行大地回线和金属回线转换的顺控步骤如图 7-5、图 7-6 所示。

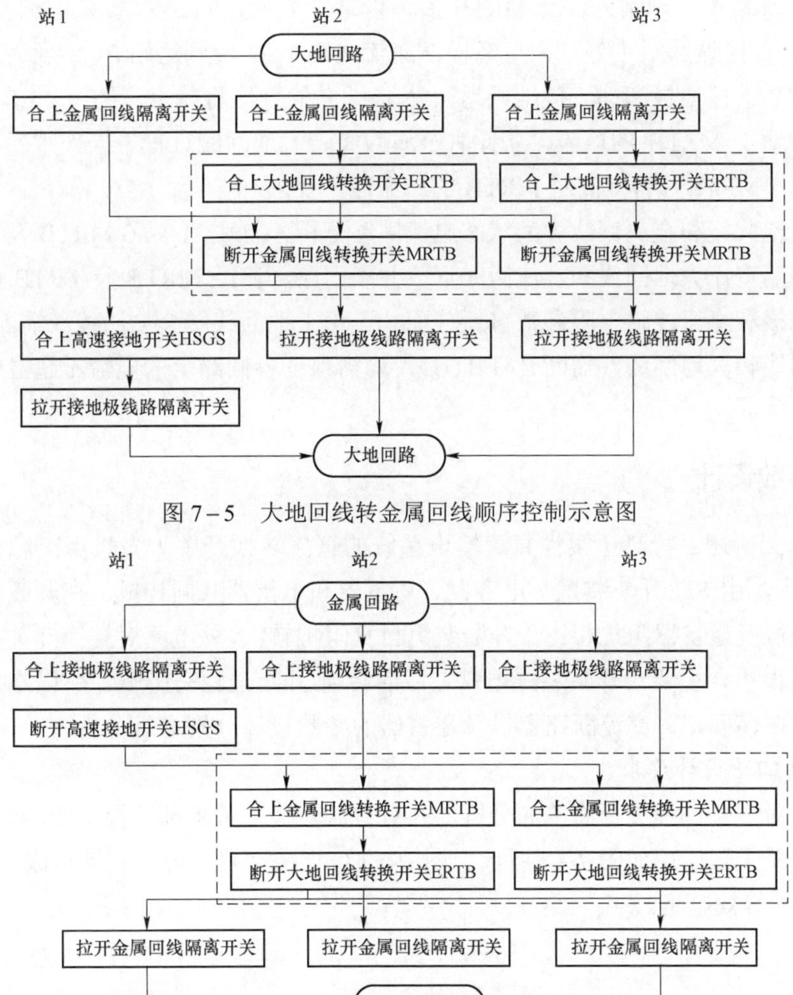

图 7-5　大地回线转金属回线顺序控制示意图

图 7-6　金属回线转大地回线顺序控制示意图

由于站 2 和站 3 在大地回线和金属回线相互转换过程中合上或断开 ERTB 和 MRTB 顺序不同，在多端直流系统各站间形成复杂电流回路，使得各站间大地回线和金属回线的分流不同，因此也对 ERTB 和 MRTB 的断流能力要求有所提高。

3. 转换过程电流路径分析

（1）大地回线转为金属回线过程电流回路分析：在大地回线转为金属回线运行过程

中，当站 2 或站 3 任一逆变站（具备转换开关）先合上 ERTB 后，以站 2 为例，站 3 的直流电流除了可通过站 3 接地极和站 1 接地极返回站 1（大地回线）外，还可经站 3 接地极流入站 2 接地极，并从极 2 直流线路 1–2 段返回站 1。站 3 的分流将减少流经站 2 MRTB 的电流，并增加流经站 2 ERTB 的电流，此时如果大地回线转金属回线操作中断，返回大地回线断开站 2 ERTB，将增加对 ERTB 的断流能力要求。

（2）金属回线转为大地回线过程电流回路分析：在金属回线转为大地回线运行过程中，当站 2 或站 3 任一站先合上 MRTB 后，以站 2 为例，站 3 的直流电流除了通过极 2 直流线路 1–3 段返回站 1 外，也可经极 2 直流线路 1–2 段到达站 2，并经站 2 ERTB、MRTB 及站 2 的接地极和站 1 接地极返回站 1。站 3 的分流将减少流经站 2 ERTB 的电流，并增加流经站 2 MRTB 的电流，若此时金属回线转大地回线过程中操作中断，返回金属回线断开站 2 MRTB，将提高对 MRTB 的断流能力要求。

（3）大地回线和金属回线中间状态电流回路分析：当站 2、站 3 MRTB 及 ERTB 均在合位时，多端直流大地回线和金属回线形成并联回路，流经 MRTB 及 ERTB 的电流将根据各站接地极和直流线路电阻参数重新分配。无论大地回线转金属回线（需断开 MRTB）还是金属回线转大地回线（需断开 ERTB），均需保证各回路上的电流不超过转换开关的断流能力。

7.2.3 参数设计

依据前文所述，特高压柔性直流输电系统的直流转换开关大多采用无源型结构，如图 7–3 所示，由 SF_6 开断装置、电容器、避雷器和电抗器共同构成。在开断过程中，由于外电路阻抗及避雷器阻抗相比于开断装置自身阻抗较大，外电路对转换开关开断装置燃弧过程影响很小，主要对开断装置熄弧之后的转换/开断过程有影响。所以本部分对直流转换开关的振荡回路、交流断路器以及避雷器的参数设计分别进行分析。

1. 振荡回路设计要求

下面将对熄弧过程进行简单的分析，并对直流转换开关各部件提出明确的设计要求。

转换开关振荡原理如图 7–7 所示。图中，LC 振荡回路与开断装置组成二阶电路，R 为 LC 回路的等效电阻。

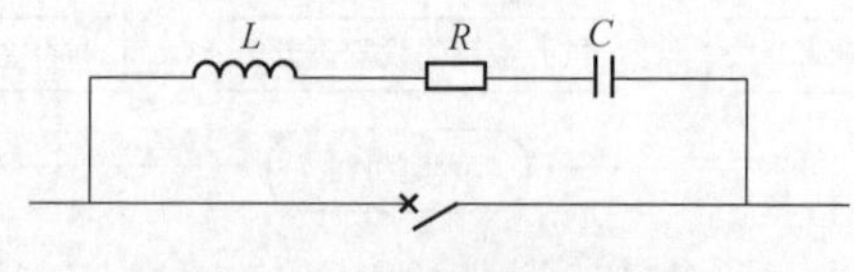

图 7–7　转换开关振荡原理

流过 LC 回路的电流为 I_{LC}，外电路直流电流为 I_d，则流过开断装置的电流 $I_{BRK}=I_d-I_{LC}$。假设开断装置拉开后其两端电弧电压为 u_{arc}，则

$$LC\frac{d^2u_c}{d^2t^2}+RC\frac{du_c}{dt}+u_c=u_{arc} \tag{7-1}$$

开断装置电流过零熄弧所需具备的约束条件如下：

1）要想获得振荡电流，二阶电路需处于欠阻尼状态，即

$$R < \sqrt{L/C} \tag{7-2}$$

2）一定时间内 LC 回路振荡电流幅值应超过直流电流，才可使流过开断装置的电流过零完成熄弧。

$$u_{c} = u_{arc} | Ae^{-\delta t}\sin(\omega t | \beta)| \tag{7-3}$$

式中：$\delta = R/2L$；$\omega = \sqrt{(R/2L)^2 - (1/LC)}$；$\beta = \arctan(\omega/\delta)$；$A = U_0\omega_0/\omega$；$\omega_0 = \sqrt{\delta^2 + \omega^2}$

LC 回路电流

$$I_{LC} = C(du/dt) \tag{7-4}$$

当 LC 振荡电流幅值大于直流电流时，开断装置电流过零可完成熄弧，则有

$$I_{LC} = C\frac{du_{arc}}{dt} + C\frac{d[Ae^{-\delta t}\sin(\omega t + \beta)]}{dt} > I_d \tag{7-5}$$

由此，LC 回路中电容值越大，振荡回路电流幅值越大，振荡频率越高。开断装置电弧电压随时间变化越大，振荡幅值越大。该结论可对 LC 振荡回路的电容电感值的选取以及开断装置的设计进行指导。

具体为：LC 振荡回路选取应在开断装置燃弧过程中产生足够的振荡电流，使开断装置上的电流产生过零点熄弧。同时，在开断装置熄弧后，电容值的选取还应考虑直流电流流过 LC 回路时，直流转换开关端的电压上升率不应过高，避免过高的电压上升率引起开断装置重击穿。

2. 开断装置（交流断路器）设计要求

由前文分析以及直流转换开关在系统中的功能要求可知，开断装置应满足以下要求：

1）在一定电流下，其电弧电压幅值及随时间的变化率应尽可能大。

2）开断装置 du/dt 耐受能力要达到一定的要求。

3）转换开关与开断装置之间应具备联锁功能。

3. 避雷器的选取

避雷器由氧化锌电阻片（MOV）串并联组成。在转换过程中，能量主要依靠避雷器来吸收，避雷器特性曲线的拐点水平决定直流转换开关的转换电压大小。避雷器的转换电压影响转换时间，转换电压越高，转换时间越短。避雷器的转换电压还应与直流系统中性线区域最大直流电压和避雷器保护水平相配合。避雷器的转换电压决定直流转换开关端间绝缘水平，转换电流和转换电路中的阻抗值决定避雷器额定吸收能量的大小。

7.3 直流旁路开关

直流旁路开关跨接在一个或多个换流阀直流端子间，在换流阀退出运行过程中将换流阀短路，在换流阀投入运行过程中把电流转移到换流阀中。以昆柳龙直流输电工程为例，

其配置如图 7-1 所示。

7.3.1 直流旁路开关结构与特点

图 7-8 直流旁路开关

直流旁路开关如图 7-8 所示，该开关为单柱双断口结构，包括灭弧室（断口配置并联阻容）、绝缘支柱、操动机构等，外形呈 T 形布置，每台开关配置一台液压弹簧操动机构。

直流旁路开关具有以下特点：

（1）优越的电气性能：旁路开关绝缘水平高，通流能力大。

（2）结构简单：旁路开关本体、支柱和操动机构实现模块化，结构简单。

（3）安装调试方便：旁路开关本体和操动机构采用直动连接方式。

（4）可靠性高：旁路开关采用液压操动结构，具有响应快、可靠性高、输出功率大等优势。

7.3.2 直流旁路开关工作原理

1. 灭弧室操作时序

灭弧室采用气吹压力和开断电流自适应的灭弧原理，它由灭弧室套管、静触头系统、动触头系统等组成。

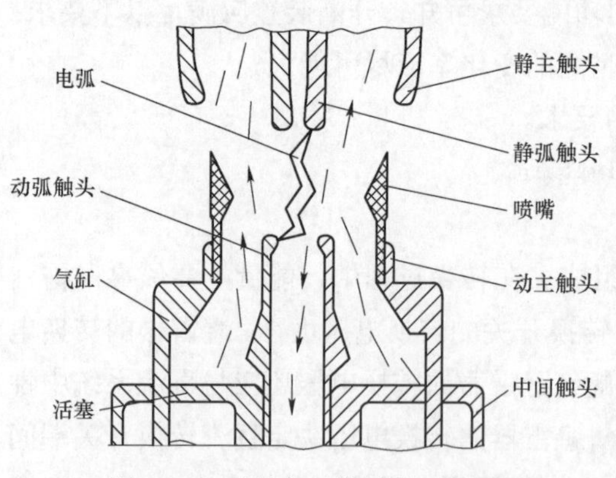

图 7-9 灭弧室工作原理示意图

分闸时，液压操动机构向上推动绝缘拉杆，经躯壳内的传动拐臂变换，使动触头向远离静触头的方向运动，当动、静弧触头脱离，其间产生电弧，与此同时利用静弧触头的阻塞效应和电弧加热气体的热膨胀效应，迅速提高灭弧室的气吹压力，带走电弧所产生的巨大热量；当电弧电压为零时，电弧自动熄灭，如图 7-9 所示为灭弧室工作原理示意图。

合闸时，液压机构向下拉动绝缘拉杆，这时所有的运动部件按分闸操作的反方向动作，冷却后的 SF_6 气体进入压气缸，动触头最终到达合闸位置。

2. 合闸操作时序

在分闸位置时，接通合闸电磁阀，换向阀切换至合闸状态，差动活塞的底部与高压油接通，在差动原理作用下，快速向下合闸并带动辅助开关切换，断开合闸回路，为分闸做好准备。

3. 分闸操作时序

在合闸位置接到分闸命令，分闸电磁铁动作，换向阀切换至分闸位置，差动活塞高压油通过换向阀连通至低压油箱，在差动活塞上端常高压的作用下，活塞快速向上运动分闸，并带动辅助开关切换，切断分闸回路，为下次合闸做好准备。

7.3.3 参数设计

1. 外绝缘子选择

特高压直流旁路开关对爬电比距的要求严格，沿用传统交流绝缘子的设计思想难以满足工程需求，并且户外直流场的应用环境所产生的积污特性进一步提高了对爬电比距的需求。

特高压直流工程对户外设备绝缘的需求：复合外绝缘爬电比距（大小伞）不小于45mm/kV；瓷涂RTV爬电比距（大小伞）不小于48mm/kV；纯瓷爬电比距（大小伞）不小于64mm/kV。

根据以上工程外绝缘参数，如果采用纯瓷绝缘子作为特高压直流旁路的外绝缘，对地绝缘约16m，单个灭弧室长度约5m，结构比较庞大。随着产品高度增加，绝缘子的制造难度及价格都将大大增加，而且过高的绝缘子会使产品整体抗震性能有所下降。

复合绝缘子具有重量轻、强度大和自洁能力强等特点，在灭弧室绝缘子内壁进行防腐涂层，可以有效防止SF_6分解物的腐蚀，在支柱及灭弧室绝缘子上有着广泛应用，能够提高线路运行的可靠性。因此采用复合绝缘子作为直流旁路开关外绝缘是最优方案。

2. 断口均压元器件选择

交流双断口断路器在分闸状态时，串联断口相当于两个电容器串联在一起，这是由于存在电压降，两个串联断口间会产生电位差，电压分布不均匀。为消除这种不平衡，给串联的两个断口再并联一个大的电容，向其他两个串联在一起的电容同时充电，使得断口间电压分布趋于均匀。

直流旁路开关在双断口串联情况下，由于电容器的隔直特性，电容分压不能用于直流电路中，它对直流电压不存在分压衰减作用，所以应采取其他措施对直流断口进行分压。

阻容并联分压器是在电阻分压器基础上，为了增大分压器的纵向电容，改善分压器上的电位分布，减小对地杂散电容的影响，提高分压器的响应特性而设置的，而且良好的阻容并联分压器具有幅频特性好、线性度高等优点。

3. 力学特性分析

直流旁路开关是典型的“头重脚轻”的T字形布置形式，现对典型的816kV直流旁路开关（整体尺寸为6200mm×1500mm×17040mm，重心高度为11360mm，总质量为3450kg，材料以铝合金5A02、玻璃钢为主）静载荷、风载荷及覆冰载荷作用下，支柱复合套管的力学性能进行分析。静负载主要包括灭弧室套管两端的拉力及自身重力，其中灭弧室套管的静拉力3个方向分别为2000、3500N和3500N，灭弧室总装重力为9000N。风载荷按照最大迎风面积进行核算，设计风速为34m/s，覆冰厚度为20mm。

采用Solid88实体单元建模仿真后得出，直流旁路开关在上述载荷的环境下发生形变，支柱复合套管最大等效应力出现在玻璃钢筒与下法兰黏结处，最大等效应力为 15.96MPa，支柱套管上法兰处变形量最大，其变形值为 107.06mm，满足强度要求。

7.4 直流高速开关

在特高压多端直流输电系统中，通过直流高速开关（HSS）操作来实现柔性直流换流站的在线投退。

HSS 作为特高压多端混合直流工程中的关键设备，其工作特性直接影响多端混合直流系统的安全稳定运行，有必要明晰 HSS 的基本结构、特点及工作原理，明确其关键技术参数及其制约因素，为 HSS 的运维提供理论依据。

7.4.1 结构与特点

直流高速开关是多端直流输电系统中的关键设备，能够关合、承载和开断规定条件下的直流电流，还可起快速隔离电网故障的作用。其本质是一种改进的交流断路器，具备一定的电流开断能力，但不能开断较高的直流电流。配置直流高速开关可实现直流系统的第三站在线投退及直流线路故障隔离，提高整个直流系统的可靠性和可用率。高速开关具体主要有以下三个方面的作用：

（1）直流系统运行于三端模式，需要进行检修或在站内发生故障等情况下退出对应端换流站，不影响其他换流站运行，直流系统转为两端模式。

（2）直流系统运行于两端模式，需要将已退出的换流站重新投入运行，不影响其他换流站运行，直流系统转为三端模式。

（3）发生直流线路永久故障或检修，对应换流站闭锁、直流线路电流降到一定值后，通过断开 HSS 实现直流线路故障隔离。

图 7－10　HSS 直流开关结构图

其结构如图 7－10 所示，HSS 主要由四个主要部件组成：① 开断单元（包括均压电阻）；② 支撑绝缘子；③ 操动机构；④ 支撑架构（支架、操作平台）。

（1）开断单元。开断单元用于开断电流，作为接通、断开电流以及电气隔离的核心部件，其作用尤为重要。目前常规的为 SF_6 压气式灭弧断路器，图 7－11 为该开断单元示意图。开断单元一般由两个双断口断路器灭弧室串联而成，每个灭弧室断口均带一个起均压作用的并联阻容，在灭弧室两端和躯壳上、下分别装有屏蔽环，起到均压和减少电磁干扰的作用。

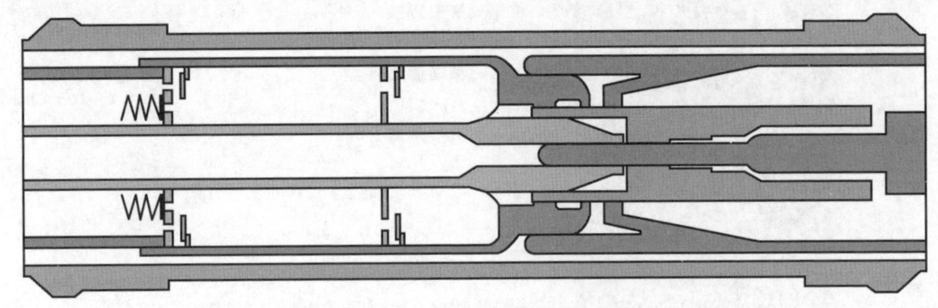

图 7–11 SF_6压气式灭弧断路器开断单元示意图

（2）支撑绝缘子。复合绝缘子由两片式陶瓷支持绝缘子组成，绝缘子内部空心带有绝缘拉杆，用于连接操动机构和开断单元，支撑绝缘子可安装均压环，如图 7–12 所示。

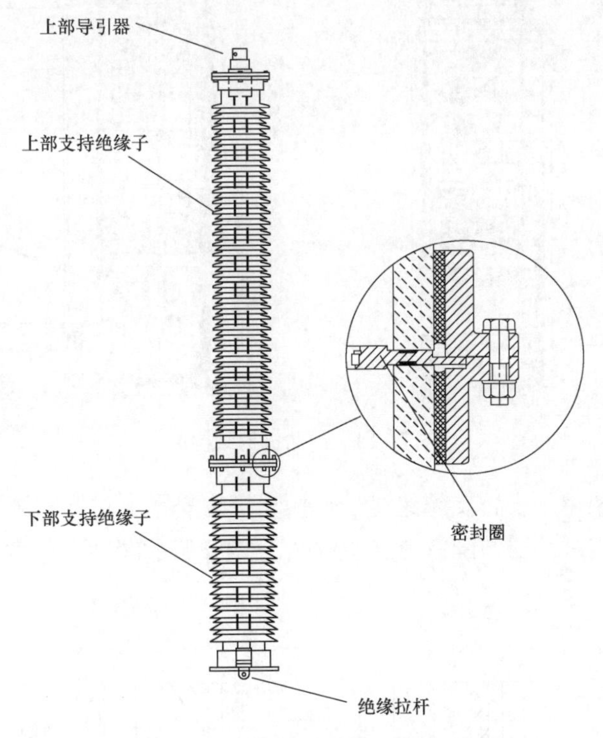

图 7–12 支持绝缘子结构

（3）操动机构。目前采用的弹簧操动机构由带电机驱动操动机构，主要包括为弹簧蓄能的电机、电气连锁防误动的连锁装置、脱扣器、缓冲器、辅助触点、防止冷凝的加热器。电机驱动操动机构在每次合闸操作后自动为合闸弹簧储能。操动机构通过合闸脱扣器保持合闸弹簧处于储能的状态，为断路器的合闸以及脱扣弹簧的蓄能做好准备。分闸脱扣器使合闸状态断路器和储满能量的分闸弹簧保持在可以即使开闸的状态。图 7–13 与图 7–14 分别为操动机构的实物与结构示意图。

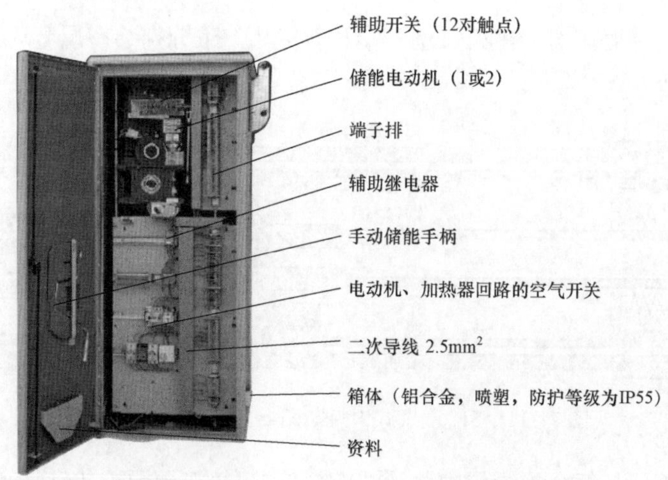

图 7－13　操动机构实物图

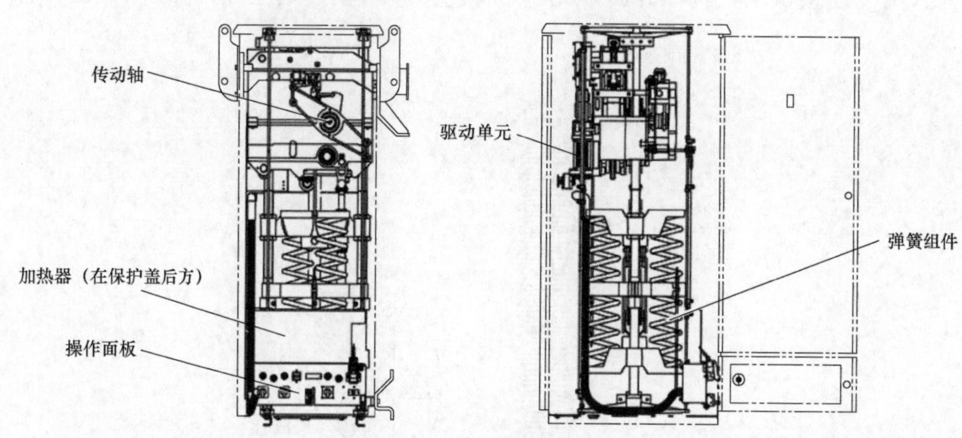

图 7－14　操动机构结构图

（4）架构。支架用于安置支撑绝缘子，操动机构安置于支架一侧，如图 7－15 所示。支架底座可添加地震缓冲器，配有 BLG1002A 分闸弹簧的缓冲器示意图如图 7－16 所示。

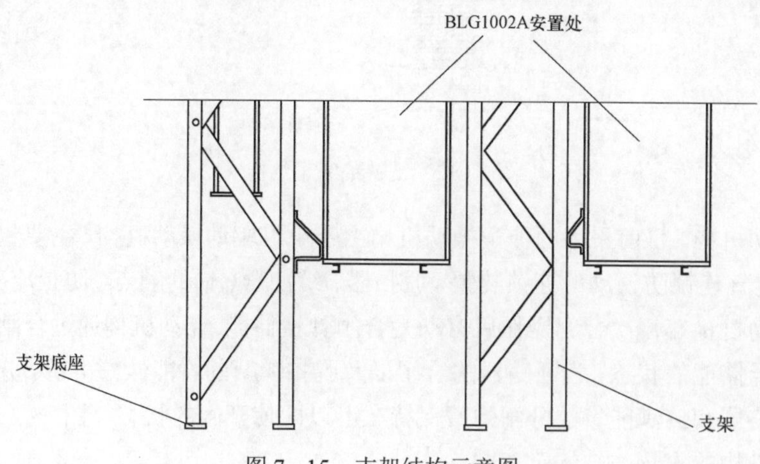

图 7－15　支架结构示意图

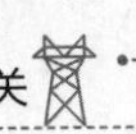

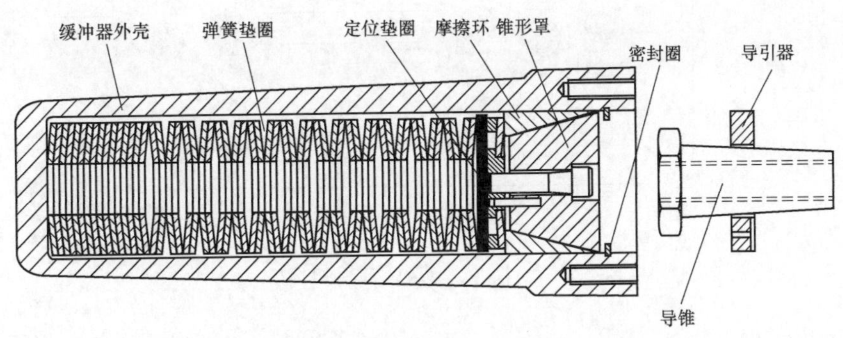

图 7–16　缓冲器示意图

7.4.2　工作原理

1. 开断单元的分合闸动作

开断单元内部结构如图 7–17 所示。在分闸操作中，拉杆向固定活塞牵引压气缸，压缩密封气体容积使密封气体以高速喷出喷嘴并喷向灭弧触点。在灭弧触点分离时，出现高电流电弧阻断喷嘴的情况。在电流接近电流零点通道时，气体开始从压气缸流出。喷嘴保证气流只喷向导向电弧，使得气体快速通过活动灭弧触点以及固定灭弧触点之间。电弧在冷却后熄灭，之后切断电流。

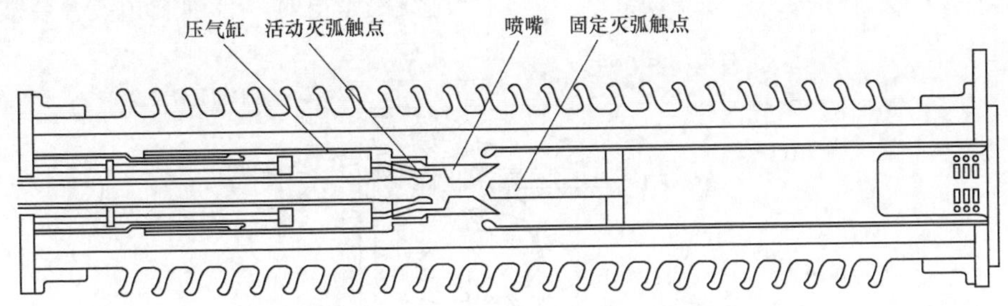

图 7–17　开断单元内部结构

合闸操作中，压气缸向外滑动，触点咬合，压气缸重新充满气体。

2. 双操动机构的分合闸操作逻辑

操动机构由带电动机驱动操动机构的合闸弹簧组成，在收到分合闸指令后动作，弹簧操纵空心绝缘子中的绝缘拉杆，控制动触头动作，完成开断单元的分合动作。操动机构控制面板如图 7–18 所示。

在正常操作时，“本地/远程/断开连接”开关设置在“远程”位置以实现电气远程操作。在设置为“本地”时，可使用“合闸/分闸”控制开关执行操作。“断开连接”设置用于维护。分合闸状态对应的五联箱如图 7–19 所示。

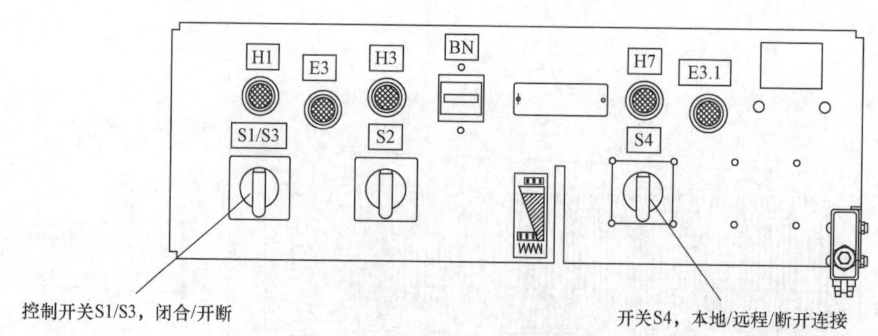

图 7-18　操动机构控制面板

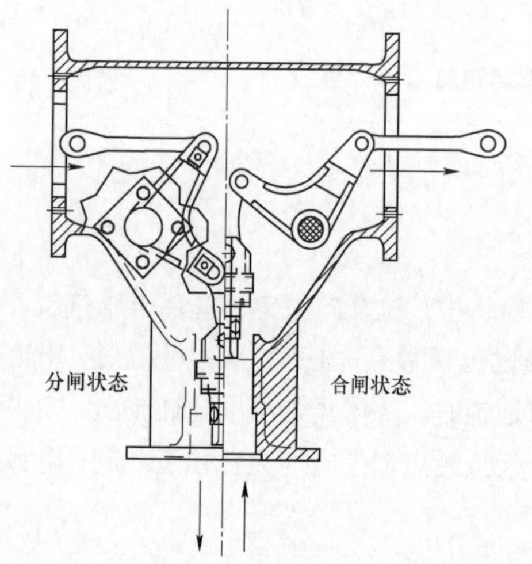

图 7-19　分合闸状态对应的五联箱

（1）分闸。开关在“本地”位置，并且气体密度大于闭锁水平时，可对已合闸开关执行分闸操作。当分闸线圈带电时，分闸脱扣装置会被释放。分闸弹簧通过拉杆牵引分闸拐臂转动。在分闸拐臂靠上凸轮盘之前，终点位置上的缓冲器会阻止其运动。合闸弹簧仍然保持蓄能状态。分闸操作如图 7-20 所示。

（2）合闸。“本地/远程/断开连接”开关设置在“远程”或“本地”位置。合闸弹簧在蓄满能状态，断路器在分闸位置，气体密度大于闭锁水平，可对已分闸开关执行合闸操作。当合闸线圈带电时，合闸脱扣装置会被释放。

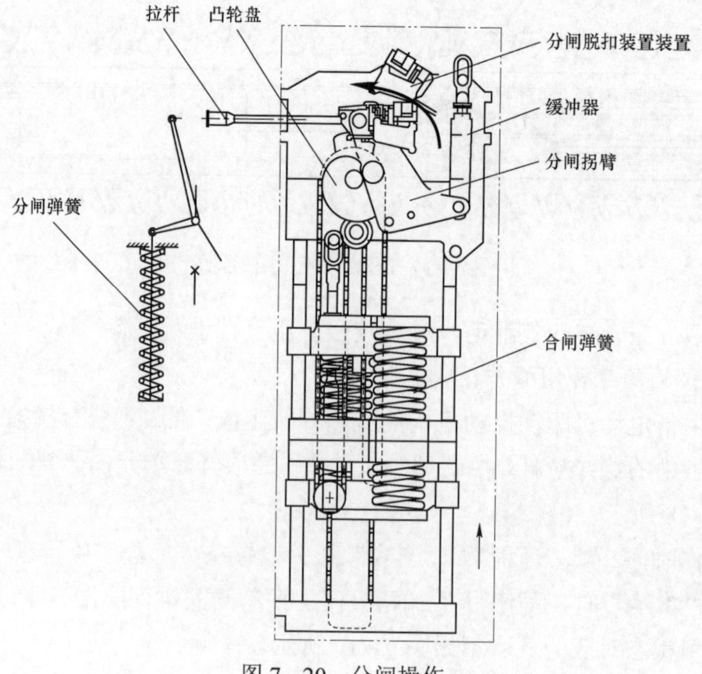

图 7-20　分闸操作

链条释放，并把能量从合闸弹簧传递给凸轮盘。凸轮盘顺时针旋转 360°把分闸拐臂向右推，直到分闸脱扣器咬合。由终点位置上的缓冲器阻止该运动，分闸弹簧通过拉杆蓄能。合闸操作如图 7-21 所示。

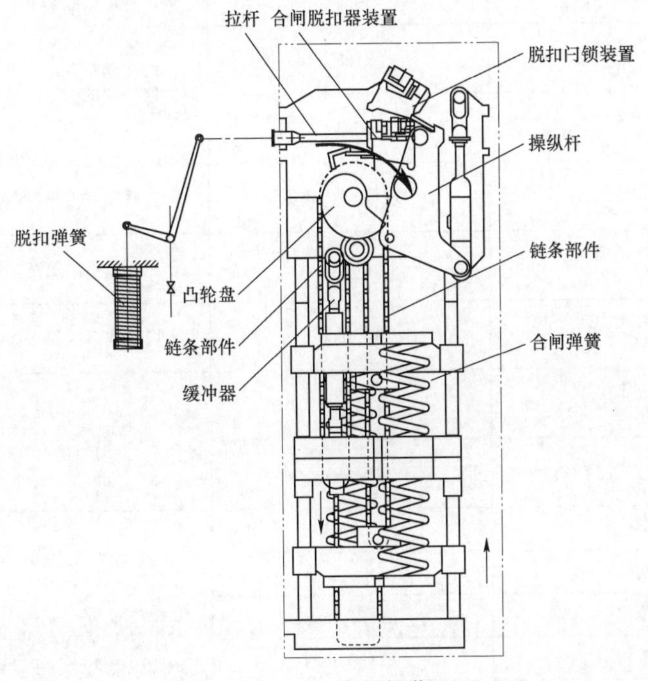

图 7-21　合闸操作

（3）自动重合闸。满足以下条件时，可执行自动重合闸：断路器已合闸；“本地/远程/断开连接”开关设置在“远程”位置；在操作周期开始时，操动机构的合闸弹簧完全蓄能。

在 HSS 动作后，若电网中仍然有短路故障存在，换流站的继电器设备可提供一个即时的分闸控制。因为控制电路通过辅助触点电动联锁，即使在已经对当前的合闸位置提供一个分闸电流的情况下，分闸操作仍然只能在合闸操作结束后进行，同时换流站内的继电器设备会产生延迟。

7.4.3 参数设计

典型的 HSS 技术参数见表 7-1。

表 7-1　典型的 HSS 技术参数

参数名称	参数数值	可能影响的事件
额定工作电压	816kV	耐受电压和过电流
额定连续运行电流	3496A	
额定短时耐受电流（3s）	50kA	附近线路或各站内出现短路故障
额定峰值耐受电流	125kA	

续表

参数名称	参数数值	可能影响的事件
最大直流开断电流	20A	金属回线的柔性直流站充电
端间长期耐受电压	400kV	投退过程中隔离开关故障或保护逻辑导致
最大对地直流电压（长期，湿试）	816kV	三站在无法联络、处于信息闭锁性状态时，取消保护连锁；电网单极运行时开关较长时间置空
最大对地直流电压（1h，湿试）	1224kV	
最大端间电压（1min，湿试）/（试验）	1224kV/800kV	第三站在线投退时隔离开关故障
额定对地操作冲击电压耐受水平	1600kV	金属回线下的第三站投入
额定端间操作冲击电压耐受水平	1050kV	金属回线下的第三站投入
额定对地雷电冲击电压耐受水平	1950kV	任何会造成瞬时电压冲击的故障与不当操作
额定端间雷电冲击电压耐受水平	1425kV	
合闸时间	＜60ms	自动重合闸 其他继电保护适配要求 故障未完全修复手动连续多次开断
分闸时间	20ms±2ms	
合闸速度范围	4.8～5.1m/s	
分闸速度范围	9.2～9.6m/s	
电机充电时间	最大 20s	
灭弧时间	409ms	
燃弧耐受能力	220V（DC）/3125A 400ms，5 次	开关偷跳
转移空充电流能力（DC）	单端口 500V，20A	转移空载线路
端对地爬距	40800mm	连降暴雨、沙尘、树枝鸟粪污染
端间爬距	20400mm	
单次储能的操作循环	2×CO	手动操作后触发重合闸

根据系统工况的要求，HSS 关键性能参数的配合要求非常高，主要如下：

（1）应具备标幺值不小于 1.05 系统额定输送容量的固有长期过负荷能力（最高环境温度下）。

（2）具备较强的直流燃弧耐受能力。

（3）具备转移直流线路空充电流的能力。

（4）具备较高的分闸速度、可靠的机械动作特性，不发生拒动、误动。

常规参数在此不做赘述，接下来对设备关键参数进行说明。

（1）端间电压。指设备处于断开状态，开断单元一端通直流电，另一端接地，两端口间的耐受电压。

（2）对地电压。指设备处于闭合状态，开断单元一端通直流电，另一端置空，端口通过开断单元、支撑绝缘子、架构与地面间的耐受电压。

（3）额定短时耐受电流（3s）。为 HSS 所需承受的额定短路电流，额定峰值耐受电流为额定短路电流的峰值。

（4）额定峰值耐受电流。为额定短路电流中的最高峰值，它约为额定短时耐受电流的 2.5 倍，与短时耐受电流一起代表 HSS 对短路电流的耐受能力。

（5）转移空充电流能力。即直流空充电流开断性能，指在多端直流闭锁后，HSS 执行分闸操作后所具备的，开断极母线直流残余电流，转移空载线路对地容性电流的能力。HSS 需要拉断额定电压直流空载线路，即断口拉开后断口间电压为额定直流电压，如果此时流过的电流没有过零点，断口两侧的电压会使得电弧无法熄灭，该参数表征此时可拉开的直流电流。

（6）燃弧耐受能力。即灭弧室内部长时燃弧耐受能力，指 HSS 在合闸投入直流系统运行状态下出现偷跳，或者 HSS 执行分闸命令后弧触头出现电弧重燃，导致灭弧室需具备一定时间段内耐受额定电弧的能力，保证开关灭弧室及支柱套管气压能保持在试验前压力，且不发生爆裂或密封失效现象。电流主要考虑 HSS 偷跳至阀组闭锁阶段所需承受的直流电流；时间考虑开关偷跳后，HSS 重合、闭锁阀组通信延时及一些裕度；耐受次数主要考虑在一次燃弧后 HSS 可继续运行，满足不轻易停电更换灭弧室，且考虑弹簧操动机构故障较多，各厂家产品都发生过误动，偷跳工况较常见。

（7）最大对地直流电压（长期，湿试）。代表在 HSS 在长时间运行状态下的耐受电压。中国南方多降雨，相较于干试电压，湿试电压更具有实际参考价值。

（8）最大对地直流电压（1h，湿试）。代表若发生故障致使电压升高 HSS 所能承受的电压，是表征单开断口与 HSS 的支持绝缘子的耐压水平参数。考虑到 HSS 配套隔离开关拒动工况下，HSS 一端需长期承受直流电压。其中 1h 为考虑到人工操作所需要的一定的时间，交由现场反应以处理隔离开关故障。

（9）最大端间直流电压（湿试）。指 HSS 分闸状态下端间耐受系统电压差的绝缘水平。

（10）额定的端间操作（或雷电）冲击电压。均指 HSS 的双端口所能承受的冲击电压，由于两种电压的波形特性不同，所以 HSS 的耐受数值也不同。

（11）端对地爬距、端间爬距的大小代表着对绝缘材料表面可能出现的污染物出现爬电现象的抵抗能力，这部分参数的设定需要参考 HSS 安置处的工程气象数据，以及 HSS 本身绝缘子材质。我国南方多降雨，既要考虑安置点周围动植物可能对绝缘子产生污秽的可能性，还要注意空气湿度与降雨的影响。

（12）分合闸时间。提高分合闸速度对灭弧室开断与防止触头烧蚀有正向作用，但速度的提升增加了对机械的可靠性要求。目前工程中 HSS 与其他隔离开关配合，隔离开关动作时间为秒级，保护动作时序也较长几百毫秒，所以单独提升分合闸时间意义不太大。

（13）单次储能的操作循环。指 HSS 操动机构一次储能可以实现合分闸操作循环次数的能力。HSS 的灭弧室过长无法实现单机构控制，因此目前 HSS 均采用双机构控制，为了满足储能的循环次数要求，对储能的要求比常规交流断路器高。

7.5 风险因素分析及防范措施

7.5.1 直流旁路开关

1. 直流旁路开关导致单阀组跳闸

（1）闭锁隐患。

1）双阀组投运时，直流旁路开关灭弧室绝缘子脏污等原因造成外部闪络，此时功率模块电容通过故障回路短接放电，桥臂过流保护动作闭锁单阀组。

2）双阀组投运时，直流旁路开关 SF_6 气体微水严重超标，断口内部击穿，此时功率模块电容通过故障回路短接放电，桥臂过流保护动作闭锁单阀组。

3）双阀组投运时，高端直流旁路开关控制电缆芯线受潮或老化绝缘降低，电流窜入合闸控制回路造成开关偷合，直流高压母线电压 U_{DCH} 与高低阀中点电压 U_{dM} 满足 $|U_{DCH}-U_{dM}|<30kV$ 时，直流低电压保护动作闭锁高端单阀组。低端直流旁路开关控制电缆芯线受潮或老化绝缘降低，电流窜入合闸控制回路造成开关偷合，此时功率模块电容通过故障回路短接放电，桥臂过流保护动作闭锁单阀组。

（2）预控措施。恶劣天气时，直流场一次设备易发生放电等情况，应加强监视，视实际情况，采取降压运行。每年停电期间，对直流旁路开关灭弧室绝缘子定期进行绝缘子盐密检查和绝缘子探伤。必要时外绝缘表面喷涂 PRTV 涂料，提高绝缘性能。每年至少对直流旁路开关内部 SF_6 气体微水进行一次检测，对微水超标设备及时进行干燥处理及气体更换。每年对直流旁路开关控制电缆芯线进行线间及对地绝缘电阻测量。

2. 直流旁路开关支柱绝缘子绝缘故障引起单极跳闸

（1）闭锁隐患。

1）旁路开关支柱绝缘子伞群老化、脏污等原因造成外部对地闪络，直流差动保护动作闭锁相应极。

2）旁路开关 SF_6 气体微水严重超标，绝缘拉杆受潮，绝缘降低造成内部对地击穿，直流差动保护动作闭锁相应极。

（2）预控措施。

1）恶劣天气时，直流场一次设备易发生放电等情况，应加强监视，视实际情况，采取降压运行。每年停电期间，对旁路开关支柱绝缘子定期进行绝缘子盐密检查和绝缘子探伤。必要时外绝缘表面喷涂 PRTV 涂料，提高绝缘性能。

2）每年至少对旁路开关内部 SF_6 气体微水进行一次检测，对微水超标设备及时进行干燥处理及气体更换。

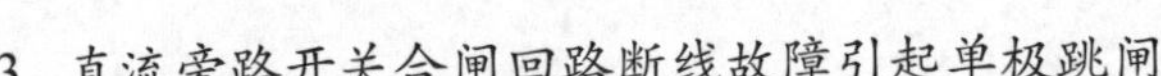

3. 直流旁路开关合闸回路断线故障引起单极跳闸

（1）闭锁隐患。直流旁路开关 SF_6 气体压力低于 0.5MPa，合闸回路断开；直流旁路开关合闸回路端子松动脱落，合闸回路断开；直流旁路开关打压电机电源开关跳开，碟簧缓慢释能，当开关油压低于合闸闭锁压力时，合闸回路断开。收到保护性退阀组或在线退阀组命令后，旁路开关拒合，旁路开关电流 I_{dBPS} 及直流高压母线电流 I_{DCH} 满足：$I_{dBPS}<50A$ 和 $I_{dCH}>150A$ 时，旁路开关保护动作单极闭锁。

（2）预控措施。定期巡视、抄录 SF_6 压力值，若发现 SF_6 压力偏低或已发告警信号，应及时申请进行停电检查处理，避免压力过低而闭锁合闸回路。每年对直流旁路开关控制回路进行端子紧固，确保紧固良好，无端子松动脱落。定期巡视、抄录油压压力并检查打压电动机空气开关在合位。

7.5.2 直流高速开关

1. 直流高速开关导致多站对应极闭锁

（1）闭锁隐患。在稳定断开工况中，对应换流站退出运行，仍在运行中的换流站直流线路电压保持不变，但退出运行的换流阀处于闭锁状态，其端对地电压由于极线 TV 电阻放电等原因逐渐降低，则直流高速开关配套的隔离开关拉开前，直流高速开关耐受的端间电压逐渐升高。若超过电压阈值，直流高速开关保护动作，多站对应极闭锁。

（2）预控措施。

1）提升高速开关与隔离开关和接地开关动作的连锁性，1min 内断开高速开关和至少一把隔离开关。

2）定期测试，标准的操作周期为分—0.3s—合分—3min—合分。在对所含合闸操作超过 3 次的断路器和继电器系统进行测试时，操作之间的时间不应短于 1min。

2. 直流高速开关机械故障导致闭锁

（1）闭锁隐患。绝缘陶瓷破裂、合闸和分闸弹簧脱钩、挤压形变等机械故障因素均可能导致直流高速开关拒动，最终导致多站对应极闭锁。

（2）预控措施。

1）定期检修绝缘子，在发现损坏后，必须更换绝缘子。存在绝缘子结构损坏的风险时，需在降低的气体压力下，即 0.125MPa 下执行断路器上的工作，防止其爆炸。

2）合闸和分闸弹簧中均储存有能量。严重振动或意外触碰机械部件都可能使操动机构脱扣，引起挤压伤害。在完成断路器的所有安装和调节前，不能打开操作操动机构或使分闸和/或合闸弹簧蓄能。

3）气体维护保养，在标准配置下，针对断路器操作的环境温度最低为−30℃，断路器极柱应注满 SF_6 气体（+20℃，0.7MPa）。在温度低于−30℃时，需要混合气体和特殊气压。

8 特高压柔性直流换流站直流测量设备

准确采集特高压柔性直流输电系统的直流电压电流量，是保证系统稳定运行、控制保护设备准确动作的基础，换流站直流测量装置主要包括电压互感器和电流互感器，主要测量的电气量包括极线电压、阀组间电压、极线电流、直流阀厅出线极线电流、启动回路电流、桥臂电抗器阀侧高端电流、桥臂电抗器阀侧低端电流等参数。

本章首先介绍换流站直流测量参数测量的需求；其次论述柔性直流系统中直流测量参数典型配置以及测量装置电压互感器、电流互感器、合并单元的结构组成、工作原理和特性；最后分析测量装置在应用中需要注意的问题，并提出相应的防范措施。

8.1 特高压柔直换流站直流测量系统概述

直流测量系统主要由直流电流测量装置、直流电压测量装置以及相关的传输回路设备组成。直流测量系统如图 8-1 所示，包括直流电流互感器、直流电压互感器，以及测量接

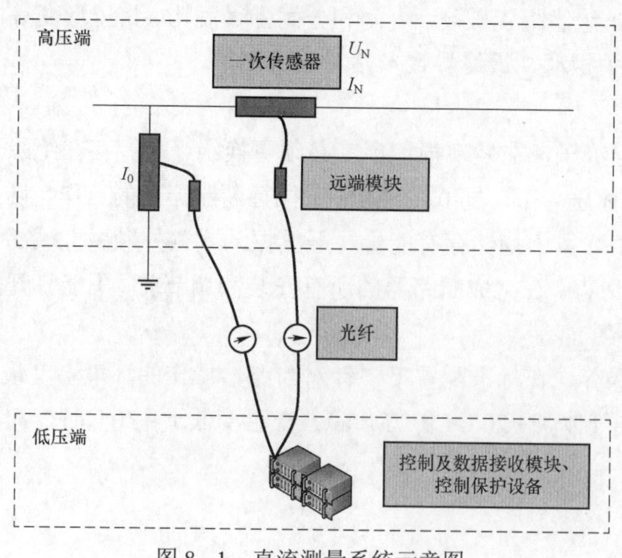

图 8-1 直流测量系统示意图

口单元。测量系统各测点测量值送至相应的直流测量接口屏后，再由光纤送至控制保护等系统。

根据特高压柔性直流换流站控制保护系统对换流站运行相关参数的需求，测量系统将在合适的测点对相关参数进行测量。如图 8－2 所示，需要测量的电流量主要包括直流线路电流 I_{dLH}、高压母线电流 I_{dCH}、阀侧 A/B/C 相电流 I_{VC}、直流极线电流 I_{dH}/I_{dL}、阀组旁路开关电流 I_{dBPS} 及阀组间电流 I_{dM}、直流中性母/线电流 I_{dN}/I_{dE}、接地极线电流 I_{dEE}、金属回线开关电流 I_{dMRTB}、站内接地开关电流 I_{dSG}、柔性直流变压器中性点直流偏磁电流 I_{dNY} 及桥臂电流 I_{bP}/I_{bN}。需要测量的电压量主要包括直流线路电压 U_{dL}、换流器间直流电压 U_{DM}、柔性直流变压器阀侧进线电压 U_v。采样获得的测量值经远端模块及合并单元送二次控制保护等设备。

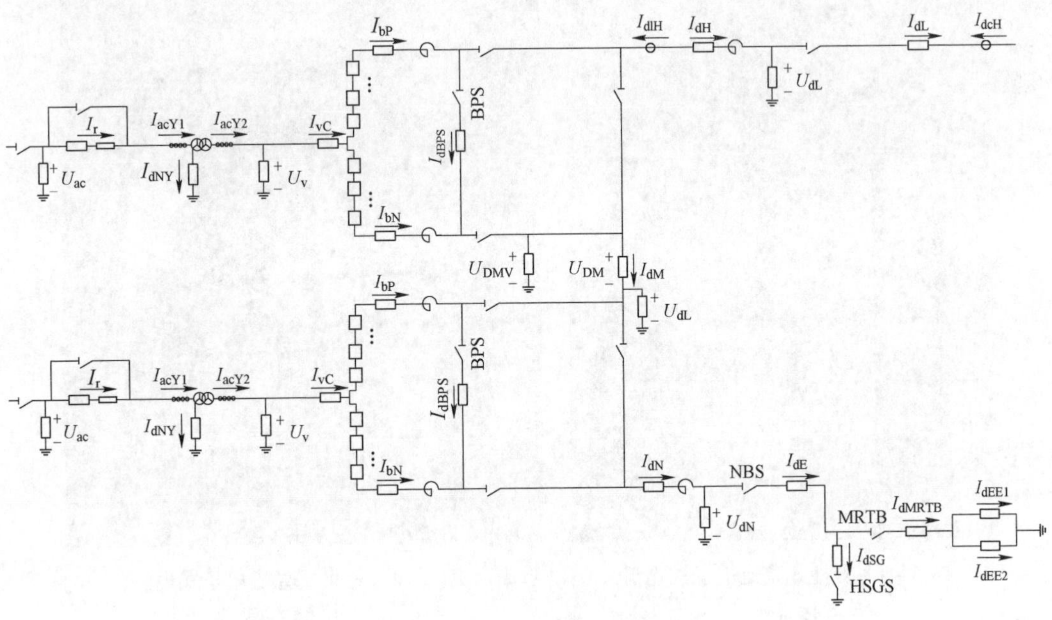

图 8－2 直流测量参数需求

8.2 电流测量装置

电流测量装置主要用于为直流控制保护设备提供电流信息。本节以昆柳龙直流输电工程为例，对工程中采用的三种主要电流传感器结构及其工作原理进行分析，包括直流电子式电流互感器、中性点直流偏磁电流互感器与直流纯光学式电流互感器。

8.2.1 直流电子式电流互感器

采用直流电子式电流互感器的电流量主要包括直流线路电流 I_{dLH}、高压母线电流 I_{dCH}、阀侧 A/B/C 相电流 I_{VC}、直流极线电流 I_{dH}/I_{dL}、阀组旁路开关电流 I_{dBPS} 及阀组间电流 I_{dM}、直流中性母/线电流 I_{dN}/I_{dE}、接地极线电流 I_{dEE}、金属回线开关电流 I_{dMRTB}、站内接地开关电流 I_{dSG}、柔性直流变压器中性点直流偏磁电流 I_{dNY} 及桥臂电流 I_{bP}/I_{bN}。

直流电子式电流互感器利用分流器对直流电流取样，利用基于激光供电技术的远端模块就地采集分流器的输出信号，通过光纤传送信号，采用复合绝缘子保证绝缘。

直流电子式电流互感器有悬吊式及支柱式两种结构，可以满足不同的现场安装需求。

支柱式直流电子式电流互感器外观如图 8－3 所示。悬吊式直流电子式电流互感器外观如图 8－4 所示。

图 8－3　支柱式直流电子式电流互感器外观

图 8－4　悬吊式直流电子式电流互感器外观

直流电子式电流互感器由锰铜合金制成的全对称鼠笼式分流器，等效为性能极其稳定的精密小电阻，具有测量准确度高、频带宽、响应快、无饱和、耐高温、温度系数小、抗氧化腐蚀等优点。

可根据工程需求配置多路独立冗余的测量通道，满足直流控制保护系统的配置需要，每个测量通道由独立的远端模块、光纤构成，任何一个通道故障不影响其他通道的信号输出，所有通道均有自检报警信号输出，当某一测量通道异常时，能够准确发出报警信号，并给控制或保护装置提供闭锁相关保护的信息。内部无油、无气，光纤传输达到一、二次设备完全隔离，不存在二次传递过电压风险。具有标准接口，可合并多路数据后发送，支持 IEC 60044－8 协议。

直流电子式电流互感器主要由一次传感器、电阻盒、远端模块、光纤绝缘子及合并单元组成，其内部结构如图 8－5 所示，信号传输回路由图 8－6 给出。

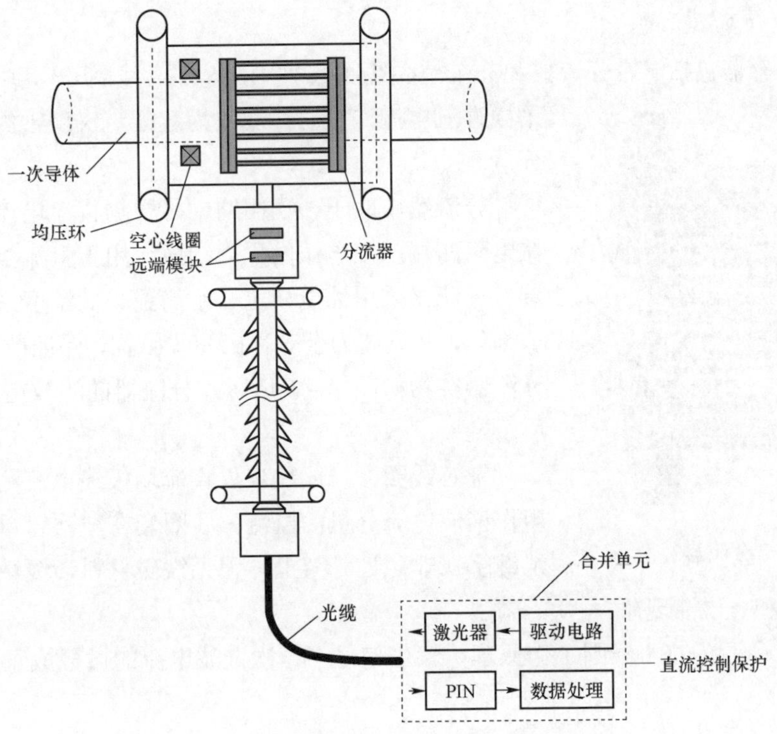

图 8－5　直流电子式电流互感器内部结构

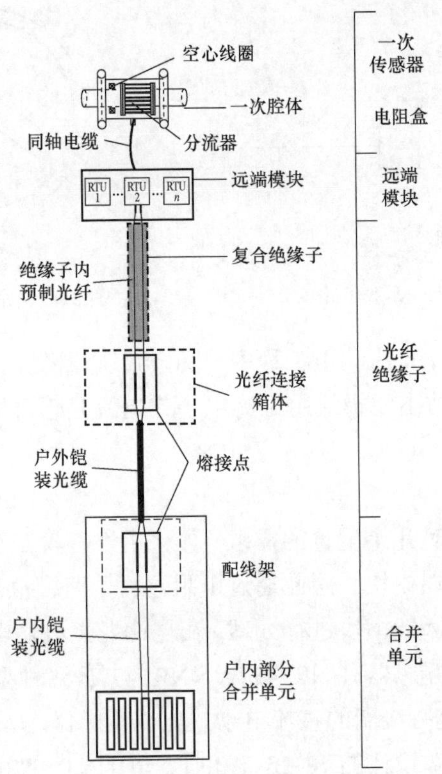

图 8－6　直流电子式电流互感器的信号传输回路示意图

1. 一次传感器

一次传感器包括一个分流器和一个空心线圈（即 Rogowski 线圈），其中分流器用于采样直流电流，空心线圈作为选配，仅用于测量谐波电流分量。

图 8-7 分流器实物

分流器串联于一次回路中，根据直流电流通过电阻时在电阻两端产生电压的原理制成，用于直流电流的传感测量。分流器采用性能稳定、耐高温、低温度系数的锰铜合金制作，并设计为全对称鼠笼式结构，保证散热、抗干扰。分流器实物如图 8-7 所示，分流器的等效电路如图 8-8 所示。

空芯线圈，一般仅户外直流场极线电流测点配置，仅用作谐波电流分量的监测。线圈套在一次管母上，二次绕组缠绕在非磁性骨架上，因无铁磁材料，线性度良好，不会发生磁饱和、磁滞现象。

图 8-9 所示为空心线圈工作原理，输出信号与一次谐波电流的微分成正比。

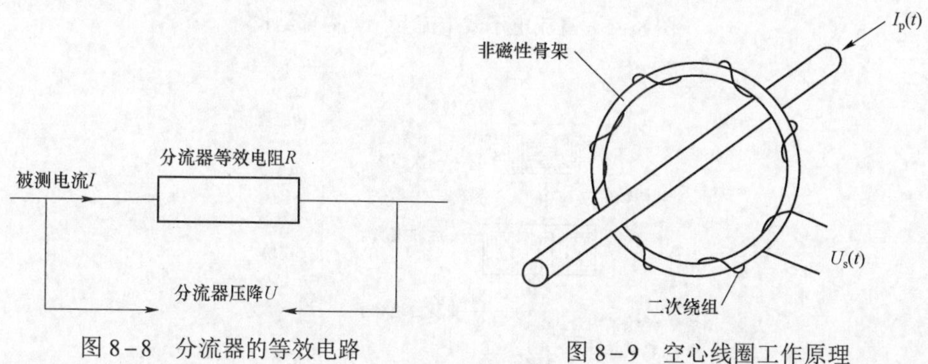

图 8-8 分流器的等效电路

图 8-9 空心线圈工作原理

需要注意的是，昆柳龙直流输电工程中，仅直流户外极线、汇流母线昆北换流站出线极线、汇流母线龙门换流站出线极线用直流电子式电流互感器配置单独的空心线圈，其他测点 TA 不配置空心线圈。

2. 电阻盒

考虑到直流保护系统对冗余配置的需求，如采用“三取二”配置，则每台直流电子式电流互感器将配置多个远端模块。因此通过电阻盒将一路模拟信号转换为多路信号输出，将多路模拟信号供给多个远端模块进行处理。在昆柳龙直流输电工程中，根据是否配置空心线圈，直流电子式电流互感器有 NR1477A、NR1477B 两种型号的电阻盒。

NR1477A 用于不带空心线圈的直流电子式电流互感器，如图 8-10 所示，分流器的输出信号接入双重冗余输入设计的 SHUNT_IN1、SHUNT_IN2 输入端，输入信号被等值分配给 CH1～CH12 共 12 个输出端。

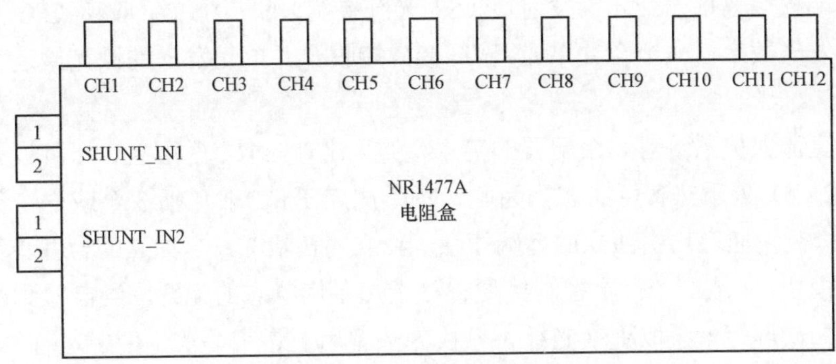

图 8-10 NR1477A 电阻盒示意图

NR1477B 用于带有空心线圈的直流电子式电流互感器，如图 8-11 所示，分流器的输出信号接入双重冗余输入设计的 SHUNT_IN1、SHUNT_IN2 输入端，罗氏线圈的输入信号接入 ROS_IN 输入端。SHUNT_IN1、SHUNT_IN2 的信号被等值分配给 CH1～CH10 共 10 个输出端，ROS_IN 输入端的信号等值分配给 CH11、CH12 两个输出端。

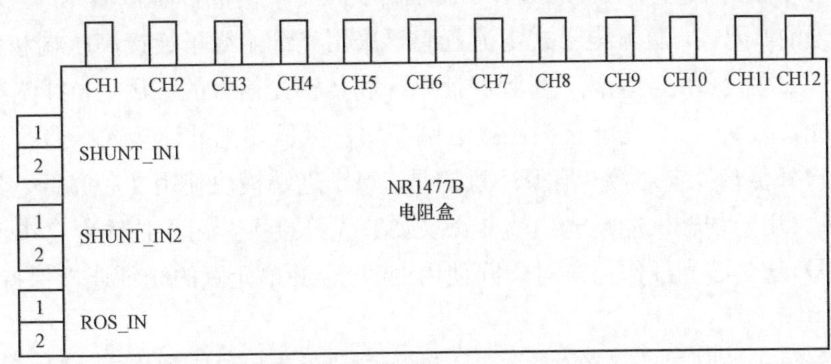

图 8-11 NR1477B 电阻盒示意图

3. 远端模块

远端模块也称为一次转换器，用于接收并处理电阻盒的输出信号，通过 DSP 对来自分流器及空心线圈的模拟信号进行滤波、放大、模数变换、数字处理及电光变换，将被测直流电流及谐波电流转换为数字光信号的形式输出。远端模块原理如图 8-12 所示。

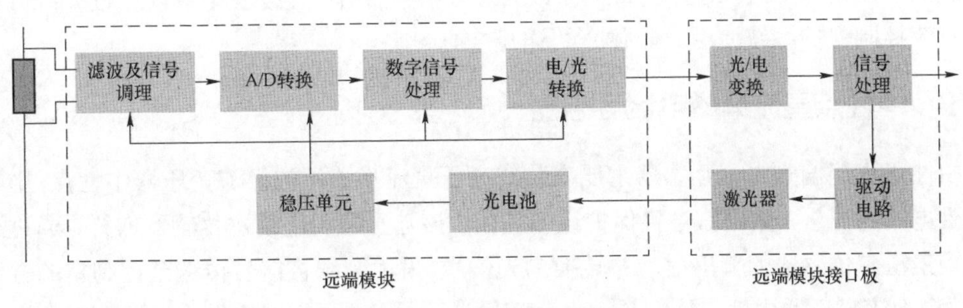

图 8-12 远端模块原理图

每个远端模块包括一个光纤发射口（ST 光纤接头）和一个光纤收口（FC 光纤接头），光纤发射口发送数字信号至合并单元，光纤接口接收合并单元发出的激光给远端模块提供工作电源。

考虑到直流保护系统对冗余配置的需求，如采用“三取二”配置，还可设置备用远端模块（1 或 2 个）处于热备用状态。因此，每个测点 TA 一般包括 3 个或 6 个独立的测量通道，每一个测量通道均由独立的远端模块、独立的传输光纤、独立的合并单元构成。另外备用远端模块（1 或 2 个）至控制楼配置处于热备用状态的光纤，当自检到光纤回路异常时，可在二次屏柜处采取更换光纤、替换为热备用通道来解决，便于运行维护。

远端模块置于绝缘子顶部或底部的远端模块箱体内，均封装在不锈钢壳体内，位于高压侧。因此，每个远端模块壳体与绝缘子顶部的远端模块箱体之间需保证具有可靠的电连接，远端模块箱体需通过专用金属导线与高压一次导体相连，保证远端模块及远端模块箱体与一次导体等电位。

4. 光纤绝缘子

光纤绝缘子自身采用环氧树脂玻纤引拔管作为芯棒，内嵌多芯多模光纤，外附硅橡胶伞裙，内部无油、无气。直流电子式电流互感器采用光纤绝缘子连接高压端和低压端，通过光纤将一、二次设备完全隔离，起到保证绝缘和传输光信号的作用。光纤绝缘子高压端光纤以 FC 光纤接头、ST 光纤接头连接远端模块，低压端光纤连接光纤熔接箱体，以熔接的方式与户外传输光缆对接。值得注意的是，每个远端模块使用 2 芯光纤，其中 1 芯为 FC 光纤接头，用于传输供能激光；另 1 芯为 ST 光纤接头，用于传输包含电流测量值信息的数字信号，这 2 芯光纤作为一对一同使用，应与合并单元侧的光纤连接保持对应关系。

5. 合并单元

合并单元位于控制室，组屏安装。一方面为远端模块提供供能激光，另一方面接收并处理互感器远端模块下发的数据，并将测量数据合并后按协议输出供二次设备，同时通过以太网方式将数据送给数据采集与监视控制系统（supervisory control and data acquisition，SCADA）。

合并单元是直流测量装置的重要组成部件，通过高速串行总线实现装置内各插件数据同步和高速数据交换。一方面为远端模块提供激光能量作为工作电源，另一方面接收各测量装置的电压采样信号，对各测点采样数据进行组帧合并，并按设定协议通过光纤分别送至各直流控制保护系统使用。具体介绍详见 8.4。

8.2.2 中性点直流偏磁电流互感器

中性点直流偏磁电流互感器主要安装在高压直流换流站的换流变压器中性点，用于直流偏磁电流的测量，输出信号供保护设备使用。该互感器利用霍尔传感器取样，通过远端模块采集霍尔传感器的输出信号并转换为光信号，采用光纤将信号传送至控制室的合并单元。每台换流变压器中性点均配置一个直流电流测量装置，用以提供给换流变压器饱和保护使用。

换流变压器中性点测量装置构成示意图如图 8－13 所示。

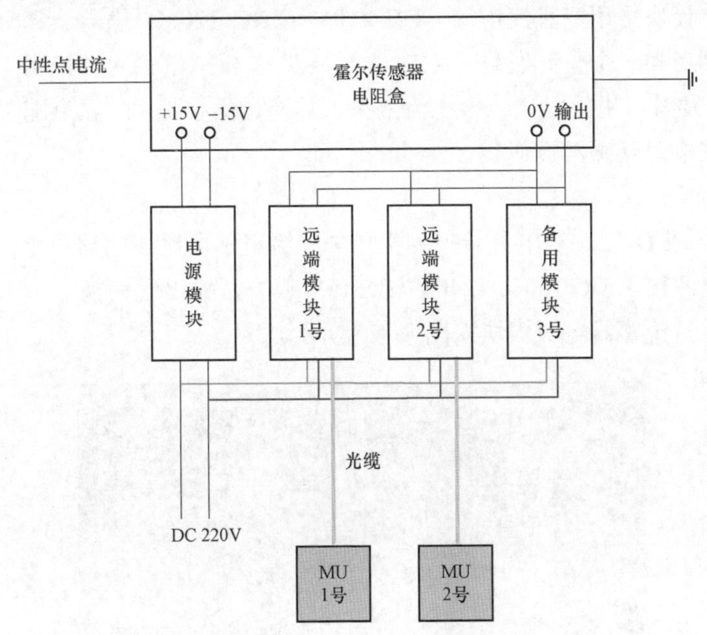

图 8－13 换流变压器中性点测量装置构成示意图

换流变压器中性点直流偏磁电流测量装置主要由霍尔传感器、电阻盒、远端模块、电源模块和合并单元构成。

1. 霍尔传感器

霍尔传感器是一种磁传感器，它可以检测磁场及其变化。霍尔传感器是由霍尔元件及其附属电路组成的集成传感器，基于霍尔效应将电流信号变换为电压信号。其工作原理如图 8－14 所示，一次导体从霍尔传感器内孔穿过，在输入端通入受测电流 I，在薄片垂直方向施加磁感应强度为 B 的均匀强磁场，则在垂直于电流和磁场的方向上，将产生霍尔电势 U_H。

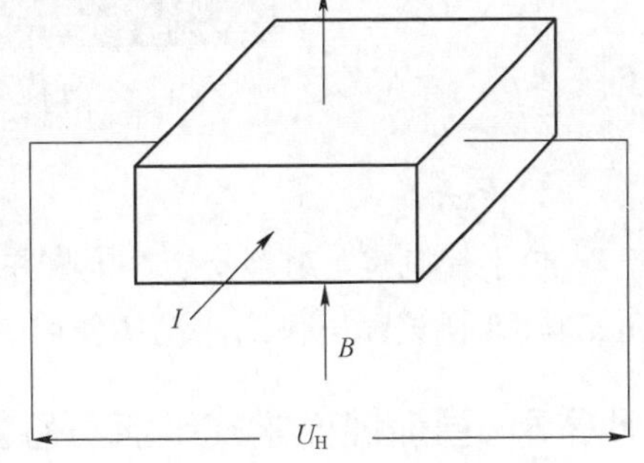

图 8－14 霍尔传感器工作原理

霍尔电势 U_H 的大小与受测电流 I 和磁通密度 B 的乘积成正比，即

$$U_H = k\frac{IB}{d} \tag{8-1}$$

式中：d 为薄片的厚度；k 为霍尔系数，与薄片的材料有关。

通过检测电动势差为 U_H 的霍尔电动势，即可反映出一次电流的大小。

2. 电阻盒

霍尔传感器的输出信号接到电阻盒的输入端，电阻盒将一路输入信号转换为多路输出信号，分别接到多个远端模块，安装在底部的箱体中。

3. 远端模块

远端模块（RTU）安装在金属挂箱内，接收并处理电阻盒的输出信号，输出为串行数字光信号。远端模块采用双直流电源（DC 110V 或 DC 220V）供电。每个远端模块有一个模拟量输入端口和一个光纤发射口（ST 光纤接头），模拟量输入端口用于接收电阻盒的输出信号，光纤发射口用于发送包含电流测量值信息的数字信号。冗余配置和备用通道设置与直流电子式电力互感器类似。

4. 电源模块

将 DC 110V 或 DC 220V 电源转换为±15V 后给霍尔电流传感器供电，安装在底部的箱体中。外部电源接入 DC 100V～240V 转±15V 模块，输出经切换后，为霍尔传感器提供工作电源。霍尔传感器电源模块如图 8－15 所示。

图 8－15　霍尔传感器电源模块

5. 合并单元

位于控制室，组屏安装。接收并处理远端模块下发的数据，将测量数据合并后按 IEC 60044－8 协议输出供二次设备使用。具体介绍详见 8.4。

8.2.3　直流纯光学式电流互感器

直流纯光学式电流互感器以光纤作为传感材料，基于法拉第磁光效应和萨格纳克干涉测量技术实现对一次电流的测量。该互感器采用传感光纤环同时感应直流电流和谐波电流，通过采集单元提供系统光源并接收传感光纤环返回的光信号，解析出被测电流并通过光纤输出至合并单元。

互感器的传感光纤环置于高压端，采集单元置于户外柜或户内屏柜内，利用光纤复合绝缘子（绝缘子中只有保偏传输光纤，保证线偏振方向不变，可实现高精度测量）保证绝缘。直流纯光学式电流互感器一次端无电子器件，采集单元更换支持不停电维护。

直流纯光学式电流互感器可分为悬吊式、支柱式及套管式，外观分别如图 8－16～图 8－18 所示。

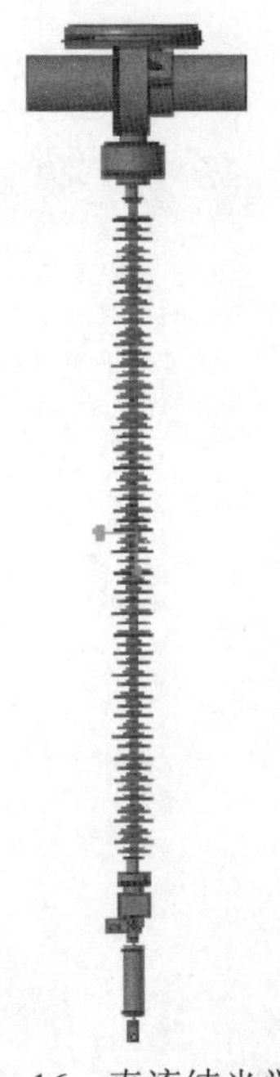

图 8-16 直流纯光学式电流互感器（悬吊式）

图 8-17 直流纯光学式电流互感器（支柱式）

图 8-18 直流纯光学式电流互感器（套管式）

直流纯光学式电流互感器内部结构如图 8-19 所示，直流纯光学式电流互感器安装方式如图 8-20 所示。

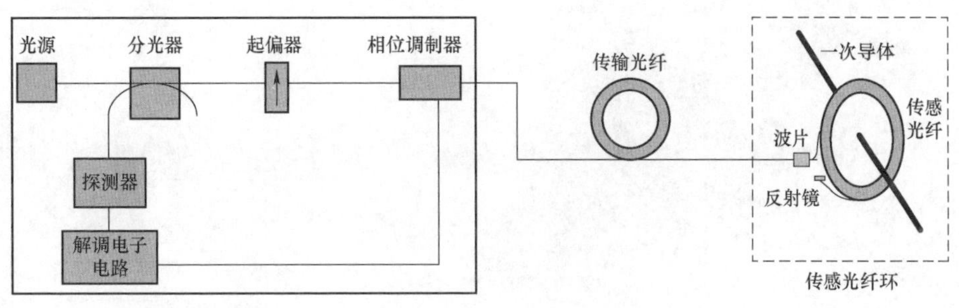

图 8-19 直流纯光式电流互感器内部结构

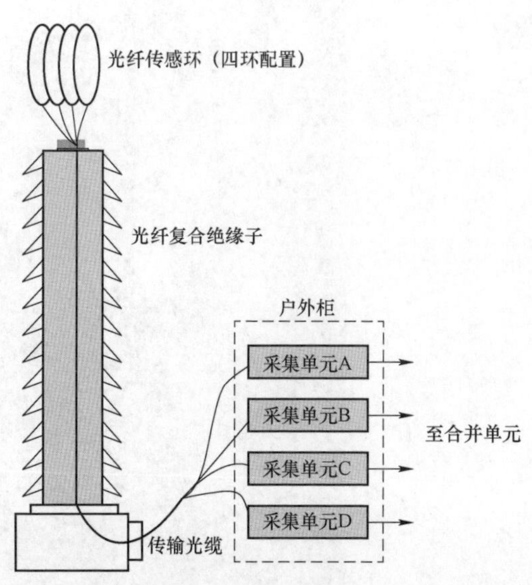

图 8－20　直流纯光学式电流互感器安装方式

直流纯光学式电流互感器由传感光纤环、光纤复合绝缘子、采集单元几部分构成。

1. 传感光纤环

传感光纤环利用 Faraday 磁光效应原理实现对被测电流的测量，Faraday 磁光效应原理如图 8－21 所示。偏振光（振动方向对于传播方向的不对称性称为偏振，具有偏振性的光称为偏振光）沿外加磁场方向或磁化强度方向通过处于磁场中的 Faraday 材料（磁光玻璃或光纤）后，在磁场 B 的作用下，偏振光的偏振面会发生旋转，偏振面旋转角度 φ 正比于磁感应强度 B，磁感应强度 B 与产生磁场的电流值成正比，与外界电磁场及被测电流和光路的相对位置无关，所以通过测得旋转角，并利用反射式萨格纳克干涉测量技术检测两束偏振光的相位差获取电流的大小。

传感光纤环的内部结构如图 8－22 所示，主要由 $\lambda/4$ 波片、传感光纤及反射镜三部分构成，可根据工程需求配置多个电流传感光纤环。

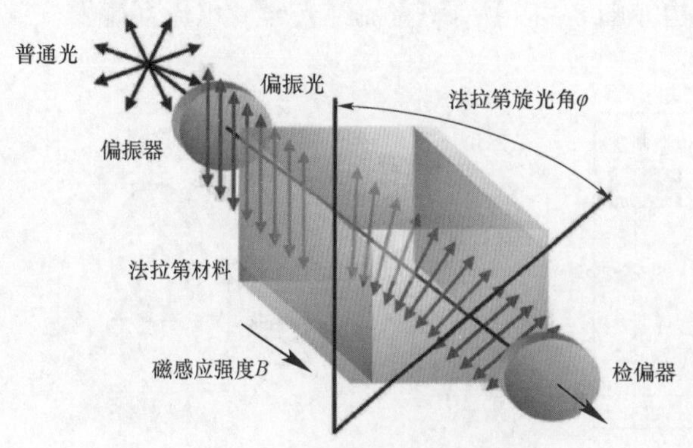

图 8－21　Faraday 磁光效应原理图

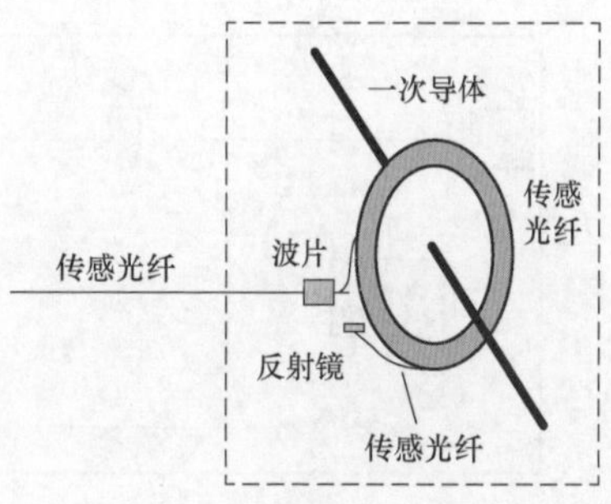

图 8－22　传感光纤环的内部结构

光源发出的光经耦合器进入起偏器变为线偏振光，线偏振光经偏振分光器转换为两束相互正交的线偏振光，两束相互正交的线偏振光沿传输光纤传输至光纤传感环，经 $\lambda/4$ 波片后两束相互正交的线偏振光分别转换为左旋圆偏振光和右旋圆偏振光。在一次导体中被测电流产生的磁场作用下，由于 Faraday 磁光效应，两束圆偏振光产生了正比于被测电流的相位差。两束圆偏振光经传感光纤环端部的反射镜处反射后沿传感光纤返回，返回的两束线偏振光的相位差 $\Delta\varphi_F$ 与被测电流 i 的关系为

$$\Delta\varphi_F = 4VN\oint_{1} Hds = 4VNi \tag{8-2}$$

返回的两束线偏振光相位差携带了被测电流信息，在起偏器处干涉后，相位差的变化转换为光强的变化，带有被测电流信息的光强信号经耦合器输出至光探测器，光探测器将光信号转换为电信号，通过解调电路即可从光探测器输出的电信号中解调出被测一次电流值。

传感光纤环位于光纤复合绝缘子上端，无需供能，不会发热，体积小，重量轻，安装方式灵活，有良好的抗干扰能力。

传感光纤环通常为穿心式结构，如图 8－23 所示。每个测点的传感环数量可根据工程需求进行配置。

图 8－23　传感光纤环结构

2. 光纤复合绝缘子

光纤复合绝缘子为内嵌保偏光纤的复合绝缘子，无油无气，绝缘简单可靠。其主要作用包括：一方面保证高低压绝缘，另一方面将传感环感应的被测电流信息通过绝缘子内的保偏光纤传输至低压侧采集单元。光纤复合绝缘子可以设计为支柱式，也可设计为悬挂式。

3. 采集单元

采集单元置于户外柜中，主要由光路模块及信号处理电路两部分构成，其中光路模块包含光源、调制器及光探测器等光学元件。采集单元对光源产生的光信号进行起偏、调制等处理后发往光纤电流传感环，同时对传感环返回的携带一次电流信息的调制光信号进行解调运算，计算出一次电流值，并将一次电流数据通过光纤发送至合并单元。

采集单元与现场其他设备的典型连接关系如图 8－24 所示。

直流纯光式电流互感器可同时适用于直流电流和交流电流的测量，响应速度快，能够快速跟踪故障电流，电流测量动态范围大且测量精度高，可满足柔直阀控制保护系统快速性以及启动电阻对小电流测量精度的测量需求。因此，对于桥臂电流与启动电阻电流的测量采用直流纯光式电流互感器。

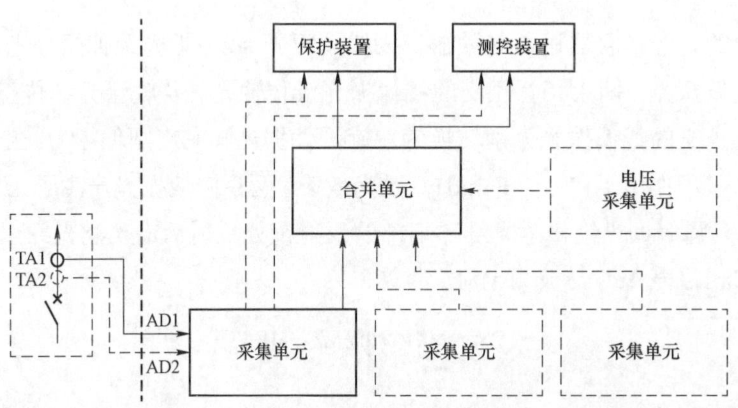

图 8-24　采集单元与现场其他设备的典型连接关系

8.3 电压测量装置

电压测量装置主要用于为直流控制保护设备提供电压信息。本节将介绍直流电子式电压互感器和电子式电压互感器的结构及其工作原理。

8.3.1 直流电子式电压互感器

直流电子式电压互感器利用具有电容补偿的电阻分压器采样直流电压，利用基于激光供电技术的远端模块就地采集分压器的输出信号，利用光纤传送信号，利用复合绝缘子保证绝缘。具有绝缘结构简单可靠、测量准确度高、动态范围大、频率范围宽、响应快、运行稳定等特点。直流电子式电压互感器外绝缘为复合绝缘，内绝缘为 SF_6 气体，径向绝缘裕度大。具有标准接口，可合并多路数据后发送，支持 IEC 60044-8 协议。

图 8-25　直流电子式电压互感器外观

直流电子式电压互感器外观如图 8-25 所示。

直流电子式电压互感器主要由直流分压器、电阻盒、远端模块和合并单元构成，设备原理图如图 8-26 所示。

1. *直流分压器*

直流分压器用于直流电压的传感测量，是直流电子式电压互感器的关键部件。直流分压器由高压臂和低压臂两部分组成，高压臂由多节阻容

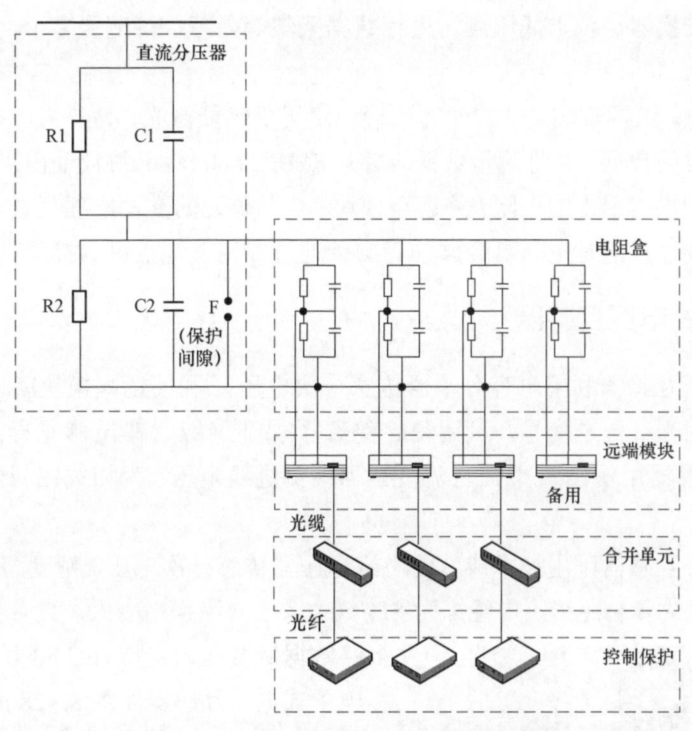

图 8-26　直流电子式电压互感器原理图

单元串联而成，根据直流电子式电压互感器的电压等级设计串联级数，单节阻容单元由若干高压电阻及单节电容器并联组成，高压臂电阻、电容元件固定在硅橡胶复合绝缘筒内，内部填充一定气压的 SF_6 气体；低压臂同样为阻容单元，置于高压臂底座内。直流分压器等效电路如图 8-27 所示。根据电阻分压原理，测量低压臂电压 U_2，并根据串联阻容单元数得到被测电压 U_1。

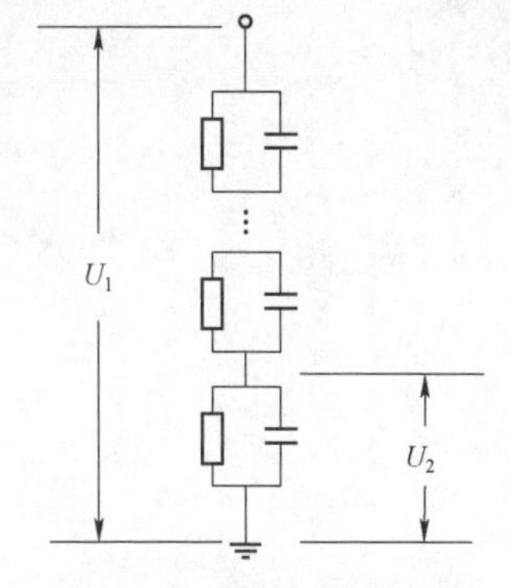

图 8-27　直流分压器等效电路

因为直流分压器根据电阻分压原理测量电压，因此高、低压臂的电容应使高、低压臂具有相同的暂态响应；高、低压臂的电阻型式相同，以便有相同的温漂；高压臂与低压臂应具有相同的时间常数，以保证直流分压器具有很好的频率特性及暂态特性。

2. 电阻盒

即二次分压板，对直流分压器输出的低压信号进行二次分压，并转换为多路相互独立的信号输出。电阻盒内部设计为阻容分压网络，由多个相互并接的阻容分压支路组成，各阻容分压支路的高压臂与低压臂具有相同的时间常数。

3. 远端模块

也称一次转换器，位于低压侧，进行数据采集等处理，可配置多个。

4. 合并单元

位于控制室，组屏安装。一方面为远端模块提供供能激光，另一方面接收并处理互感器远端模块下发的数据，并将测量数据合并后按 IEC 60044－8 协议输出供二次设备使用。

直流电压测量装置中的电阻盒、远端模块、合并单元的基本原理与直流电子式电流互感器一致。需要注意的是电阻盒金属挂箱必须通过专用接地点可靠接地。

8.3.2 电子式电压互感器

电子式电压互感器利用电容分压器传感一次电压，利用远端模块就地采集分压器的输出信号，利用光纤传送信号，利用复合绝缘子保证绝缘。在昆柳龙直流输电工程中，电子式电压互感器用于测量柔性直流变压器网侧进线电压，为相关控制保护设备提供电压信息。

电子式电压互感器采用技术成熟的电容分压器传感一次电压，精度高、发热量小、稳定性好。外绝缘为复合绝缘，内绝缘为 SF_6 气体，径向绝缘裕度大。具有标准接口，可合并多路数据后发送，支持 IEC 60044－8 协议。

电子式电压互感器如图 8－28 所示。

电子式电压互感器主要由电容分压器、电阻盒、远端模块以及合并单元组成。其中电阻盒、远端模块、合并单元与直流电子式电压互感器类似，电阻盒金属挂箱同样必须通过专用接地点可靠接地。电容分压器用于交流电压的传感测量，是交流电子式电压互感器的关键部件，由高压臂、低压臂组成。电容分压器的电容元件固定在硅橡胶复合绝缘筒内，内部填充一定气压的 SF_6 气体。配置了 3 个 SF_6 气体密度计，每个 SF_6 气体密度计设置 2 副报警（分级）触点和 2 副闭锁触点。此外，配置了微水密度变送器来监测气体压力值、微水值，信号接到了安装在就地屏柜内的在线监测 IED 装置，支持在线远传。

图 8－28 电子式电压互感器

8.4 合 并 单 元

应用于柔性直流、高压/特高压直流输电工程的电子式互感器可以统称为合并单元，包括电子式电流互感器、电子式电压互感器和光学电流互感器。合并单元装置用于接收直流测量装置的数字采样信号，合并各直流测量装置的采样数据并进行组帧，然后通过光纤按照标准通信协议分别发送给直流控制保护等设备；同时，合并单元还要通过供能光纤为电子式直流测量装置的远端模块提供激光能量作为其工作电源。

合并单元装置硬件和软件采用模块化设计，光纤输出通道数可以根据需要灵活配置，同时支持10、50K和100K采样数据输出，数据接口标准为IEC 60044－8的FT3数据格式进行组帧，再通过光纤发送给控制保护等设备，如图8－29所示。

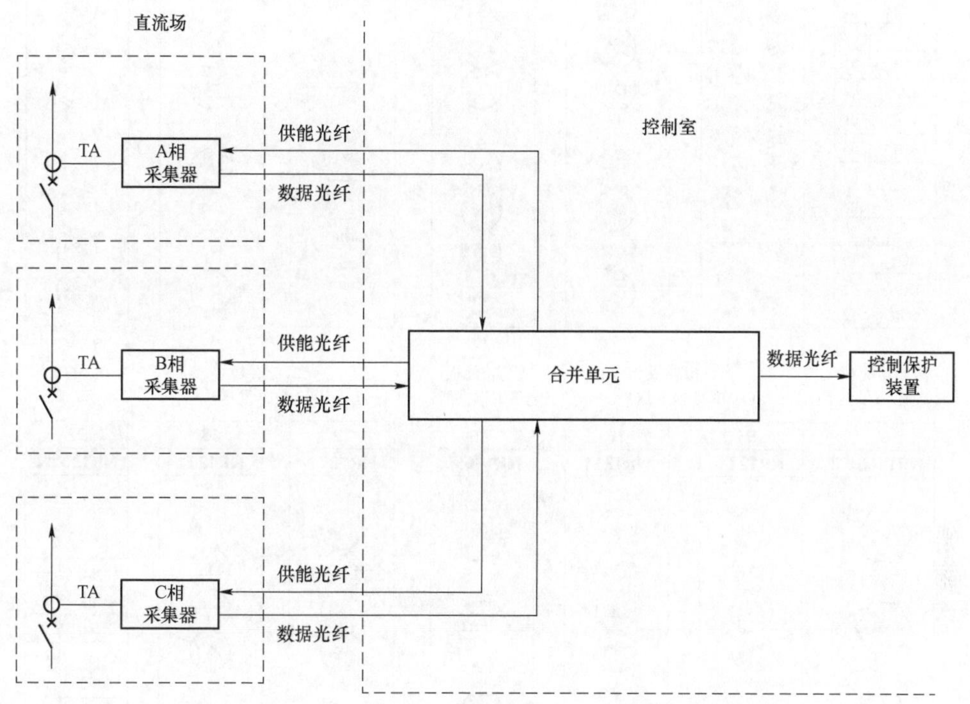

图8－29　采集器、合并单元、保护装置连接图

每台合并单元最多接收12个测点远端模块或纯光式电流测量装置采集单元发送的采样数据，合并单元板卡结构如图8－30所示。

板卡采用UAPC硬件平台，型号为PCS－221JD，通过高速串行总线实现装置内各插件数据同步和高速数据交换。

由于保护为三重化配置，合并单元同样采用三重化配置。合并单元具有以下特点：

（1）每台合并单元装置完全独立，各通道采用独立的数据接收和发送模块，合并单元具备完善的自检功能和监视功能，包括实时监视各采样通道状态（由控制保护主机负责监视）、通信状态（数据接收异常）、激光器驱动电流（大于1100mA告警，不闭锁采样数据）、激光器温度（大于50℃告警，不闭锁采样数据）、电路温度等。

（2）每台合并单元装置采用双电源供电，一路电源故障报告警信号，但不影响装置运行。

（3）装置各通道具有独立软件投退功能，任一套合并单元退出运行不影响直流系统，对应保护会自动退出。

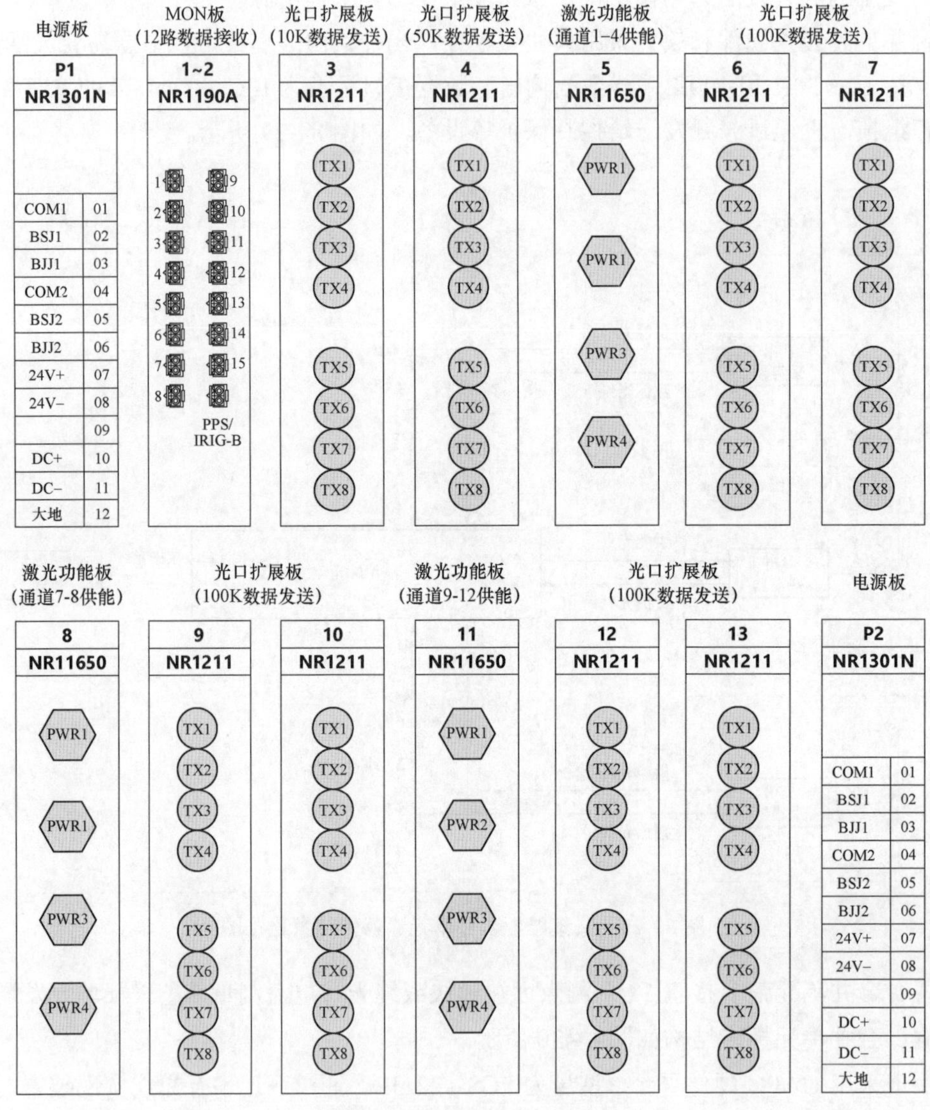

图 8–30 合并单元板卡结构

8.5 测量系统屏柜

测量系统屏柜根据不同用途进行配置。以龙门站为例，共配备 30 面测量系统屏柜、48 台合并单元、96 台纯光学 TA 采集单元，其中包括阀组测量接口柜（每个换流器 3 面，共 12 面）、极及双极区测量接口柜（每个极 3 面，共 6 面）、启动电阻电流采集单元柜（每

个换流器1面，共4面）、桥臂电流采集单元柜（每个换流器上桥臂电流1面，下桥臂电流1面，共8面）。而对柳州换流站共38面测量屏柜，增加零磁通测量接口柜（每个极1面，共2面，采集IdEE3）、线路及汇流母线测量接口柜（每个极3面，共6面）。

三套测量系统对应送三套直流保护+两套控制系统。以阀组测量为例，如图8－31所示，三套阀组测量接口柜分别为CMI11A、CMI11B、CMI11C，分别送至三套阀组保护系统CPR11A、CPR11B、CPR11C，同时A、B套测量分别送控制系统CCP11A、CCP11B。

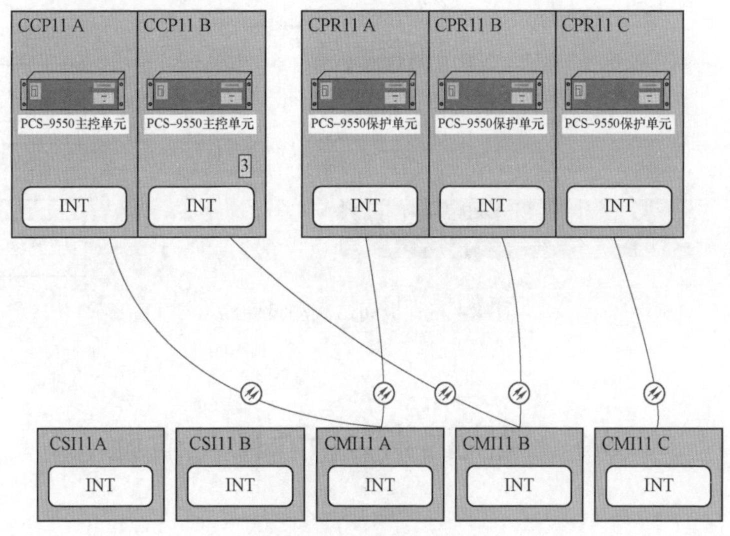

图8－31　阀组测量结构

对于阀控系统，同样为三套测量对应三套保护（位于阀控系统），A、B套测量对应两套阀控系统，如图8－32所示。

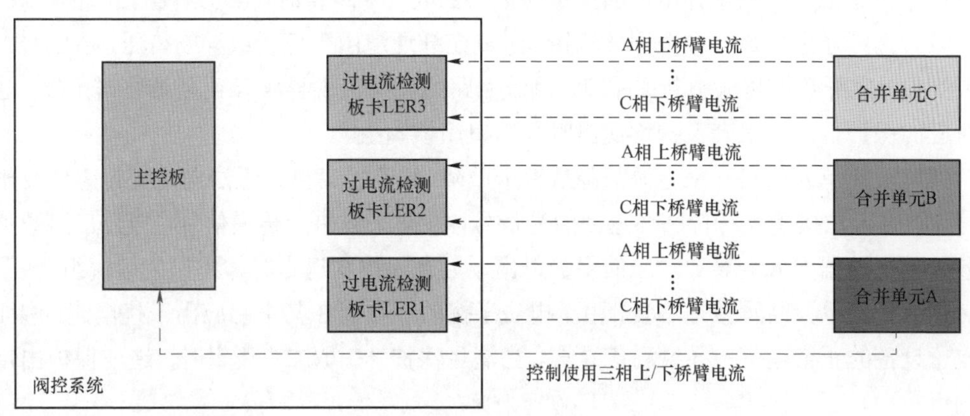

图8－32　阀控系统测量结构

此外，极区部分测点、双极区测点同时送双极控制保护系统使用。如图8－33所示，极 1 测量量分别送极 1 和极 2 测量接口柜，供不同控制保护使用。对于双极共用的测点，双极测量系统完全解耦，当其中一个极的二次测量系统检修时，并不影响另一个极的正常运行。

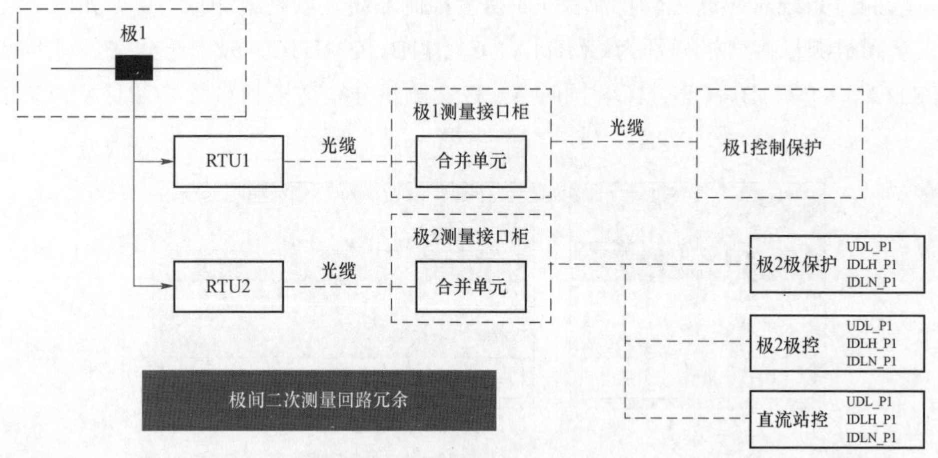

图 8-33　极间二次测量回路

8.6　风险因素分析及防范措施

8.6.1　直流纯光学式电流互感器采集单元导致阀组闭锁

1. 闭锁隐患

（1）采集单元柜密封不良，内部模块受潮发生故障，影响信号转换，进而导致测量异常或信号通道丢失。测量异常，当满足保护“三取二”逻辑时，导致保护出口闭锁阀组。

（2）光纤通道故障导致数据传输错误，或光纤通道由于弯折或异物挤压，造成光纤折断或受损，光纤数据传输中断或不良。测量回路的光纤出现异常导致测量数据无效，会导致对应的保护退出，三套保护均退出时，出口闭锁阀组。

（3）采集单元两路外来电源故障或板卡故障，导致采集单元无法向光纤传感环发出光信号，同时无法接受光纤传感环返回的光信号，并向采集单元传递信号，导致三路数据均失效。测量数据无效会导致对应的保护退出，三套保护均退出时，出口闭锁阀组。

（4）采集单元装置接地不良，由于电磁干扰的存在而在其中感应出干扰电流，进而干扰电子设备的正常运行，导致测量异常。当满足保护“三取二”逻辑时，造成保护出口闭锁阀组。

（5）采集单元柜内空调故障，导致采集单元柜内温度升高，柜内插件在高温环境下发生故障，导致测量异常。当满足保护“三取二”逻辑时，造成保护出口闭锁阀组。

2. 预控措施

（1）日常巡视和每年年度检修时需对采集单元柜盒进行密封检查，注意盒子内干燥剂需及时更换。

（2）每年年度检修时需对光纤通道通路进行检查，注意无异物挤压光纤。有条件时应对电光转换装置进行检验，以判断其可靠性。

（3）日常巡视和年度检修时，需检查采集单元是否发出告警信号，及时消除缺陷。采集单元装置具有完备的自检功能，自检发现的大多数问题会触发装置报警，发报警信号，自检报文显示在面板液晶上，同时点亮相关报警指示灯。发现告警信号时，运维人员应按照产品手册的要求正确消除故障。

（4）日常巡视和年度检修应着重检查设备外观良好和设备接地良好。其中，采集单元的接地包括柜体接地和装置接地，其中装置接地通过电源模块的接地端子实现，且只能一点接地。从装置到装置的接地端子连接成环路是不允许的。

8.6.2 电子式电流互感器导致阀组闭锁

1. 闭锁隐患

（1）端子盒密封不良受潮，内部电阻盒元器件受潮气影响导致特性变化，引起电阻盒在信号转换过程中出现测量值偏差，进而导致后台测量偏差过大或者远端模块异常，造成数据测量偏差。当满足保护“三取二”逻辑，造成保护出口，闭锁阀组。

（2）远端模块出现异常造成数据传输中断或不良，测量数据丢失或不良，会导致对应的保护退出，三套保护均退出时，出口闭锁阀组。

（3）光纤通道由于弯折或异物挤压，造成光纤折断或受损，导致数据传输中断或不良。测量数据丢失或不良，会导致对应的保护退出，三套保护均退出时，出口闭锁阀组。

2. 预控措施

（1）日常巡视监视后台信号是否异常，记录历史数值并对比。

（2）每年年度检修时检查电阻盒是否异常。

（3）每年年度定检时，对直流 TA 远端模块进行检查，包括其性能检查及接地检查等，避免由于远端模块的内部故障及悬浮电位等因素测量造成测量数据错误。

（4）为防止光纤通道故障，每年年度检修时，需对光纤通道通路进行检查，注意无异物挤压光纤。有条件时应对电光转换装置进行检验，以判断其可靠性。

8.6.3 直流分压器 SF_6 泄漏至闭锁值，引发相应阀组闭锁

1. 闭锁隐患

（1）SF_6 密度继电器和连接管道密封不良，接口处漏气导致气压降低至闭锁值。SF_6 气体密度继电器动作跳闸，信号经非电量保护屏的重动继电器出口到阀组控制屏和“三取二”装置，经阀组控制跳闸矩阵发送阀组进行紧急停运。

（2）本体法兰等密封面密封不良，导致 SF_6 泄漏，气压降低至闭锁值。SF_6 气体密度

继电器动作跳闸，信号经非电量保护屏的重动继电器出口到阀组控制屏和“三取二”装置，经阀组控制跳闸矩阵发送阀组进行紧急停运。

2. 预控措施

（1）SF_6低气压告警时应及时停运检查漏点，并进行处理或更换。

（2）年度检修时对SF_6进行微水和组分测验，检查是否有异常。

8.6.4 直流分压器部件或信号传输回路故障导致相应阀组闭锁

1. 闭锁隐患

（1）远端模块接地不良，影响电压测量数据。测量异常，当满足保护“三取二”逻辑，则造成保护出口。

（2）端子盒密封不良受潮，箱内电阻盒元器件受潮气影响导致特性变化，引起电阻盒在信号转换过程中出现测量值偏差，进而导致后台测量偏差过大，或者远端模块异常时造成数据测量偏差。当满足保护“三取二”逻辑，造成保护出口。

（3）远端模块出现异常造成数据传输中断或不良，测量数据无效，则会导致相应的换流器保护退出，三套换流器保护均退出时，出口闭锁阀组。

（4）光纤通道由于弯折或异物挤压，造成光纤折断或受损，导致光纤数据传输中断或不良。测量数据无效，则会导致相应的换流器保护退出，三套换流器保护均退出时，出口闭锁阀组。

2. 预控措施

（1）定期对直流分压器进行一次变比校验，对于测量偏差较大的设备应找出原因，确认设备故障时应进行更换。

（2）检查电阻盒接地，用接地线将电阻盒与接地点直接相连，使其接地牢固，避免悬浮点位。

（3）检查端子箱密封情况，内部是否有受潮情况。

（4）每年年度定检时，对直流 TV 远端模块进行检查，包括性能检查及接地检查等，避免由于远端模块的内部故障及悬浮电位等因素测量造成测量数据错误。

（5）为防止光 TV 光纤通道故障，每年年度检修时，需对光纤通道通路进行检查，注意无异物挤压光纤。有条件时应对电光转换装置进行检验，以判断其可靠性。

8.6.5 电压互感器故障导致阀组闭锁

1. 闭锁隐患

（1）电压互感器二次回路故障。由于二次回路导线发生受潮以及腐蚀等现象引起单相接地，从而导致二次回路两点接地。户外端子箱发生严重受潮，端子连接处产生锈蚀，端子接触不良引起测量偏差。测量异常，对于交流过电压或者交流低电压保护用到了U_{ac}，满足保护“三取二”判据时，保护出口。

（2）电压互感器电磁单元部件故障，如中间变压器铁芯短路导致故障过热，出现高温等现象，造成设备故障异常，引起测量偏差。测量异常，对于交流过电压或者交流低电压保护用到了 U_{ac}，满足保护“三取二”判据时，保护出口。

2. 预控措施

（1）需要观察电压互感器的绝缘子是否清洁、完整，观察是否出现裂缝与放电的现象。

（2）需要对电容式的电压互感器进行检查，了解电压互感器的外壳是否出现漏油或者渗漏等现象，要保证油位处于正常范围值内，并且不会出现油色变化等。

（3）检查电压互感器的触点或者引线会不会出现过热、发红以及断股等现象。

（4）在电压互感器的整体运行之中，检查本体是否出现不均匀的噪声或者异常的声响。

（5）要对端子箱的基本情况进行检查，对其受潮情况进行分析与了解；检查电压互感器的二次接线部分是不是清洁，是不是有放电痕迹等，并且二次侧和外壳的接地是否出现良好的现象。

9 特高压柔性直流换流阀冷却系统

柔性直流换流阀工作过程中，电力电子器件的高频通断将产生大量的热量，造成器件和阀体温度升高，如果没有配置合适的散热措施，将使电力电子器件温度超过所允许的最高结温，从而导致器件性能恶化甚至损坏。换流阀冷却系统（简称阀冷系统）的作用是为器件提供一个热阻尽可能低的热流通路，将其产生的热量能尽快地传导发散出去，保证器件运行时内部结温始终保持在允许的范围之内，从而维持换流阀的可靠运行。

本章对柔性直流换流站内的阀冷系统总体结构、工作原理进行介绍，对冷却系统的设计要点及特性进行论述，最后对日常运行中阀冷系统可能导致换流阀闭锁的因素进行分析，并提出应对各种风险的预控措施。

9.1 阀冷系统总体结构

特高压直流输电换流阀传输功率大，阀内电力电子器件发热量大，风冷方式的设备散热能力不能满足，而油冷的成本较高，且油的黏度大、冷却效率较低。因此，目前换流阀广泛采用的冷却方式为水冷。

常规直流换流阀发热量较小，每个换流阀仅需配置一套阀冷系统；但柔性直流换流阀发热量大，每个换流阀需配置两套独立的冷却能力相同的水冷主冷却系统，每个主冷却系统承担 50%的热量排出。主冷却系统包括内冷水系统和喷淋水系统，主体结构如图 9－1 所示。

内冷水系统密闭式循环，担负着子模块元件散热的功能；喷淋水系统开放式循环，在冷却塔处对内冷水管道进行喷淋散热，同时通过风扇将内冷水和外冷水交换的热量散出，主要设备包括闭式蒸发式冷却塔、去离子装置、循环水泵、除气罐、膨胀定压罐、机械式过滤器、内冷补充水装置、阀门、管道、管件、配电及控制设备等。

每个阀组的两套主冷却系统共设一套喷淋水补水及处理系统，主要设备包括喷淋水补水泵、砂滤器、碳滤器、反渗透处理装置、软水装置、加药装置、自循环过滤装置、管道、配电及控制设备等。

(a) 内冷水循环主体

(b) 闭式蒸发冷却塔

图 9-1 阀冷系统主体结构

每个阀组的两套水冷主冷却设备和一套喷淋水补水及处理设备布置在一个阀冷设备间，每个阀冷设备间的泵坑需设置地面排水系统，主要设备包括潜水排污泵、阀门、管道、管件、配电及控制设备等。

9.1.1 内冷水系统

内冷水系统进行密闭式循环，功能主要是为换流阀子模块提供冷却水，将运行中的子模块散发出的热量吸收，以维持子模块的正常工作温度，确保换流阀的可靠运行。

内冷水系统结构如图 9-2 所示，首先，经外冷系统冷却后的内冷水，一部分将进入主循环冷却回路旁并联的离子交换系统，与经由补水泵抽取的补给水共同进行去离子处

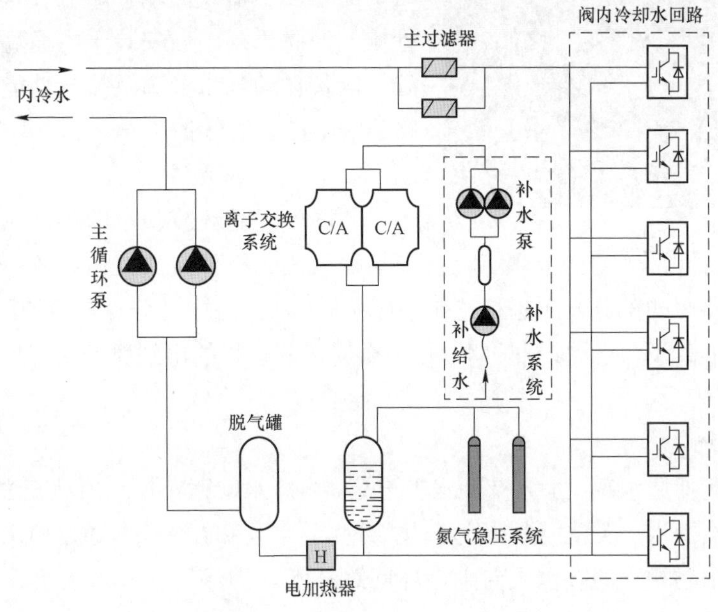

图 9-2 内冷水系统结构

理；然后该部分水将汇流至主循环冷却回路，与其他内冷水依次经过脱气罐、电加热器进入换流阀冷却水回路。经冷却水回路流出的热水由主循环泵加压后送入外冷水冷却塔进行冷却，冷却后的水进行循环冷却。

如图 9–2 所示，内冷却系统由脱气罐、离子交换系统、氮气稳压系统、补水系统、电加热器和阀内冷却水回路等组成。

1. 阀内冷却水回路

该回路与换流阀内器件直接交换热量。冷却水经内冷水管道送至换流阀子模块冷却发热元件，带走热量，流出的热水经主循环泵增压后，再流经外冷却塔中的换热盘管进行冷却后循环使用，实现连续冷却的目标。

2. 电加热器

该设备置于主循环冷却水回路，用于冬天温度极低或换流阀停运工况下的内冷水温度调节，以避免进阀冷却水温度过低；或用于冷却介质温度低于换流阀露点温度时，以避免管路及器件表面出现凝露。电加热器如图 9–3 所示。

图 9–3　电加热器

3. 脱气罐

内冷却回路中残留气体以及运行中产生的气体，聚集在管路中将产生诸多不利影响：① 增大水泵噪声、振动，降低水泵流量，污染水质，减少流道截面；② 增大管道压力甚至导致支路断流。因此，主循环冷却回路中应设置脱气罐，回路中的主要容器及高端管路应设置自动排气阀进行排气。脱气罐一般安装于主循环冷却回路入口处，具备自动气水分离及排气功能，用以去除管路系统中产生的气体。

4. 离子交换系统

并联于主循环冷却水回路，主要由混床离子交换器及相关附件组成。该系统不间断地对阀冷系统主循环回路中的部分介质进行纯化，吸附内冷却回路中部分冷却液的阴阳离子，不断脱除冷却水中的离子，从而抑制长期运行中金属接液材料的电解腐蚀或其他电气击穿等不良后果。

5. 补水系统

补水系统包括原水罐、水泵及补水管道等。内冷水回路在投运前填充去离子水，外部补充水应采用蒸馏水。水泵根据功能不同，分为原水泵和补水泵，通过原水泵向原水罐补水，再由与原水罐相连的补水泵向主循环回路补水。为保证补充水水质纯净，原水补充通过离子交换系统经离子交换器后补充至内冷水主回路。原水泵出水设置过滤器，并设置进出口压力表，原水罐设置自动开关的电磁阀，平时关闭，在补水泵和原水泵启动时自动打开。

6. 氮气稳压系统

氮气稳压系统设在旁路去离子回路上，主要由膨胀罐、氮气瓶、减压阀、电磁阀、压力传感器、安全阀等组成。氮气管路将氮气瓶连接至膨胀罐，使膨胀罐充有稳定压力的高纯氮气。膨胀罐可缓冲冷却水因温度变化而产生的体积变化，以保持管路的压力恒定和冷却介质的充满。当主回路冷却水因温度提高而导致膨胀罐压力增高时，膨胀罐顶部的电磁阀将自动打开完成排气；当冷却回路冷却水损失或温度降低导致膨胀罐压力降低时，膨胀罐即以自身压力将罐内冷却水输出以维持主回路的压力恒定和冷却水的充满。膨胀罐同时保证氮气密封使冷却水与空气隔绝，对管路中冷却水的电导率及溶解氧等指标的稳定起着重要的作用，当冷却水中溶解氧含量超标时，膨胀罐通过曝气装置喷洒，增加氮气溶解度，同时带走氧气。从膨胀罐底部充入的氮气对冷却水进行脱氧。氮气稳压装置如图 9–4 所示。

图 9–4　氮气稳压装置

9.1.2　外冷水系统

内冷水系统所循环水的降温是通过外冷水系统的冷却塔实现的，一般外冷水系统与内冷水系统一对一布置。外冷水系统及水处理系统结构如图 9–5 所示。

如图 9–5 所示，内冷水流经外冷却塔，喷淋系统在冷却塔处对内冷水管道进行喷淋散热，同时通过风扇将外、内冷水交换的热量散出，冷却塔不停地将吸热后形成的水蒸气排至大气，冷凝水回流至外冷水池。内冷水经外冷却塔交换热量后，进入内冷却系统，达到了对内冷水连续降温的目的。

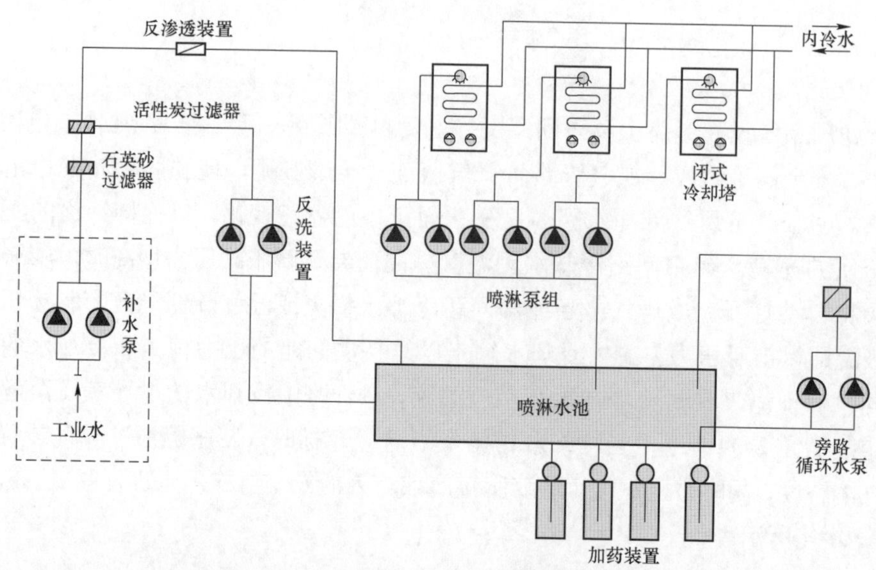

图 9-5　外冷水系统及水处理系统结构

外冷水系统的主要设备包括闭式冷却塔、喷淋水池、喷淋水泵等。

1. 闭式冷却塔

内冷水在冷却塔内部盘管内进行循环，其热量经过盘管散入流过盘管的水中，最终将热量传递给喷淋水以及大气。闭式冷却塔作为冷却系统中最重要的部件之一，其本体包括换热盘管、换热层、动力传动系统、水分配系统、检修门及检修通道、集水箱、底部滤网等。在冷却系统中，闭式冷却塔是室外换热设备经常采用的形式，室外一般布置三台冷却塔，每台冷却塔均按照 1:1 比例分配额定及备用容量，即每台冷却塔只使用一半额定容量，另外一半容量作为备用。

2. 喷淋水池

每个换流阀外冷系统共用一套喷淋水池，设置在闭式冷却塔下部，用于接收循环冷却塔回流的外冷却水，以节约喷淋水并保证冷却塔喷淋水的稳定性和可靠性。喷淋水池设置水位传感器和液位开关，水位传感器安装于阀外冷设备间，当检测到喷淋水池液位低时，启动补水泵对外冷水池补水。喷淋水池配有一套自循环水过滤系统，主要设备为水泵及砂滤器，定期或不定期地运行可以过滤喷淋水中的杂质及加强喷淋水的循环流动，防止水质变坏。

3. 喷淋水泵

喷淋水泵用于从室外地下水池抽取外冷水以均匀喷洒到冷却塔的换热盘管表面。每个阀冷却系统所有喷淋水泵共用一根进水母管，母管与室外地下水池相通，喷淋水泵进口设置不锈钢波纹管、蝶阀、压力表，出口设置不锈钢波纹管、逆止阀、蝶阀和压力表，水泵与管道采用软连接以防止振动。喷淋管道最低点设置泄空阀便于将管道内的水排空，防止冬季停运且室外气温较低时喷淋管道水结冰。每台冷却塔独立设置 2 台喷淋水泵（1 用 1 备）。正常情况下运行泵连续运行一段时间自动切换，切换时系统流量和压力保持稳定。

为防止长期喷水而在热交换盘管外表面产生结垢现象，喷淋补给水进入喷淋水池之前要先进行处理，包括砂滤、活性炭过滤、反渗透处理或其他水处理方式，此外喷淋水系统还将进行加药及旁通过滤处理。水处理主要流程：喷淋水补充水→石英砂过滤器→活性炭过滤器→反渗透装置→喷淋水池。

4. 石英砂过滤器

选用不同粒径的石英砂滤料，自上而下按粒径逐级分配，当补充水通过石英砂滤层，水中的悬浮物、机械颗粒、胶体等杂质在流经滤料层中弯曲的孔道，由于滤料表面的接触作用，悬浮物和滤料表面互相黏附，从而去除水中的悬浮物、胶体、机械颗粒。通过在进水管道投加絮凝剂，采用直流凝聚方式，使水中大部分悬浮物和胶体变成微絮体在石英砂滤层中截留并去除。过滤器选用立式结构，可通过压差进行反冲洗，石英砂过滤器的反洗、正洗过程，可将石英砂滤层的杂质冲洗出来，同时使滤层松动，提高流量及吸附效果。

5. 活性炭过滤器

活性炭过滤器主要包括过滤器本体、果壳活性炭滤料、石英砂垫层、进水装置、出水多孔板、排水帽、取样装置、测压装置、管道及阀门、电动阀门控制装置等。活性炭过滤器主要去除水中的大分子有机物、胶体、异味、余氯等杂质，防止下游反渗透膜被氧化。过滤器主要为立式结构，工作状态分为过滤、反洗、正洗，采用阀门状态表进行控制。过滤器日常为过滤状态，一定时间或一定流量后设置为反洗、正洗状态，可将活性炭滤层的杂质冲洗出来，同时使滤层松动，提高流量及吸附效果。

6. 反洗装置

由反洗水泵及相关阀门组成，根据喷淋水处理装置的需要，为石英砂过滤器、活性炭过滤器提供反洗流量，以满足过滤设备的运行要求。反洗装置的工作过程分为过滤、反洗两种，反洗条件控制可在累计流量控制和运行时间控制中任选一种。

7. 反渗透装置

反渗透装置主要由保安过滤器、反渗透膜、高压泵、化学清洗单元等组成。经砂滤器、碳滤器过滤后的补充水首先通过保安过滤器，后经过高压水泵，最后经过反渗透膜流入喷淋水池。保安过滤器用于拦截从超滤系统中偶尔流失的破碎颗粒和杂质，保护高压泵及反渗透膜不被损坏，真正起到“保安”的作用。高压泵设置 2 台（1 用 1 备），为反渗透装置提供足够的进水压力，保证反渗透膜的正常运行。反渗透膜是一种借助于选择透过半透过性膜的功能以压力为推动力的膜分离技术，当系统中所加的压力大于进水溶液渗透压时，水分子不断地透过膜，经过产水流道流入中心管，水中的杂质，如离子、有机物、细菌、病毒等，被截留在膜的进水侧，最后在浓水出水端流出，从而达到分离净化目的。在长期运行过程中，水中存在的各种污染物总会在膜表面积累，从而使反渗透系统的进出口压差上升、产水量减少，同时脱盐率也下降。为此，除日常启、停反渗透系统前后进行低压冲洗外，还需进行定期化学清洗，每套反渗透装置均配备有专用化学浸洗装置。

8. 喷淋水补水装置

主要由 2 台补水泵以及相关管道阀门组成，当喷淋水池液位低于喷淋水池补水启动液位时，启动工业补水泵对喷淋水池进行补水；喷淋水池液位高于喷淋水池补水停止液位时，停止工业补水泵对喷淋水池进行补水。喷淋水补水亦需要经过碳滤器、砂滤器、反渗透装置最终补充至喷淋水池。

水处理系统布置在阀冷设备间内，可过滤水池杂质及防止水质变差，防垢除垢，杀菌灭藻，延缓管道腐蚀。水处理系统由加药装置、过滤器、排污系统，循环水泵、不锈钢管道及阀门等组成。每个换流阀设置 1 套水处理设备，配置 2 台（1 用 1 备）喷淋水补给水泵。

9. *旁路循环水泵（旁滤泵）*

PLC 控制水泵定期自动运行，当水质传感器检测到水池内水质的浓缩倍数达到一定程度时，将信号反馈给控制系统，排水阀打开排水，浓缩倍数达到要求后关闭排水阀，以保证喷淋水水质在要求的范围内。

10. *加药装置*

装有杀菌灭藻剂的加药装置通过向喷淋水中投加杀菌剂，可防止在水池内壁和闭式冷却塔内部产生藻类，同时加药装置还将向喷淋水中添加缓释阻垢剂，用以改善水质，防止闭式冷却塔换热盘管表面结垢。加药装置如图 9-6 所示。

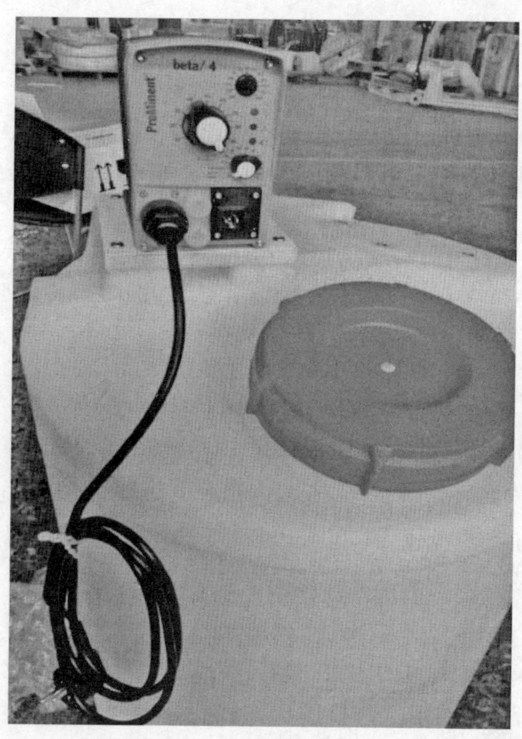

图 9-6　加药装置

9.2　阀冷系统工作原理

9.2.1　内冷水系统工作原理

内水冷系统通过水循环收集换流阀内部产生的废热，而后升温后的水在主泵的驱动下将热量传递给室外换热设备，并最终经外风冷系统或外水冷系统进行废热排散，将热量传递到室外大气，实现换流阀冷却控温功能。内冷水水路如图 9-7 所示。

正常工作时冷却水由其中一台主循环泵驱动在管道中流动，冷却水经过换流阀子模块散热器时吸收 IGBT、均压电阻等器件产生的热量，升温后的冷却水流过外冷系统冷却塔的换热盘管道，而冷却塔会通过喷淋、风冷等方式对换热盘管的表面进行降温，将冷却水温度降至目标要求。

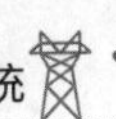

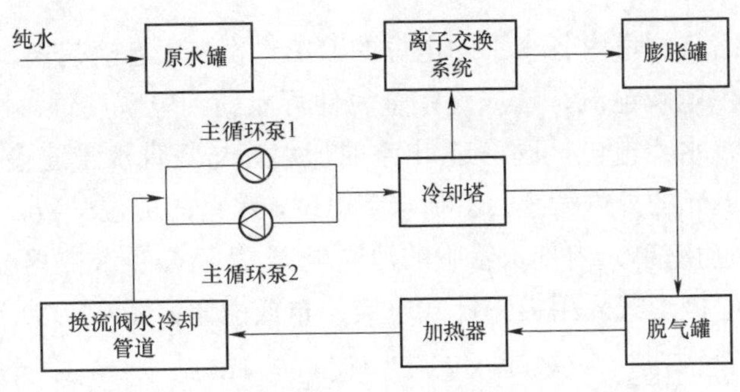

图 9-7 内冷水水路

为保证冷却水具备极低的电导率，在主循环冷却回路上并联了离子交换系统，部分内冷却水将从主循环回路旁路进入离子交换系统进行去离子处理，去离子后的冷却水的电导率将会降低并回流至主循环回路，内冷却水的电导率将会被控制在换流阀的需求范围之内。

补充水为纯净水/蒸馏水，首先储存至原水罐中。在冷却系统运行时膨胀罐的水位低于设定值，则补充水泵将自动启动从原水罐中向回路补水。补充水先经过补水过滤器，再经过离子交换器，以保证补充水的电导率不引起内冷却水电导率的波动，满足换流阀要求。

在补水泵的作用下将补充水送入膨胀罐。氮气稳压回路设置 1 用 1 备的 2 台氮气瓶，为膨胀罐提供压力，再补充水进入主循环回路。

之后冷却水经过脱气罐，去除管路系统中产生的气体。同时加热器置于主循环冷却水回路的脱气罐内，对冷却水温度进行强制补偿，用于调节冬天温度极低及换流阀停运时的冷却水温度，防止进入换流阀的温度过低而出现凝露现象，避免冷却水温度过低。

最后冷却水进入换流阀冷却水管道。阀塔内水路如图 9-8 所示，红色为出水回路，蓝色为进水回路。每个阀塔均包含进/出水主管路，呈并联关系。主水管在对地支撑绝缘子部分为曲形水管，在阀段部分为竖水管，每层阀段对应一组进/出水分水管，横向布置在阀段，与主水管连接，各组分水管之间为并联关系。每个功率模块的进/出水管与所在阀段的分水管连接，换流阀中所有功率模块水路之间均为并联关系。

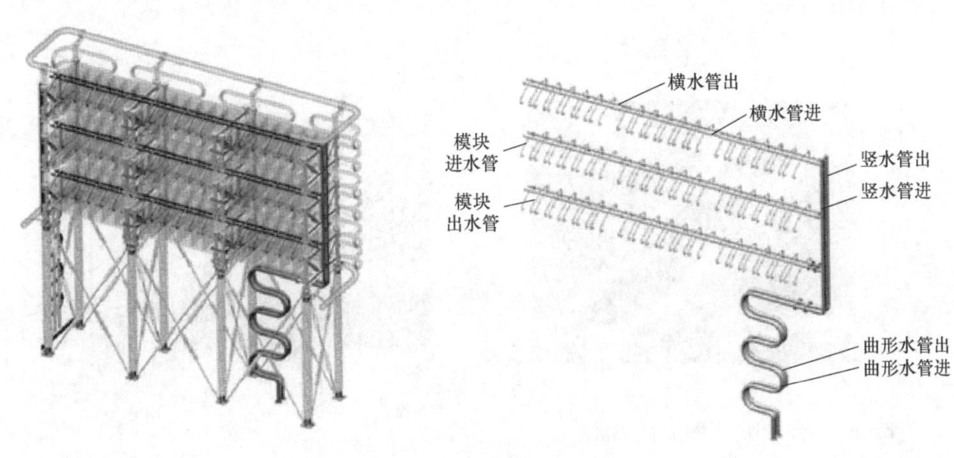

图 9-8 阀塔内水路

换流阀冷却水路将阀塔内各个不同电位的 IGBT 散热片连接起来，不同电位的金属件之间的水路可能产生电解电流，造成这些金属件可能受到电解腐蚀。因此在每层阀段进/出水横水管两端设置水冷电极，阀塔进/出水曲形水管与竖直水管连接处设置水冷电极。电极接在两侧功率单元的外框架上，钳制水管电位，水路的电位一致，电解电流将从均压电极泄漏，有效减小功率单元内部水管中的泄漏电流，从而减少散热器金属件的电解腐蚀。换流阀阀塔中均压电极形式采用镀铂针式电极，布置位置如图 9-9 所示。

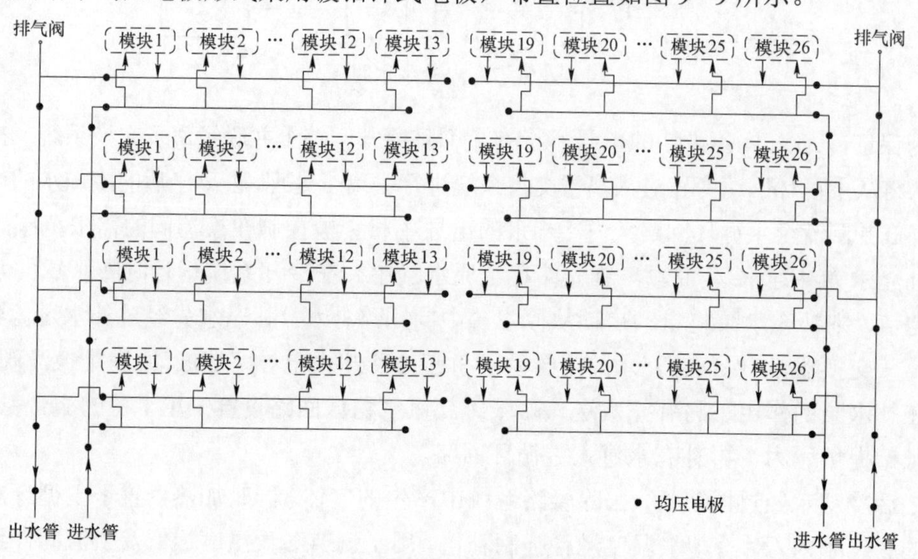

图 9-9　阀塔均压电极布置位置

子模块水路采用串联设计，连接可靠，不易堵塞，冷却效果均匀可靠，水管接头数量少，且所有冷却水管的接头都在换流阀的外侧，远离带电元件区域。每个全桥功率模块由 4 个 IGBT 和 1 个晶闸管构成，水路串联连接，水路接口为 1 进 1 出。每个半桥功率模块由 2 个 IGBT 和 1 个晶闸管构成，为保证水路均流效果，增加虚拟 IGBT 结构，使得结构设计与全桥功率模块水路保持一致，水路串联连接，水路接口为 1 进 1 出，功率模块水路流向如图 9-10 所示。

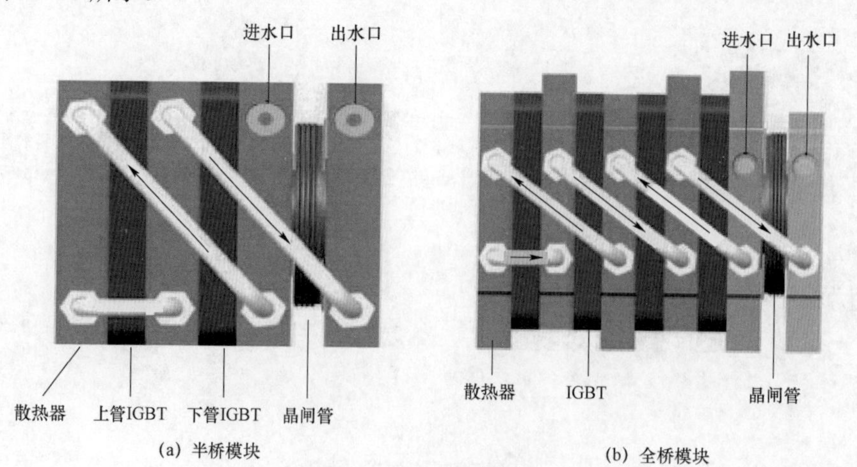

图 9-10　功率模块水路流向

9.2.2 外冷水系统工作原理

内冷水的降温在外冷水系统中的冷却塔实现，外冷水系统水路如图 9－11 所示。

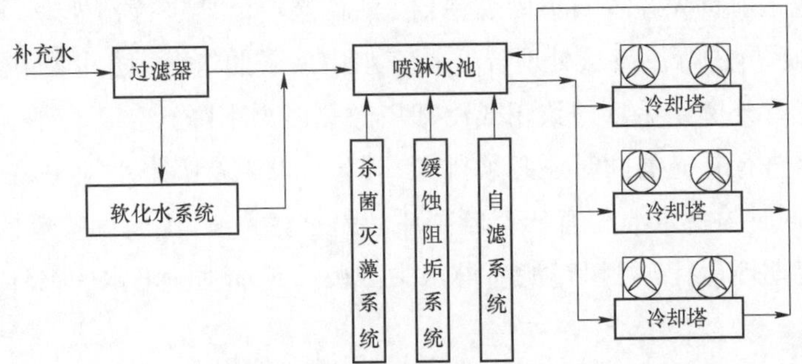

图 9－11　外冷水系统水路

冷却塔内部结构如图 9－12 所示。

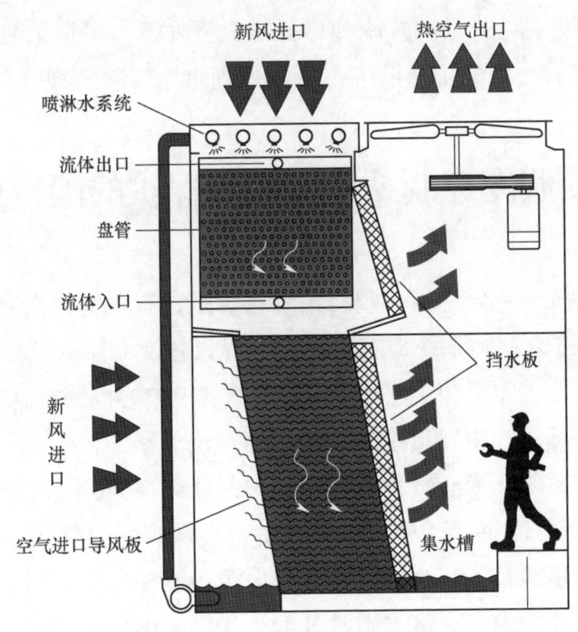

图 9－12　冷却塔内部结构

在换流阀水路内被加热升温的冷却水进入室外蒸发式冷却塔内的换热盘管，换热盘管是由光管或翅片管组成的“蛇形”管组，装在一个由型钢和钢板焊制的立式箱体内，上部装有喷水装置，底部为一接水盘。喷淋水泵从室外地下水池抽水均匀喷洒到冷却塔的换热盘管表面，喷淋水吸热后蒸发成水蒸气通过风机排至大气。在此过程中，换热盘管内的冷却水将得到冷却，降温后的内冷却水由循环水泵再送至换流阀，如此周而复始地循环。挡水板将热空气上升时凝结的水蒸气与盘管隔离，将其汇集在集水槽中，集水槽下接喷淋水池。布置在闭式冷却塔下方的喷淋水池，起缓冲作用，保证冷却塔喷淋水系统正常运行。

随着喷淋水的蒸发，喷淋水中离子杂质浓度升高，且喷淋水池中液位降低。当阀冷系统检测到阀外冷补水箱液位达到补水液位时，打开补水处电动阀门，同时由阀冷控制系统发信号启动远方工业补水泵，喷淋水补充水的加入可以降低喷淋水的离子杂质浓度。补充水进入喷淋水池之前首先经过石英砂过滤器、活性炭过滤器进行预处理，除去水中余氯和部分有机物，然后再进行反渗透处理降低补充水中离子的浓度，防止喷淋水因蒸发浓缩而在闭式冷却塔盘管外壁结垢，导致闭式冷却塔散热能力下降。

水池内的水进行补充的同时还必须排掉一部分，以维持喷淋水池中离子杂质浓度在合理范围内波动。同时喷淋水池配有一套自循环旁路过滤系统，主要设备包括水泵及过滤器，系统定期或不定期地运行，可以过滤喷淋水中的杂质及加强喷淋水的循环流动，防止水质变坏。

同时，通过装有杀菌灭藻剂的加药装置向喷淋水中投加杀菌剂，可防止在水池内壁和闭式冷却塔内部产生藻类，同时加药装置还将向喷淋水中添加缓释阻垢剂改善水质、防止闭式冷却塔换热盘管表面结垢。为防止闭式冷却塔换热盘管外表面结垢和生物性污染，例如藻类、黏液和军团杆菌，一旦闭式冷却塔换热盘管外表面发生了结垢，可采用一定浓度的弱酸溶液对换热盘管进行酸洗及清洗，从而达到除垢和除杂物的目的。

9.3 阀冷控制系统监测与保护的配置原则

为保证换流阀的安全稳定运行，阀冷系统通常配置有温度、流量、压力、液位、电导率共 5 类参数检测保护，控制系统将对设备的运行状态及上述运行参数进行监控。当阀冷系统运行参数达到某一设定数值（超标）时，将采取相关的控制对各机电设备进行自动调节；运行参数严重超标时，将发出跳闸信号，闭锁换流器。

阀冷却控制保护系统作为阀冷系统控制保护的核心，每套系统均采用双机热备的硬件冗余机制，所有的重要部件均冗余配置，冗余的范围从阀冷却控制系统的电源，到为该控制系统提供信息的传感器。各冗余传感器工作电源相互独立，分别引自不同的直流母线。各传感器配置独立空开。跳闸回路采用常开触点（励磁出口）、双继电器“与”逻辑出口方式，避免单一故障导致故障误出口，确保了任何时候系统均可靠。

正常情况下，双重化配置的阀冷保护系统均处于工作状态，允许短时退出一套保护，当主系统故障时将自动切换到备用系统。从一个系统转换到另一个控制系统时，引起高压直流输电系统输送功率的降低；同时当主控制系统或备用系统保持在运行状态时，允许对备用系统或主控制系统进行维修和改进。

9.3.1 温度类主要参数及配置原则

下面分析各类参数检测保护定值及保护逻辑的配置原则。温度类参数主要包括进阀温度和出阀温度。进阀温度为阀冷系统主要运行参数，包含报警/跳闸保护；出阀温度主要含报警保护，不进行跳闸保护。

进阀温度为阀冷系统主要运行参数，配置进阀温度高报警、进阀温度超高报警、进阀温度超高跳闸、进阀温度低报警。

柔性直流换流阀子模块的运行温度等于冷却水的进阀温度与换流阀损耗产生的温升之和，冷却水进阀温度的高低直接决定阀运行设备的温度。若进阀温度过高，会使 IGBT 结温超过最高允许结温，导致器件过热烧毁，因此阀冷系统通常会配置进阀温度保护，当进阀温度超高时闭锁直流，保护换流阀设备。进阀温度超高保护定值可根据式（9－1）进行计算，并在此在计算值基础上取整后留有 1～2℃安全裕度。

$$\begin{cases} t_0 = t_j' - P_{TH} \times R_{TH} \\ P_{TH} = (U_0 + R_0 \times I_d) \times \dfrac{I_d}{3} + P_{TH,dy} \end{cases} \tag{9-1}$$

式中：t_0 为进阀温度起高保护定值，水路并联时 t_0 取冷却介质进阀温度，水路串联时 t_0 取进出水平均温度 t_{av}，℃；t_j' 为 IGBT 最大设计结温；$P_{TH,dy}$ 为 IGBT 动态损耗，kW；I_d 为 2h 过负荷直流电流，kA；U_0 为 IGBT 门槛电压，V；R_0 为 IGBT 平均通态伏安特性中的斜率电阻，mΩ；R_{TH} 为 IGBT 结到散热器外壳和散热器外壳到冷却水总的热阻，℃/kW；P_{TH} 为 IGBT 结传输功率，kW。

进阀温度保护延时按以下原则确定：

（1）进阀温度高报警定值比进阀温度超高报警/跳闸保护定值低 2～3℃；进阀温度高报警及跳闸延时应不超过 3s，高报警延时应少于超高跳闸延时，进阀温度高报警延时建议取 2s，进阀温度超高跳闸延时建议取 3s。

（2）进阀温度低报警。为避免换流阀结冻风险，通常取冰点以上 5～10℃的安全裕度，因此进阀温度低报警定值建议取 10℃，进阀温度低报警延时应不超过 3s，建议取 2s。

（3）出阀温度保护配置有出阀温度高报警、出阀温度超高报警。换流阀的热量全部通过内冷水带出（忽略阀厅空调散热部分），直观反应为内冷水经换流阀后温度升高。因整个传热过程介质无相变发生，可根据传热公式计算得到出阀温度，结合进阀温度高报警和超高报警定值，确定出阀温度高报警及超高报警保护定值，并在此计算结果基础上取整后留有 1～2℃安全裕度。

$$t_{out} = P / MC + t_{in} \tag{9-2}$$

式中：P 为换流阀发热功率，kW；M 为额定进阀流量，kg/h；C 为介质比热容，kJ（kg・℃）；t_{in} 为进阀温度，℃；t_{out} 为出阀温度，℃。

（4）出阀温度。出阀温度保护的动作延时应少于换流阀过热允许时间。出阀温度高报警及超高报警延时不应超过 3s，出阀温度高报警延时建议取 2s，出阀温度超高报警延时建议取 3s。

温度保护逻辑框图如图 9－13 所示。

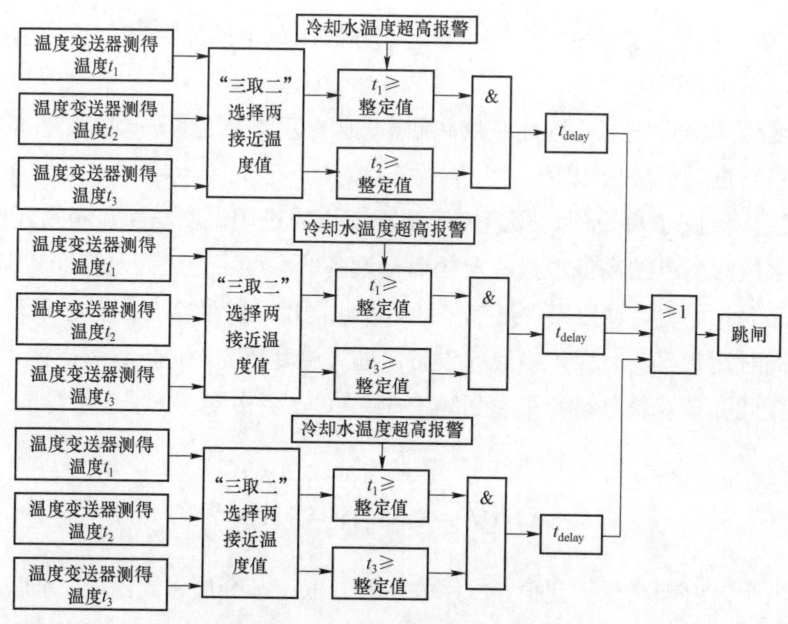

图 9-13　温度保护逻辑框图

9.3.2　流量类主要参数及配置原则

流量类参数主要包括冷却水流量、去离子水流量和喷淋水流量。冷却水流量为阀冷系统主要运行参数，包含报警/跳闸保护；去离子水流量和喷淋水流量主要含报警保护，而不宜进行跳闸保护。

流量保护定值应包括冷却水流量低报警定值、冷却水流量超低报警/跳闸定值、冷却水流量高报警定值、去离子水流量低报警跳闸定值、喷淋水流量低报警定值、喷淋水流量高报警定值等。冷却水流量可根据式（9-3）进行计算，并在此在计算值基础上取整。

$$M = \frac{P}{C(t_{\text{out}} - t_{\text{in}})} = \frac{P}{C(t_{\text{out}} - t_{\text{j}} + P_{\text{TH}} \times R_{\text{TH}})} \tag{9-3}$$

式中：C 为介质比热容，kJ/（kg·℃）；P 为换流阀发热功率，kW；M 为额定进阀流量，kg/h；t_{in} 为进阀温度，℃；t_{out} 为出阀温度，℃，R_{TH} 为 IGBT 结到散热器外壳和散热器外壳到冷却水总的热阻，℃/kW，P_{TH} 为 IGBT 结传输功率，kW。

进阀流量高保护定值、低保护定值可结合进出阀温差范围根据式（9-3）进行计算。通常情况下，进阀流量超高报警定值不宜高于额定流量的 105%，冷却水流量高时对换流阀散热影响略小，冷却水流量高报警延时大于流量低报警延时，建议取 60s。进阀流量低报警定值不宜低于额定流量的 95%，进阀流量超低报警定值不宜低于额定流量的 90%，冷却水流量低保护延时应超过主循环泵切换不成功再切回原泵的时间，建议取 10s。

去离子回路设计时，应保证去离子回路具备在 2～3h 内将内冷却水循环 1 遍的能力，宜按照主回路流量的 2%～5%进行选取。去离子回路流量的降低往往可以侧面反映去离子回路精密过滤器脏堵情况，流量低报警用于提醒清洗滤芯，为避免误动，延时建议取 30s。

喷淋水额定流量根据阀冷厂家提供的冷却塔技术参数来确定，喷淋水流量高报警定值不宜高于喷淋水额定流量的 120%，喷淋水流量低报警定值不宜高于喷淋水额定流量的 80%。流量保护逻辑框图如图 9－14 所示。

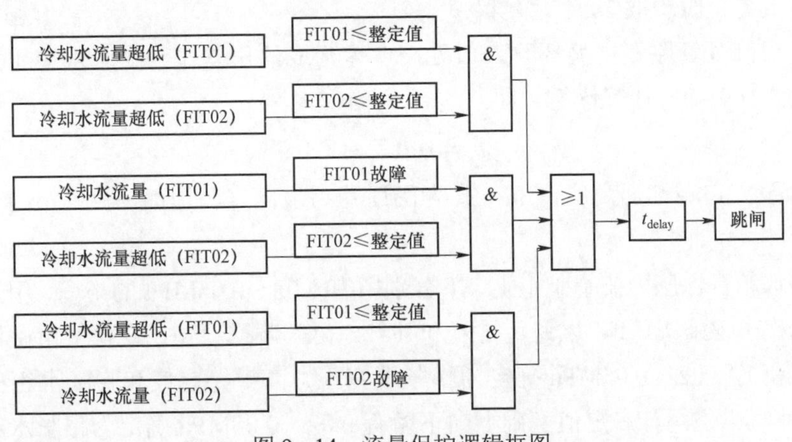

图 9－14　流量保护逻辑框图

9.3.3　压力类主要参数及配置原则

压力类参数主要包括进阀压力、出阀压力、膨胀水箱压力，均为阀冷系统主要运行参数，均包含报警保护；其中进阀压力、出阀压力结合冷却水流量进行跳闸保护。

压力保护定值应包括进阀压力高报警定值、进阀压力超高报警定值、进阀压力低报警定值、进阀压力超低报警定值、出阀压力高报警定值、出阀压力低报警定值、出阀压力超低报警定值、膨胀水箱压力高报警定值、膨胀水箱压力超高报警定值、膨胀水箱压力低报警定值和膨胀水箱压力超低报警定值等。

进出阀压力与循环泵设备特性、进阀前管路、稳压罐压力有关（出阀压力还与阀塔损失有关），进阀流量应控制在不同的范围，查询不同流量下泵的曲线、泵出口至进阀管路压力损失、阀塔损失，根据式（9－4）～式（9－8）可得到允许进阀流量下进出阀压力的波动范围，在此基础上考虑一定余量并取整，即可确定进出阀压力保护定值。

$$p_2 = p_P - \Delta p \tag{9-4}$$

$$p_P = p_s + p_1 \tag{9-5}$$

$$\Delta p = p_f + p_j \tag{9-6}$$

$$p_f = i \times L \tag{9-7}$$

$$p_j = \sum \xi v^2 / (2g) \tag{9-8}$$

式中：p_2 为进阀/出阀的压力，MPa；Δp 为泵出口至进阀/出阀的管路压力损失，MPa；p_1 为工况流量下泵的扬程，MPa；p_f 为泵出口至进阀/出阀的管路沿程水力损失，MPa；p_j 为泵出口至进阀/出阀的管路局部水力损失，MPa；i 为管路长度的水力损失，MPa/m；L 为阀冷系统的冷却水管路长度，m；ξ 为局部阻力系数；v 为液体的平均流速，m/s；g 为重力加速度，m/s^2；p_P 为泵出口压力；p_s 为膨胀水箱目标压力值。

阀冷系统压力建立所需时间为 1s 左右，故建议：进阀压力低报警、进阀压力超低报警、进阀压力高报警和进阀压力超高报警，以及出阀压力保护低报警、出阀压力超低报警、出阀压力高报警延时均取 2s。

将阀厅最高处管路距主循环泵入口处高度差形成的压差作为膨胀水箱压力控制目标值，可根据式（9-9）计算该值，即

$$p_s = \rho g(Z_2 - Z_1) \tag{9-9}$$

式中：Z_1 为泵入口距地面高度，m；Z_2 为阀厅管路最高点距地面高度，m；ρ 为介质密度，kg/m^3。

在膨胀水箱目标压力值基础上上、下分别留有 0.02～0.05MPa 的裕度，用于排气电磁阀启/闭和补气电磁阀启/闭，以避免排气和补气电磁阀频繁动作；在排气电磁阀开启定值基础上向上留有 0.02～0.05MPa 确定为膨胀水箱压力高报警定值和膨胀水箱压力超高报警定值；在补气电磁阀开启定值基础上向下留有 0.02～0.05MPa 确定为膨胀水箱压力低报警定值和膨胀水箱压力超低报警定值。

为防止补气和排气过程中电磁阀关闭对膨胀水箱压力造成冲击性影响，结合工程经验，膨胀水箱压力保护延时建议为 10s。压力保护逻辑框图如图 9-15 所示。

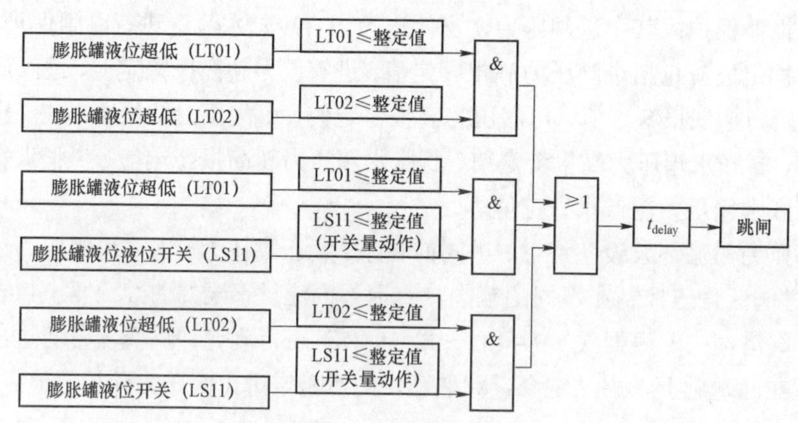

图 9-15 压力保护逻辑框图

9.3.4 液位类主要参数及配置原则

液位类参数主要包括高位水箱液位、膨胀水箱液位、补水罐液位。其中高位水箱液位、膨胀水箱液位为阀冷系统主要运行参数，包含报警/跳闸保护；补水罐液位主要含报警保护。液位保护定值应包括高位水箱液位低报警定值、高位水箱液位超低报警定值、高位水箱液位高报警定值；膨胀水箱液位低报警定值、膨胀水箱液位超低报警定值、膨胀水箱液位高报警定值；补水罐液位低报警定值等。

高位水箱与膨胀水箱保护定值设定原则一致，均需保证无论何种工况下不出现高位水箱内满水或无水的现象。根据式（9－10）可计算得到因温度变化引起的膨胀水箱液位变化ΔH。为降低高位水箱液位不足或液位过高对系统造成的影响，并留有足够的处理时间，从高位水箱 50%液位开始，分别向上和向下取值，其范围作为高位水箱的正常液位变化范围（大于ΔH）；在此基础上取 5%左右的液位余量，作为高位水箱的液位高报警和液位低报警定值。

$$\Delta H = H_2 - H_1 = \frac{\left(\dfrac{m}{\rho_2} - \dfrac{m}{\rho_1}\right)}{2 \times \dfrac{\pi D^2}{4}} \tag{9-10}$$

式中：H_1为温度t_1时膨胀水箱液位，m；H_2为温度为t_2时膨胀水箱液位，m；m为闭式系统内冷水质量，kg；ρ_1为温度t_1时介质密度，kg/m^3；ρ_2为温度t_2时介质密度，kg/m^3；D为膨胀水箱内径，m。

膨胀水箱液位低报警定值宜为膨胀水箱液位的 30%，膨胀水箱液位超低报警定值宜为膨胀水箱液位的 10%；膨胀水箱液位高报警定值宜为膨胀水箱液位的 80%。为防止补水泵启停对高位水箱液位造成冲击性影响，高位水箱液位保护延时建议取 10s。补水罐液位低报警定值宜为补水罐液位的 20%，延时时间建议为 5s。液位保护逻辑框图如图 9－16 所示。

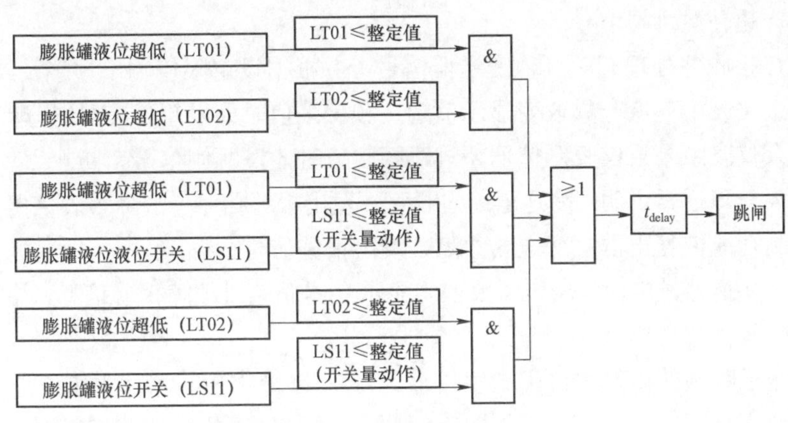

图 9－16 液位保护逻辑框图

9.3.5 电导率类主要参数及配置原则

电导率类参数主要包括冷却水电导率、去离子水电导率、喷淋水电导率。冷却水电导率为阀冷系统主要运行参数，包含报警/跳闸保护；去离子水电导率和喷淋水电导率主要含报警保护，不宜进行跳闸保护。

电导率保护定值应包括冷却水电导率高报警定值、冷却水电导率超高报警定值、去离子水电导率高报警定值、喷淋水电导率高报警定值等。控制电导率可以通过控制泄漏电流来实现，泄漏电流宜控制在 4mA 以内；泄漏电流可根据式（9－11）进行计算，并在此在计算值基础上取整。

$$I_s = \frac{SK_{H_2O}}{4L}U \tag{9-11}$$

式中：S 为冷却水管内孔面积，mm^2；K_{H_2O} 为内冷水的电导率；U 为晶闸管层间或水冷板冷却水管进/出口电压差，V。

冷却水电导率高报警定值设定应不大于 0.5μS/cm（25℃时），冷却水电导率超高报警定值设定应不大于 0.7μS/cm（25℃时），延时建议取 30s。

去离子水电导率高报警定值设定应不大于 0.3μS/cm（25℃时），冷却水电导率超高报警定值设定应不大于 0.5μS/cm（25℃时），延时建议取 30s。

喷淋水电导率设定应不大于 4000μS/cm（25℃时），延时建议取 300s。

9.3.6 仪表冗余及故障上报配置

阀冷控制系统通过 PLC 接收各在线变送器信号并显示其在线值，表计故障处理原则如下。

（1）对于流量、温度、压力、电导率变送器冗余，PLC 判断两路输入并选择不利值上传。

（2）PLC 接收处理温度变送器信号并根据设定的温度上下限，输出低温预警、高温预警和超低、超高温跳闸信号。

（3）PLC 接收并处理有关其他变送器信号，并根据设定限值输出预警及跳闸信号。

（4）冗余仪表中任意一只仪表显示值超过预警限值时即发预警信号，提醒运行人员及时处理；冗余仪表中两只仪表示值均超过跳闸限值时才发跳闸信号，防止误动。

（5）仪表故障逻辑说明：变送器超过量程，发出报警信号；故障仪表恢复正常后，相关冗余和控制功能恢复正常；变送器故障，发出报警信号。

（6）任一变送器故障时，操作面板上均显示具体变送器故障报警信息，并发出预警信号，同时上传具体变送器报文。

（7）作用于跳闸的内冷水进阀温度传感器、膨胀罐液位传感器和主水电导率传感器应按照三套独立冗余配置，每个系统的内冷水保护对传感器采集量按照“三取二”原则出口；当一套传感器故障时，出口采用“二取一”逻辑；当两套传感器故障时，出口采用“一取一”逻辑出口；当三套传感器故障时，应发闭锁直流指令。

9.4 风险因素分析及防范措施

本节将对阀冷系统日常运行中可能导致换流阀闭锁的因素进行分析，并对各风险因素设置预控措施。

9.4.1 阀冷系统进阀温度超高或进阀温度传感器均故障引起的跳闸

当阀冷系统进水温度高于设定值时，阀冷系统将延时发跳闸信号，闭锁所在阀组。三个进阀温度传感器状态都正常时，其中两个所测值较接近的传感器所测的温度均高于跳闸定值时发跳闸信号。当有一个传感器故障时，其中一个传感器所测的温度高于跳闸定值时发跳闸信号。当两个进阀温度传感器故障时，剩下一个传感器所测温度高于跳闸定值时发跳闸信号。当三个进阀温度传感器均故障时，延时一定时间出口跳闸。

1. 闭锁隐患

（1）进阀温度传感器温度探头或测量回路异常。

（2）冷却塔风扇或喷淋泵全停，短期无法启动，导致内冷水温度缓慢上升，内冷水温度高跳闸。

（3）内冷水蛇形管道污垢太厚，导致阀冷系统冷却能力不足引发进阀温度超高跳闸。

（4）喷淋水补水不足，导致冷却塔散热容量不够，内冷水温度缓慢上升，内冷水温度高跳闸。

（5）阀塔设备存在局部发热点。

（6）内冷系统加热器故障启动。

2. 预控措施

（1）在阀冷系统告警参数中，有“冷却水进阀温度高”告警定值，能提前预警异常，以便运行人员快速处理。

（2）每年对表计进行自主校验，每两年请专业部门进行表计校验或将备品送修试中心专业阀冷平台进行检验，及时更换不合格表计。

（3）加强对冷却风机以及喷淋泵的巡视，确保冷却风机正常运行；当交流电源有扰动时，变频器能有效躲过电源干扰；若扰动时间过长导致变频器未躲过时，阀冷风机具备自动旁路功能，能够工频运行，运行后台也能直接对风机进行全部强投。

（4）定期检查外冷水加药系统的正常运行和药剂的正常供给；每年对内冷水蛇形管管路进行除垢；每两年对喷淋泵、冷却塔风机进行大修，每年一小修。

（5）定期检查外冷补水装置运行状况，检查补水泵，高压泵启动正常，砂滤装置，碳滤装置运行正常，反渗透装置无堵塞，出水量正常。

（6）当发现信号超差时，应立即现场核对查看，如若发现超差的表计高于跳闸值应立即将该传感器隔离出来，以免另两个正常表计任意一个发生同样故障而导致跳闸。

（7）定期对阀厅设备进行红外测温，发现有局部发热点时立即做好跟踪记录，利用停电机会消缺。

（8）若在正常情况下加热器故障启动，应断开其电源空开，并检查故障原因。

9.4.2 阀冷系统冷却水电导率超高或主水电导率传感器均故障引起的跳闸

当阀冷系统内冷水的主水电导率大于设定值时，阀冷系统将延时发跳闸信号，闭锁所在阀组。三个主水电导率传感器状态都正常，其中两个所测值较接近的传感器所测的电导率均高于跳闸定值时发跳闸信号。当有一个传感器故障，其中一个传感器所测的电导率高于跳闸定值时发跳闸信号。当两个主水电导率传感器故障，剩下一个传感器所测电导率高于跳闸定值时发跳闸信号。当三个主水电导率传感器均故障时，延时一定时间出口跳闸。

1. 闭锁隐患

（1）主水电导率传感器故障、电源回路或测量回路异常、端子松动等。

（2）去离子罐内树脂失效、去离子能力下降，或离子交换器及精密过滤器堵塞造成出水量下降等，导致主水电导率不断升高。

（3）主水回路存在渗漏，导致补水量较大，主水回路电导率较高。

（4）内冷水含氧量过高，导致内冷水管道内锈蚀。

2. 预控措施

（1）在阀冷系统告警参数中，有“冷却水电导率高”告警定值，能提前预警异常，以便运行人员快速处理。

（2）每年对表计进行自主校验，每两年请专业部门进行表计校验或将备品送修试中心专业发冷平台进行检验，及时更换不合格表计。

（3）加强对离子交换器的巡视，确保离子交换器正常运行；站内所有离子交换器树脂每年至少检查一次，及时更换变色、异味树脂。当发现离子交换器效果下降或堵塞时，可手动切换至另一离子交换器运行。

（4）按照超高压公司辅助材料管理规定，在采购离子交换器树脂、内冷水的时候选取合格的产品，并且在使用前进行检验，保证其质量的可靠。

（5）监视内冷水中溶解氧，利用氮气脱去水中溶解氧。

9.4.3 阀冷系统膨胀罐液位超低或膨胀罐液位传感器均故障引起的跳闸

当阀冷系统膨胀罐液位低于设定值时，阀冷系统将延时发跳闸信号，闭锁所在阀组。三个膨胀罐液位传感器状态都正常，其中两个所测值较接近的传感器所测的电导率均高于跳闸定值时发跳闸信号。当有一个传感器故障，其中一个传感器所测的膨胀罐液位高于跳闸定值时发跳闸信号。当两个膨胀罐液位传感器故障，剩下一个传感器所测膨胀罐液位高于跳闸定值时发跳闸信号。当三个膨胀罐液位传感器均故障时，延时一定时间出口跳闸。

1. 闭锁隐患

（1）膨胀罐液位传感器故障、电源回路或测量回路异常、端子松动等。

（2）内冷主水管路存在泄漏，导致液位不断下降。

（3）补水泵故障或原水罐内存水不足，无法正常向膨胀罐内补水。

（4）氮气稳压装置故障，无法稳定膨胀罐内压力在一定范围内，导致膨胀罐无法起到适应内冷水温度变化的作用。

2. 预控措施

（1）在阀冷系统告警参数中，有“膨胀罐液位低”告警定值，能提前预警异常，以便运行人员快速处理；同时具有渗漏保护，可以反映出阀冷主水管道存在的细微渗漏。

（2）每年对表计进行自主校验，每两年请专业部门进行表计校验或将备品送修试中心专业发冷平台进行检验，及时更换不合格表计。

（3）加强对膨胀罐的巡视，确保膨胀罐正常运行；每次应重点巡视膨胀罐液位，以及跟上次巡视结果相比对看差值。看氮气瓶压力是否正常稳定，原水罐是否有足够的水对膨胀罐进行补偿。

（4）每年对各回路进行校验，对补水泵自动补水进行测试，确保能自动对膨胀罐进行自动补水。

9.4.4 阀冷系统两台主泵工频均故障与进阀压力低引起的跳闸

当阀冷系统检测到两个主泵工频均故障与进阀压力低时，阀冷系统将延时发跳闸信号，闭锁所在阀组。当系统检测到阀冷系统两路主泵电源均失去后，报两台主泵均故障。当三路进阀压力传感器均正常时，系统检测三路传感器中差值较小的两路传感器测量值中任意有一路检测到进阀压力低于定值，报进阀压力低。

1. 闭锁隐患

（1）当主泵两路进线交流 380V 电源故障时，会报双主泵均故障，此时再检测到冷却水进阀压力低，一定延时后启动跳闸。

（2）主泵在定期切换中（因逆止阀损坏或建压失败）自动切换不成功，回切也不成功，使得双主泵均故障，且此时检测到进阀压力低而导致跳闸。

（3）由于主泵本体故障（包括软启动器、工频回路）导致无法正常建压。

（4）传感器本体或供电电源故障、端子松动等。

2. 预控措施

（1）在阀冷系统告警参数中，有“主泵切换不成功”告警信号，且具备自动回切功能，能提前预警某一个主泵异常，以便运行人员快速发现，检修提前处理。

（2）每年年检对主泵进行小修，每两年对主泵进行大修，确保主泵稳定可靠运行。

（3）每个主泵电源都来自不同的母线，以加强供电可靠性，降低双主泵同时失电可能性。

（4）定期巡视阀冷设备，检查显示正常。定期检查主泵电源是否合上，检查上级电源是否合上，定期检查主泵运行无异常声响，无超常振动定期进行主泵及电源开关等红外测温，防止过热。

（5）定期对传感器进行校验，定期对传感器回路进行检查，定期对主泵、电动机进行维护。当出现压力、流量异常时，立即检查主泵运行状况，必要时手动切换主泵。

9.4.5 阀冷系统两台主泵工频均故障与冷却水流量低引起的跳闸

当阀冷系统检测到两个主泵工频均故障与冷却水流量低时，阀冷系统将延时发跳闸信号，闭锁所在阀组。系统检测到阀冷系统两路主泵电源均失去后，报两台主泵均故障。当三路主水流量传感器均正常时，系统选择三路传感器中差值较小的两路传感器测量值，当其中任意有一路检测到主水流量低于定值，报进阀压力低。

1. 闭锁隐患

（1）当主泵两路进线交流 380V 电源故障时，会报双主泵均故障，此时再检测到冷却水流量低，一定延时后启动跳闸。

（2）主泵在定期切换中（因逆止阀损坏或建压失败）自动切换不成功，回切也不成功，使得双主泵均故障，且此时检测到冷却水流量低而导致跳闸。

（3）由于主泵本体故障（包括软启动器、工频回路）导致无法正常启动建压使冷却水流动。

（4）传感器本体或供电电源故障、端子松动等。

2. 预控措施

（1）在阀冷系统告警参数中，有“主泵切换不成功”告警信号，且具备自动回切功能，能提前预警某一个主泵异常，以便运行人员快速发现，检修提前处理。

（2）每年年检对主泵进行小修，每两年对主泵进行大修，确保主泵稳定可靠运行。

（3）每个主泵电源都来自不同的母线，以加强供电可靠性，降低双主泵同时失电的可能性。

（4）定期巡视阀冷设备，检查显示正常。定期检查主泵电源是否合上，检查上级电源是否合上，定期检查主泵运行无异常声响，无超常振动定期进行主泵及电源开关等红外测温，防止过热。

（5）定期对传感器进行校验，定期对传感器回路进行检查，定期对主泵、电动机进行维护。当出现压力、流量异常时，立即检查主泵运行状况，必要时手动切换主泵。

9.4.6 阀冷系统进阀压力超低与冷却水流量低引起的跳闸

当阀冷系统检测到进阀压力超低与冷却水流量低时，阀冷系统将延时发跳闸信号，闭锁所在阀组。系统检测三冗余传感器中两路较相近的作为有效数据，当进阀压力传感器两路有效数据均低于进阀压力超低定值时，报进阀压力超低；当两路有效冷却水流量数据中有一路低于冷却水流量低定值时，报冷却水流量低；两者同时满足时，延时发跳闸信号。

1. 闭锁隐患

（1）当主泵两路进线交流 380V 电源故障时，会报双主泵均故障，此时再检测到冷却水流量低，15s 后启动跳闸。

（2）主泵在定期切换中（因逆止阀损坏或建压失败）自动切换不成功，回切也不成功，使得双主泵均故障，且此时检测到进阀压力超低与冷却水流量低而导致跳闸。

（3）当主过滤器堵塞时，会导致进阀压力超低与冷却水流量低而跳闸。

（4）当内冷水主水回路存在泄漏时，会导致进阀压力超低和冷却水流量低而跳闸。

（5）传感器本体或供电电源故障、端子松动等。

2. 预控措施

（1）在阀冷系统告警参数中，有“主泵切换不成功”告警信号，且具备自动回切功能，能提前预警某一个主泵异常，以便运行人员快速发现，检修提前处理。

（2）每年年检对主泵进行小修，每两年对主泵进行大修，确保主泵稳定可靠运行。

（3）每个主泵电源都来自不同的母线，以加强供电可靠性，降低双主泵同时失电可能性。

（4）日常巡视时关注主过滤器压差表是否有异常压差，提前关注主过滤器是否有堵塞现象。

（5）阀冷系统具备渗漏泄漏检测，能够提前发现一些比较细微的渗漏，发出告警信号。

（6）日常巡检时应对阀冷主泵、管道进行检查。定期对传感器进行校验，定期对传感器回路进行检查，定期对主泵、电动机进行维护。当出现压力、流量异常时，立即检查主泵运行状况，必要时手动切换主泵。

9.4.7 阀冷系统冷却水流量超低与进阀压力低引起的跳闸

当阀冷系统检测到冷却水流量超低与进阀压力低时，阀冷系统将延时发跳闸信号，闭锁所在阀组。系统检测三冗余传感器中两路较相近的作为有效数据，当冷却水流量传感器两路有效数据均低于冷却水流量超低定值时，报冷却水流量超低；当两路有效进阀压力数据中有一路低于进阀压力低定值时，报进阀压力低；两者同时满足时，延时发跳闸信号。

1. 闭锁隐患

（1）当主泵两路进线交流 380V 电源故障时，会报双主泵均故障，此时再检测到冷却水流量低，一定延时后启动跳闸。

（2）主泵在定期切换中（因逆止阀损坏或建压失败）自动切换不成功，回切也不成功，使得双主泵均故障，且此时检测到进阀压力超低与冷却水流量低而导致跳闸。

（3）当主过滤器堵塞时，会导致进阀压力超低与冷却水流量低而跳闸。

（4）当内冷水主水回路存在泄漏时，会导致进阀压力超低和冷却水流量低而跳闸。

（5）传感器本体或供电电源故障、端子松动等。

2. 预控措施

（1）在阀冷系统告警参数中，有“主泵切换不成功”告警信号，且具备自动回切功能，能提前预警某一个主泵异常，以便运行人员快速发现，检修提前处理。

（2）每年年检对主泵进行小修，每两年对主泵进行大修，确保主泵稳定可靠运行。

（3）每个主泵电源都来自不同的母线，以加强供电可靠性，降低双主泵同时失电可能性。

（4）日常巡视时关注主过滤器压差表是否有异常压差，提前关注主过滤器是否有堵塞现象。

（5）阀冷系统具备渗漏泄漏检测，能够提前发现一些比较细微的渗漏，发出告警信号。

（6）日常巡检时应对阀冷主泵，管道进行检查。定期对传感器进行校验，定期对传感器回路进行检查，定期对主泵、电动机进行维护。当出现压力、流量异常时，立即检查主泵运行状况，必要时手动切换主泵。

9.4.8 阀冷系统冷却水流量超低与进阀压力高引起的跳闸

当阀冷系统检测到冷却水流量超低与进阀压力高时，阀冷系统将延时发跳闸信号，闭锁所在阀组。系统检测三冗余传感器中两路较相近的作为有效数据，当冷却水流量传感器两路有效数据均低于冷却水流量超低定值时，报冷却水流量超低；当两路有效进阀压力数据中有一路高于进阀压力高定值时，报进阀压力高；两者同时满足时，延时发跳闸信号。

1. 闭锁隐患

（1）内冷水进阀主管道堵塞时，会导致冷却水流量超低与进阀压力高而跳闸。

（2）阀塔上管道存在堵塞或进阀阀门未完全打开，会导致冷却水流量超低与进阀压力高而跳闸。

（3）传感器本体或供电电源故障、端子松动等。

2. 预控措施

（1）日常巡视时关注冷却水流量与进阀压力的变化，跟平常正常值进行比对分析，提前预判阀塔进水主管道是否有堵塞现象。

（2）每次启动前检查每个阀塔阀门信号，检查是否开合到位。

（3）定期对传感器进行校验，定期对传感器回路进行检查。

9.4.9 阀冷系统泄漏引起的跳闸

阀冷系统对膨胀罐液位连续监测，每个扫描周期都对当前值进行计算和判断。扫描周期为 2s，液位比较周期为 10s，比较周期内泄漏量，连续 30s 内均满足则泄漏保护动作。液位比较扫描示意图如图 9-17 所示。

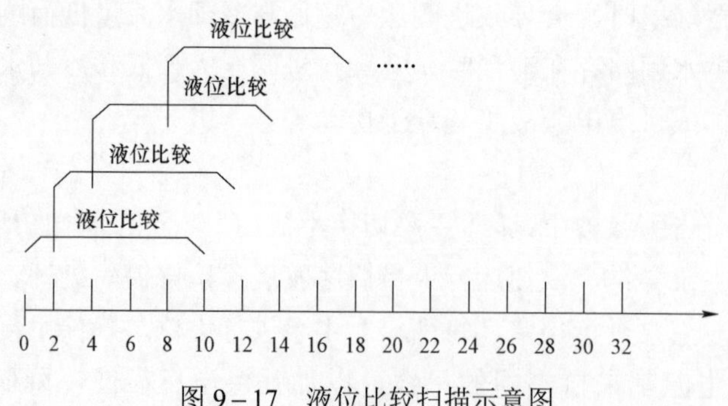

图 9-17 液位比较扫描示意图

1. 闭锁隐患

（1）内冷水主水管道或去离子支路存在泄漏。

（2）传感器本体或供电电源故障、端子松动等。

（3）子模块过压击穿旁路开关侧并联晶闸管导致晶闸管爆炸造成子模块冷却水路泄漏。

2. 预控措施

（1）控制系统有渗漏告警功能，阀冷控制系统每隔 60min 比较前后液位的差值，如果连续 6 次比较下降量均大于 0.6%液位，并且进出阀温度均小于 0.5℃，会发渗漏告警到后台，以便于提前发现微小渗漏，及时处理。

（2）日常巡视中密切关注各个管道阀门是否有渗漏或地上是否有漏水痕迹，以在没达到渗漏告警前提前发现缺陷，尽早处理。

（3）对膨胀罐液位数据做好长久记录，便于比对分析。尤其当补水泵启动时应去现场查看是否有渗漏水发生。

9.4.10 双控系统故障引起的跳闸

双控系统引起跳闸逻辑示意图如图 9－18 所示。

当阀冷双控制系统均故障时，通过硬接点跳闸输出。

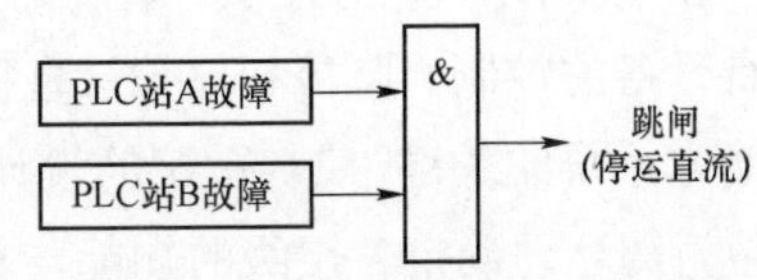

图 9－18 双控系统引起跳闸逻辑示意图

1. 闭锁隐患

（1）当阀冷控制保护系统的两路进线 220V 直流电源丢失时。

（2）两个控制屏内 A 路以及 B 路电源回路同时故障。

（3）两个控制系统 CPU 均出错发生故障。

2. 预控措施

（1）当控制系统需要更新固件或程序升级时，一定要选在直流停电的时机进行，避免当此工作进行时，另一控制系统出现故障导致跳闸情形。

（2）加强日常巡视，若出现单个控制系统故障或一路直流电源故障时，立即启动应急处理。

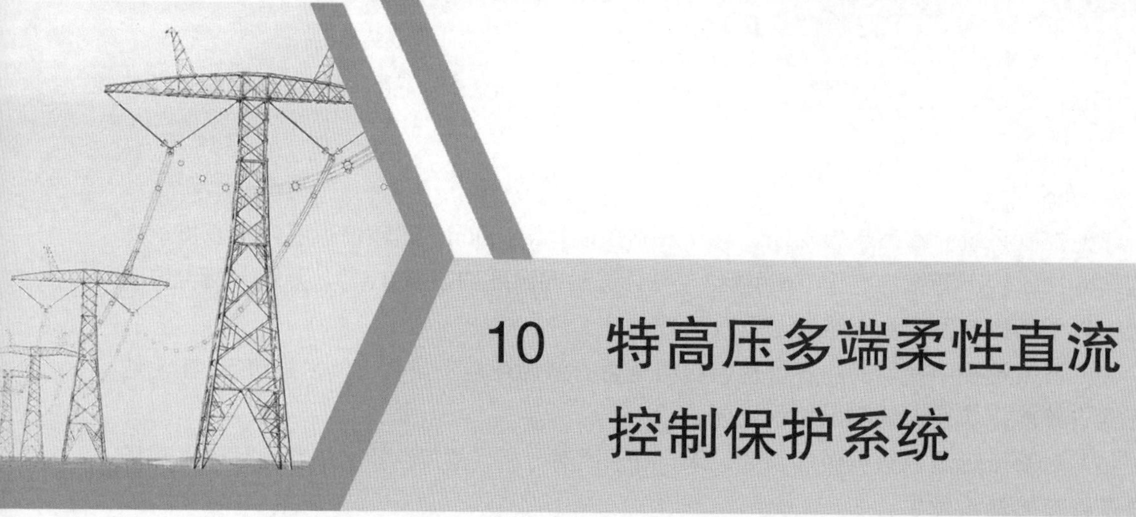

10 特高压多端柔性直流控制保护系统

多端柔性直流控制保护系统是多端柔性直流输电系统的“大脑”，实现对整个系统及所有设备的控制、监视和保护，直接关系到系统运行的性能、安全、效益，是多端柔性直流输电系统的关键。控制系统的设计通常统筹远方调度—现场运行—就地设备控制的功能定位，需合理确定各层级的功能与权限，以保证直流系统稳定运行。同时，直流系统故障发展迅速，保护系统也应与控制系统紧密配合，以提高保护动作的快速性，快速抑制故障发展，确保设备与系统安全，提高运行稳定性。

本章结合典型多端直流示范工程，从直流控制保护系统总体架构、直流控制系统以及直流保护系统设计等方面，论述多端柔性直流控制保护系统。

10.1 多端柔性直流控制保护系统总体架构

多端柔性直流输电系统是一个复杂的多输入、多输出系统，它控制交、直流功率转换及直流功率输送的全部过程，同时保护换流站所有电气设备以及直流输电线路免受电气故障的损害。多端柔性直流输电的控制保护系统需要完成以下功能：直流输电系统的启停控制；直流输送功率的大小和方向的控制；抑制换流器不正常运行及对所联交流系统的干扰；发生故障时，保护换流站设备；对换流站、直流线路的各种运行参数（如电压及电流等）以及控制系统本身的信息进行监视。

根据长期的工程设计经验，总结出多端柔性直流控制保护系统设计原则：直流控制保护系统应独立配置，控制和保护系统的采集回路应相互独立；控制保护系统采用模块化设计，可将故障造成的影响范围降至最小；直流控制、交/直流站控系统按双重化冗余结构配置，数据采集、数据传输、控制系统出口均要按完全双重化原则配置，确保任何单一设备故障不影响直流系统的正常运行；直流保护系统按三重化原则冗余配置，采用“三取二”跳闸逻辑，以保证直流系统保护动作的准确性。

根据控制保护系统需要完成的功能及上述设计原则，其直流控制保护系统采用模块化、分层分布式、开放式结构，提高系统运行的可靠性，限制任一控制环节故障造成的影响，使系统结构清晰、功能强大、性能优越且运行更加稳定可靠。

多端柔性直流控制保护系统分层设计如图 10－1 所示。

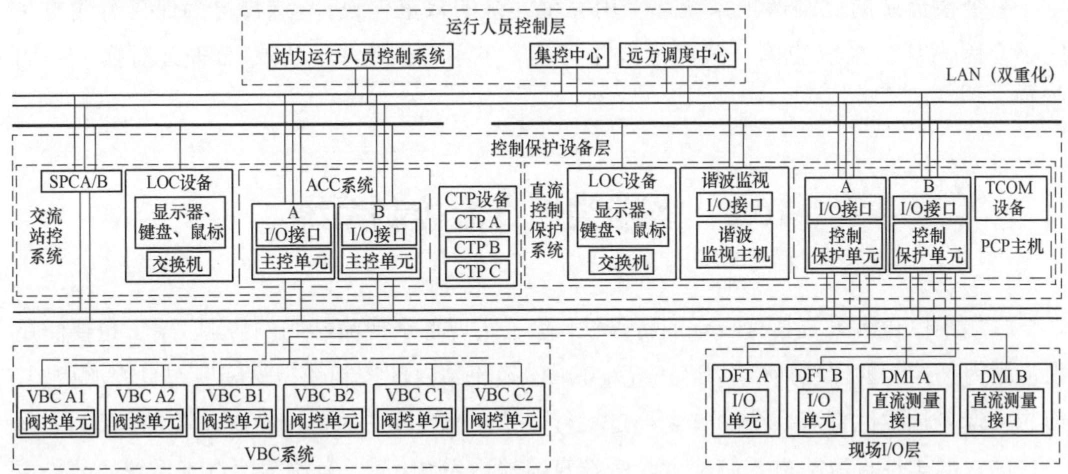

图 10－1 多端柔性直流控制保护系统分层设计

10.1.1 运行人员控制层

运行人员控制层由远方调度中心通信层、集控中心层和站内运行人员控制系统组成。其中，远方调度中心通信层是将交/直流系统的运行参数和换流站控制保护系统的相关信息通过通信通道上送至远方调度中心，同时将监控中心的控制保护参数和操作指令传送到换流站控制保护系统。集控中心通过远动通信或站局域网（LAN）延伸模式实现对站内设备的完整监视和控制。站内运行人员控制系统包括系统服务器、运行人员工作站、工程师工作站、站局域网设备、网络打印机等，其功能是为换流站运行人员提供运行监视和控制操作的界面。通过运行人员控制层设备，运行人员完成包括运行监视、控制操作、故障或异常工况处理、控制保护参数调整等在内的全部控制任务。

10.1.2 控制保护设备层

控制保护设备层实现整个多端柔性直流输电系统的控制和保护功能。其中直流控制和保护采用了整体设计，包含了多端系统级、换流站级和换流器级控制保护功能。另外，控制保护层设备还包括交流站控（ACC）系统、站用电控制（SPC）设备、就地控制（LOC）设备、站间通信（TCOM）设备以及联接变压器保护（CTP）设备（“三取二”配置）等。

10.1.3 现场 I/O 层

现场 I/O 层设备主要由分布式 I/O 单元（DFT）以及直流测量接口（DMI）构成，其作为控制保护层设备与交/直流一次系统、换流站辅助系统、站用电设备以及阀冷控制保护的接口，完成对一次断路器、隔离开关设备状态和系统运行信息的采集处理、顺序事件记录、信息上传、控制命令的输出以及就地连锁控制等功能。

整个换流站的控制保护系统都采用完全冗余的双重化设计，这样可确保直流输电系统不会因为任一系统的单一故障而发生停运，也不会因为单一故障而失去对换流站的监视。

10.2 多端柔性直流控制系统

多端柔性直流系统具有一定的特殊性，除了实现各个换流站间的协调工作，也要满足换流站内部控制的需要，两者相互依存。其中，换流站内部控制使得站间获得良好的控制，而想实现多端柔性直流系统的安全稳定运行，对各个换流站的协调控制是关键。所以，与以往的双端柔性直流输电系统或者是多端直流输电系统相比，多端柔性直流系统的结构更为复杂多样。而多端柔直系统的多换流站协调控制也是多端直流网络控制的难点，多换流站协调控制是和换流站的通信组网方式息息相关的，一旦失去部分通信网络，如果采取的控制策略不合适就无法保证直流网络继续运行。本小节从控制系统分层架构出发，对各个层次的控制方式进行介绍。

10.2.1 多端柔性直流控制系统分层架构

多端柔性直流系统中的整流站和逆变站之间通过直流电缆来传输有功功率和无功功率，而控制系统能够决定功率的传输方向和大小。因此，控制系统的性能对多端柔直系统的运行起着决定性的作用。在多端柔直系统中，换流站根据上层调度的指令，利用控制系统计算出调制正弦波，调制策略根据调制正弦波实现对换流阀中 IGBT 的开断控制，最终实现多端柔性直流系统的电压与潮流控制。除此之外，控制系统的性能也是保证多端柔性直流系统安全稳定运行与故障恢复能力的重要因素。

多端柔性直流输电的控制系统比较复杂，主要分为系统级控制、换流站级控制以及换流阀级控制三个层次。多端柔性直流系统分层控制关系如图 10－2 所示。

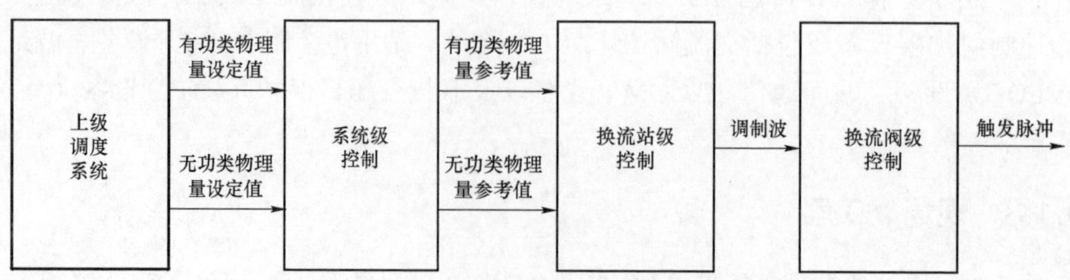

图 10－2 多端柔性直流系统分层控制关系图

10.2.2 系统级控制

多端柔性直流系统运行时要使换流站之间的功率达到平衡状态，不单实现每个换流站内部控制系统的要求，还要实现各个换流站的协调控制，以至于当系统出现外部或内部的变动而发生改变时，可以最大限度地让系统平稳地运行。

系统级协调控制策略是整个分层控制系统的大脑，负责协调各个换流站之间的功率分配并保持直流侧电压的稳定。使用多端柔性直流输电系统对直流电压进行调控的方式有两种，第一种是单点电压控制，进行控制的方式主要是主从控制；第二种为多点电压控制，进行直流电压控制的方式主要分为电压偏差控制和直流电压斜率控制。

在单点电压控制下，一个换流站作为主换流站运行在定直流电压控制方式下并接收来自上级的电压指令值，使多端柔性直流系统运行在该直流电压下。而其他换流站作为从站均运行在定有功功率控制方式下吸收或发出指定的功率值，从换流站的功率指令值是由上层控制系统结合潮流计算而来。因此，无论是主换流站的电压指令值还是从换流站的功率指令值，都需要上层控制系统传给换流站，这就需要二者之间存有快速精准的通信方式。

在多点电压控制下，多端柔性直流系统的多个换流站具有控制直流电压的能力，即使失去当前的直流电压控制主站，剩余站也会切换为新的直流电压控制主站。但多点电压控制并不是多个换流站同时控制多端柔性直流系统的直流电压，而是系统中存在能够控制直流电压的备用换流站。与单点控制相比，避免了单点控制中的主换流站不正常运行或者故障时多端柔性直流系统不能控制直流系统电压稳定，甚至会退出运行的情况。同时，这种控制方式也不完全依赖各站之间高速通信网络，但从长期运行角度来看，需要上层协调控制主机协调各站运行。

1. 主从控制

主从控制是目前特别成熟的控制方式，以三端多端柔性直流系统为例对其进行介绍。对三端多端柔性直流系统的主从控制介绍之前，先做以下假设：

（1）每个换流站均与稳定交流系统相连接。

（2）忽略电缆的电阻和电抗。

（3）换流站流入直流电缆是功率正方向。

三端柔性直流系统的主从控制特性曲线如图 10－3 所示，该图表示了直流系统稳态运行下的直流电压—有功功率的关系。其中，主换流站为换流站 1 起到维持直流系统电压和功率平衡的作用，换流站 1 应该留出一定的调节空间，为换流站 2 和换流站 3 起到传输指定功率值的作用。

图 10－3 中的虚线框表示的三端柔性直流系统中各个换流站的直流电压和有功功率的运行范围，在该系统正常稳态运行时，换流站 1 维持系统电压并释放有功功率，而换流站 2 和换流站 3 吸收有功功率，此时系统运行在 A 点。当系统受到干扰时，上层控制系统结合干扰情况重新计算换流站的指令值。当换流站 3 所需的有功功率增大，此时工作状态的改变一般由主换流站即换流站 1 实现，其余换流站继续保持原有的工作状态，如

图 10－3 中的运行点 B；也可以多个换流站共同调节到新的运行状态，如图 10－3 中的运行点 C。

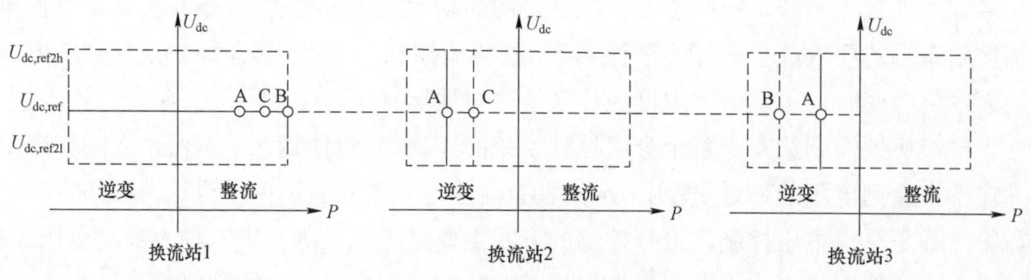

图 10－3　主从控制特性曲线

2. 直流电压斜率控制

直流电压斜率控制框图如图 10－4 所示，特性曲线如图 10－5 所示。在直流电压斜率控制方式下，所有的换流站都对有功功率和直流电压进行调节。但是，有功功率与直流电压的控制又是相互制约的，无法做到二者的稳态误差、响应速度等控制性能都达到最好的情况。

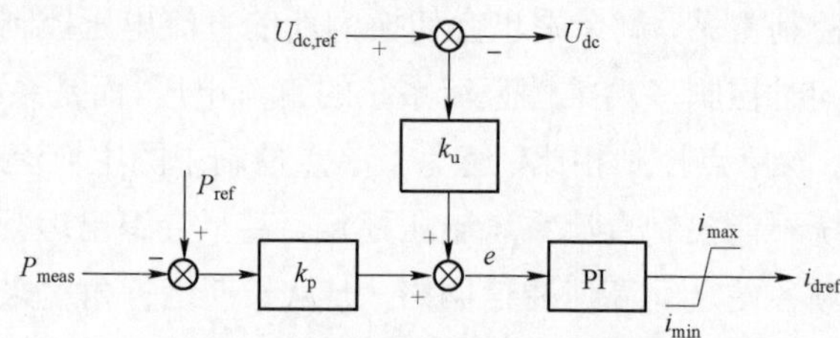

图 10－4　直流电压斜率控制框图

$$e = k_p(P_{ref} - P) + k_u(U_{dc,ref} - U_{dc}) \tag{10-1}$$

式中：k_p 为控制器的有功比例系数；k_u 为控制器的电压比例系数。

稳态运行时，e 为零。

在图 10－5 中，该直线的斜率为 $-\dfrac{k_u}{k_p}$。

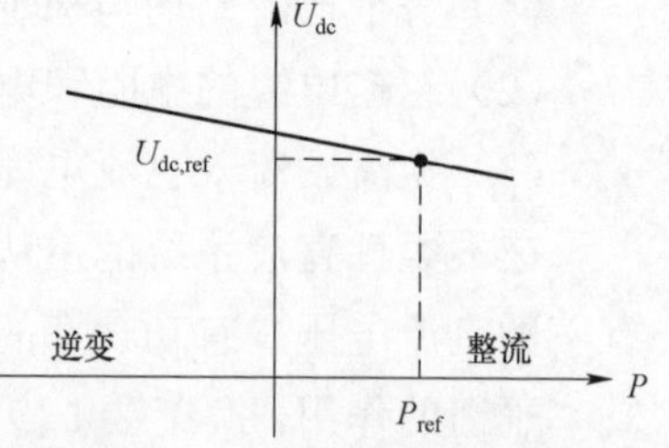

图 10－5　直流电压斜率特性曲线

直流电压控制器能够使直流系统中的电压维持在固定的大小，目的是保证直流系统的电压稳定性。有功功率控制器能够使换流站流入或流出的有功功率保持固定的大小，目的是控制直流系统的有功功率。直流电压斜率控制将直流电压控制器和有功功率控制器结合，能够同时控制系统的直流电压与有功功率。当式（10－1）中的 $k_p = 0$ 时，该控制器相当于定直流电压控制器。当式（10－1）中的 $k_u = 0$ 时，该控制器相当于定有功功率控制器。此外，直流电压斜率控制器的参数对直流系统稳定运行的影响较大。当直流电压斜率的比例系数、直流电压指令值、有功功率指令值发生变化时，有功功率也会发生相应的变化。

根据上文的介绍与分析，多端柔性直流输电系统中使用直流电压斜率控制的换流站能够同时控制有功功率与直流电压，当有功功率发生小扰动时，不会影响直流系统的稳定运行，多端柔直系统能够继续传输电能。然而，当有功功率的变化范围较大时，直流电压也会出现较大的偏移量，超出直流电压斜率控制器的可控范围，影响直流系统的稳定运行。此时，系统级控制应该调整换流器的有功功率指令值，必要时，还需将换流站的控制方式转换为定有功功率控制。

直流电压斜率控制具有很多优点：① 避免了复杂的通信设备；② 稳定运行时，不需上层控制；③ 小扰动的功率变化量由多个换流站共同承担。同时，它也有一些缺点：① 无法准确控制换流电压站的直流电压和有功功率；② 随着直流系统结构的复杂程度的增大，控制器也趋于复杂；③ 大扰动的功率变化量可能超出换流站的运行范围。综上所述，直流电压斜率控制在功率变化量小且直流系统结构简单的领域具有较好的应用范围。

3. 电压偏差控制

保证多端柔性直流系统的稳定运行，保证直流电压稳定是工作重点。电压偏差控制也属于多点电压的控制方式，与直流电压斜率控制的区别是电压偏差控制器无需上层控制器，自身就可以根据运行方式的变化调整控制器。电压偏差控制器能够协调控制直流系统的直流电压和有功功率，具有较好的应用前景。

该控制方式可分为两种运行状态。第一种运行状态如图 10－6 所示。当多端柔性直流系统运行在稳态情况下，换流站 1 为定直流电压控制，直流电压的指令值为 $u_{dc,ref}$。换流站 2 和换流站 3 为定有功功率控制。此时，换流站 1 为整流站，换流站 2 和换流站 3 为逆变站，即换流站 1 向换流站 2 和换流站 3 传输功率。当换流站 1 发生故障时，换流站 1 输出的功率将不能满足换流站 2 和换流站 3 的需求，导致直流系统功率不平衡及直流电压下降。此时，多端柔直系统的直流电压由换流站 2 控制，该电压为换流站 2 稳定工作的电压值 $u_{dc,ref1}$，该值小于换流站 1 的直流电压指令值 $u_{dc,ref}$。

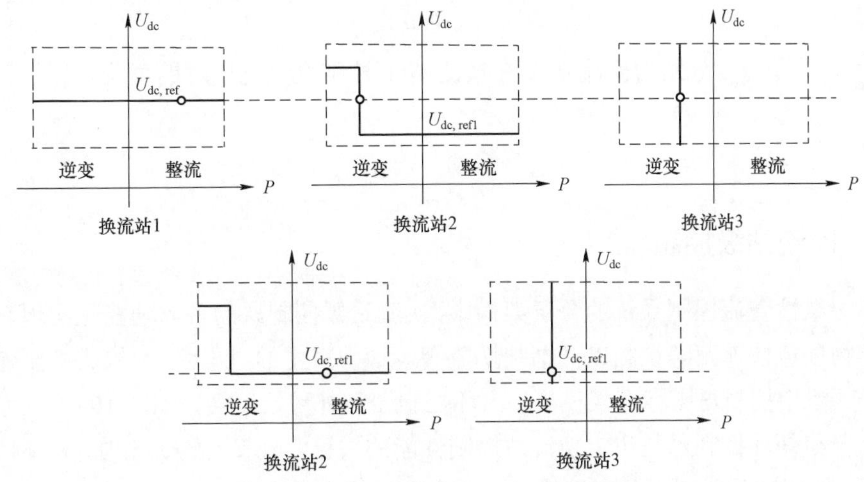

图 10－6　电压偏差控制的第一种运行状态

电压偏差控制的第二种运行状态如图 10-7 所示。与第一种运行状态相同，换流站 1 为定直流电压控制，直流电压的指令值为 $u_{dc,ref}$。换流站 2 和换流站 3 为定有功功率控制。与第一种运行状态不同的地方是换流站 1 为逆变站，换流站 2 和换流站 3 为整流站。即换流站 2 和换流站 3 向换流站 1 传输功率。当换流站 1 发生故障时，换流站 2 和换流站 3 输入的功率将大于换流站 1 的功率需求量，致使直流系统的功率不平衡以及直流电压升高。此时，同样由换流站 2 来控制多端柔性直流系统的直流电压，该电压为换流站的工作电压 $u_{dc,refh}$，该值大于换流站 1 的直流电压指令值 $u_{dc,ref}$。

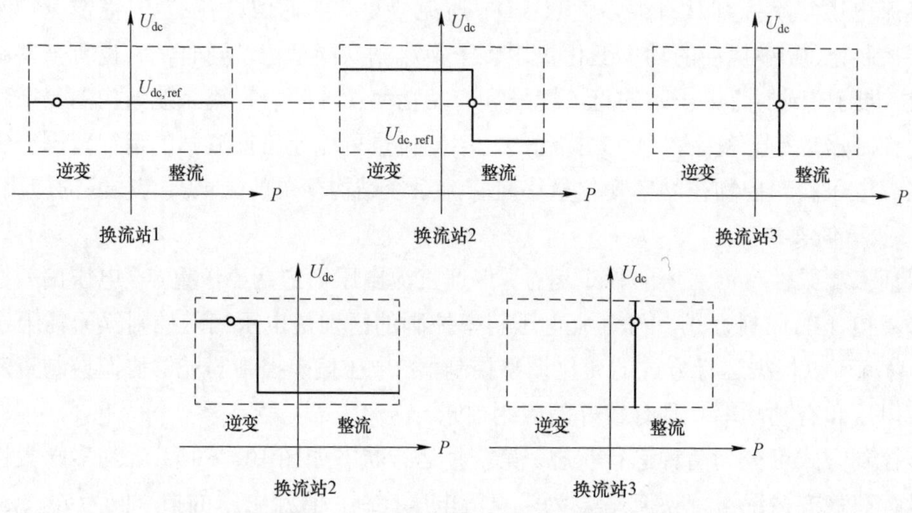

图 10-7　电压偏差控制的第二种运行状态

电压偏差控制只需要改变换流站 2 的系统级控制器就可以实现控制方式的变换，而不需要来自上层控制的信号，故对通信的要求较低。换流站 2 控制多端柔直系统直流电压时，$u_{dc,refl}$ 与 $u_{dc,refh}$ 满足范围是电压偏差控制正常工作的前提，二者应满足如下关系

$$\begin{cases} u_{dc,refl} < u_{dc2min} \\ u_{dc,refh} > u_{dc2max} \end{cases} \tag{10-2}$$

式中：u_{dc2min} 和 u_{dc2max} 分别为换流站 2 在换流站 1 控制直流电压时的直流电压上、下限。其中

$$u_{dc,refl} < u_{dc2} < u_{dc,refh} \tag{10-3}$$

10.2.3　换流站级控制

在多端柔性直流控制系统的分层架构中，换流站级控制层的具体功能是实现有功类和无功类的物理量快速跟随控制以及抑制换流阀运行中产生的过电流，其组成主要包含数据采样系统、锁相控制与坐标变换模块、内环控制器和外环控制器，如图 10-8 所示。其中内环控制器和外环控制器是决定换流站控制性能的关键，本节主要研究内、外环控制器的控制方式。外环控制器利用控制算法对来自系统级的有功和无功类参考值进行计算，得到

d 轴和 q 轴的电流参考值，并输入到内环电流控制器中。内环电流控制器对外环控制器中得到的电流参考值进行计算分析，得到换流器的输出电压，生成调制正弦波。

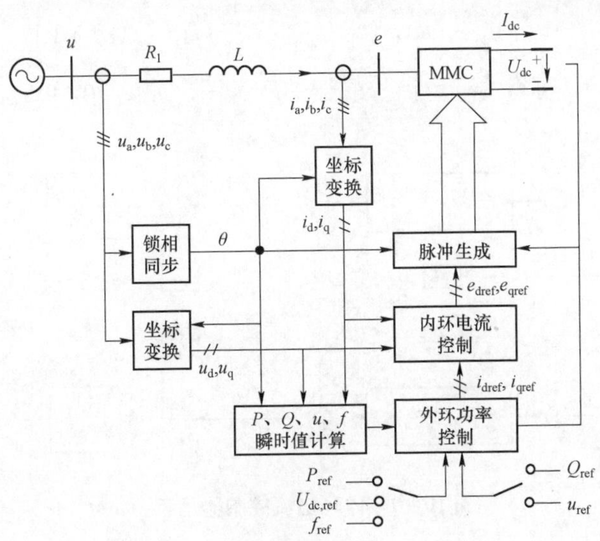

图 10－8　换流站级控制结构示意图

1. 内环电流控制器

在两相旋转坐标系下的 MMC 数学模型为

$$\begin{cases}\dfrac{\mathrm{d}i_{\mathrm{d}}}{\mathrm{d}t}=\dfrac{1}{L}u_{\mathrm{sd}}+\omega i_{\mathrm{q}}-\dfrac{1}{L}u_{\mathrm{cd}}-\dfrac{R}{L}i_{\mathrm{d}}\\ \dfrac{\mathrm{d}i_{\mathrm{d}}}{\mathrm{d}t}=\dfrac{1}{L}u_{\mathrm{sq}}+\omega i_{\mathrm{d}}-\dfrac{1}{L}u_{\mathrm{cq}}-\dfrac{R}{L}i_{\mathrm{q}}\end{cases} \tag{10-4}$$

根据式（10－4），可见 d 轴和 q 轴的电流与换流站交流节点电压 dq 分量、电流耦合量 dq 分量与交流系统电压 dq 分量有关，为了实现解耦，可将式（10－4）改写为

$$\begin{cases}u_{\mathrm{cd}}=u_{\mathrm{sd}}-u'_{\mathrm{d}}+\Delta u_{\mathrm{q}}\\ u_{\mathrm{cq}}=u_{\mathrm{sq}}-u_{\mathrm{q}}+\Delta u_{\mathrm{d}}\end{cases} \tag{10-5}$$

其中

$$\begin{cases}u'_{\mathrm{d}}=L\dfrac{\mathrm{d}i_{\mathrm{d}}}{\mathrm{d}t}+Ri_{\mathrm{d}}\\ u'_{\mathrm{q}}=L\dfrac{\mathrm{d}i_{\mathrm{q}}}{\mathrm{d}t}+Ri_{\mathrm{q}}\\ \Delta u_{\mathrm{q}}=wLi_{\mathrm{q}}\\ \Delta u_{\mathrm{d}}=wLi_{\mathrm{d}}\end{cases} \tag{10-6}$$

可以发现 u'_{d} 、u'_{q} 与 i_{d}、i_{q} 为一阶线性积分关系，故可用比例积分控制器实现控制。此外，还应该加入电压前馈量 u_{sd}、u_{sq} 以及电压耦合量 ωLi_{d}、ωLi_{q}，最终解耦控制 d 轴和

q 轴的电流。

$$\begin{cases} u_{cd}=u_{sd}+\omega Li_q-[k_{p1}(i_{dref}-i_d)+\int k_{i1}(i_{dref}-i_d)\,dt] \\ u_{cq}=u_{sq}-\omega Li_d-[k_{p2}(i_{qref}-i_q)+\int k_{i2}(i_{qref}-i_q)\,dt] \end{cases} \tag{10-7}$$

根据式（10－7），可得内环电流控制器的示意图，如图 10－9 所示。

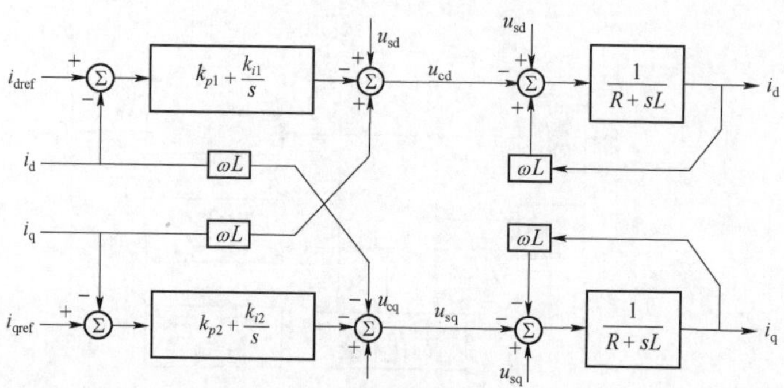

图 10－9　内环电流控制器示意图

图 10－9 中的前半部分为电流解耦，后半部分为数学模型。可以发现，图 10－9 中包含了电压前馈控制和电流反馈控制，同时，能够对 dq 电流进行解耦控制。内环电流控制器只要选择合适的 PI 参数就能够减小误差、提高速度，满足系统的控制要求。

2. 外环功率控制器

多端柔性直流系统中换流器外环功率控制器，主要任务是通过对系统直流电压、有功功率、无功功率和交流电压等进行合理有效的控制，将在系统中测量计算得到的有功量和无功量的真实值去跟踪换流站系统级设置的参考值，以达到维持直流电压稳定和功率平衡的目的。外环电压控制器和系统控制相对应，控制目标分为两类：有功类（P、U_{dc}）和无功类（Q、U_{ac}）控制目标。

（1）定有功功率控制。定有功功率控制是多端柔性直流系统中常用的控制方式，目的是使换流站接收或发出指定的有功功率。MMC 与交流系统之间传输的有功功率 P 在 dq 坐标系下表示为 $P_S=3/2(u_{sd}i_d+u_{sq}i_q)$当电网电压矢量与 d 轴重合时，进一步化简为 $P=3/2u_{sa}i_d$，通过 i_d 可以控制有功功率，从而实现了有功独立调节。有功功率与指令值的偏差经过 PI 环节即可得到 d 轴电流参考值 i_{dref}，以使换流站与交流系统之间交换指定的有功功率，如图 10－10 所示。当有功功率与指令值的差值相差较大时，为了避免发生积分饱和和控制器超调的问题，可在控制器的积分环节和输出电流中加入限幅功能模块。

（2）定直流电压控制。MMC 换流站稳定运行时，多端柔性直流系统中必须有一个换流站运行在定直流电压的控制方式下，该换流站起到平衡节点的作用，能够维持直流电压稳定。定直流电压控制器的原理是通过控制有功功率来使直流电压维持在参考值，直流

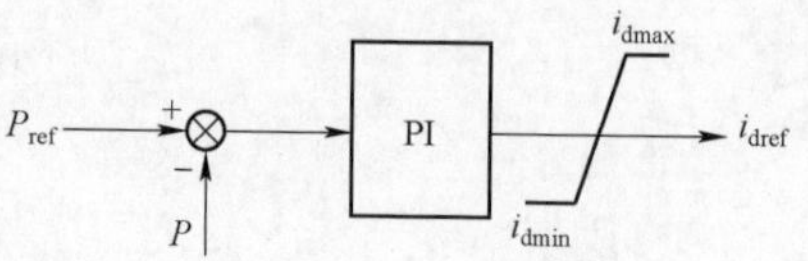

图 10－10　定有功功率控制器示意图

电压与指令值的偏差经过 PI 环节即可得到 d 轴电流参考值 i_{dref}，如图 10－11 所示。

（3）定无功功率控制。定无功功率控制是维持换流站发出或吸收指定的无功功率。与定有功功率控制的原理相似，MMC 与交流系统之间传输的有功功率 Q 在 dq 坐标系下表示为 $Q_S=3/2\ (u_{sd}i_d-u_{sq}i_q)$，当电网电压矢量与 d 轴重合时，进一步化简为 $Q_S=3/2u_{sd}i_d$，通过 i_q 可以控制无功功率，从而实现无功独立调节。无功功率与指令值的偏差经过 PI 环节即可得到 q 轴电流参考值 i_{qref}，以调整交流电压的幅值，最终控制与交流系统交换的无功功率，如图 10－12 所示。可见，柔性直流输电能够综合控制有功功率和无功功率，较传统直流输电技术增加了自由度，提高了直流系统的电压稳定性和暂态稳定极限。

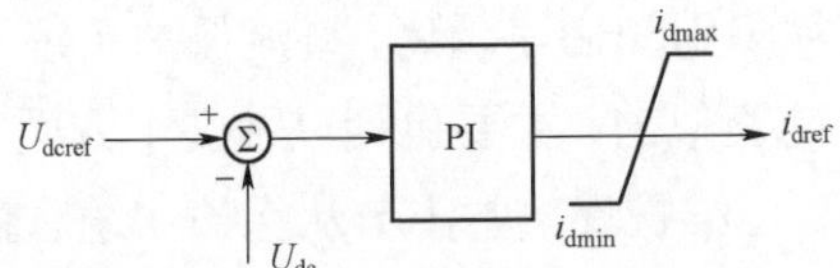

图 10－11　定直流电压控制器示意图

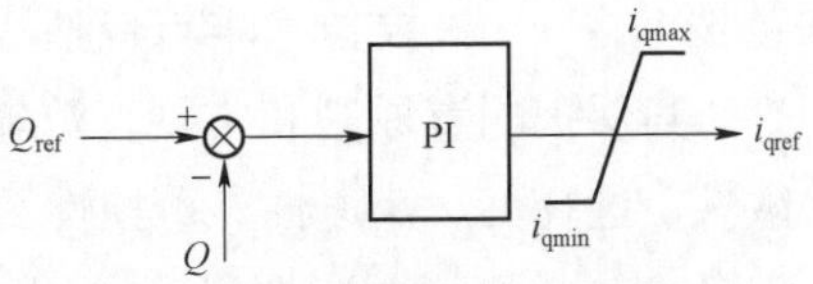

Q_{ref} → ⊗ (+, −) ← Q → PI → 限幅 (i_{qmax}, i_{qmin}) → i_{qref}

图 10－12　定有功功率控制器示意图

（4）定交流电压控制。当多端柔性直流系统的某一换流站连接无源网络时，该换流站的无功类控制应使用定交流电压控制以维持交流电压稳定。根据公式 $Q=U_c/X_c(U_c-U_c\cos\delta)$ 可知，当 δ 较小时，$\cos\delta\approx1$。所以无功功率 Q 的变换主要取决于交流电压幅值 U_c 的变化，交流电压与无功功率密切相关，其实际目的就是改变系统无功功率。交流电压与指令值的偏差经过 PI 环节即可得到 q 轴电流参考值 i_{qref}，如图 10－13 所示。

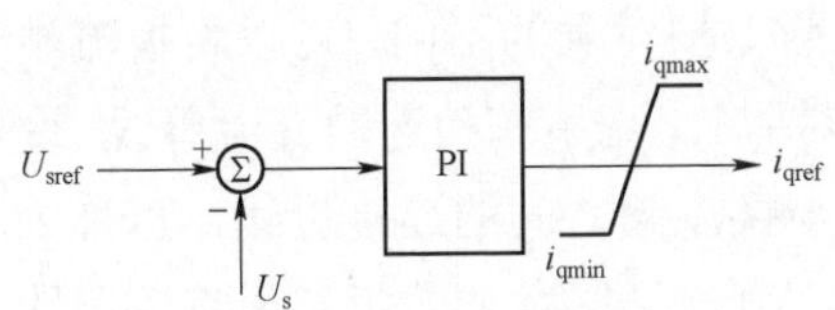

图 10－13　定交流电压控制器示意图

3. 换流阀级控制

如图 10－2 所示，换流阀级控制接收来自换流站控制的调制波，再经过合适的调制方式和电容电压平衡策略产生 IGBT 的触发信号。该部分属于多端柔性直流系统控制中的底层控制部分，直接对电力电子器件的开通与关断进行控制。除了调制策略之外，换流阀级控制还包括均压控制和环流抑制控制。

均压控制能够抑制子模块电容电压不平衡的问题，进而提高调制波的精确度和效果。均压控制是通过控制桥臂电流的流通方向、子模块充/放电状态以及子模块电容电压排序来实现的，当桥臂电流的方向是流入子模块时，此时子模块为充电状态，为了减小子模块间的电压差值，此时投入电容电压较低的子模块。同理，当桥臂电流的方向是流出子模块时，此时投入电容电压较高的子模块。

由于 a、b、c 三相之间存在能量不匹配的问题，会在相间产生以二倍频为主的交流环流。该环流不会影响外部交流系统和直流系统，但会增加子模块中电力电子器件的使用寿命和附加损耗。环流抑制控制是将产生环流的电压信号附加到 MMC 的调制信号中，再将修正后的调制信号作用到桥臂上。

10.3 多端柔性直流保护系统

相对常规直流系统，多端特高压混合直流输电系统存在一些差异：① 柔直系统存在不控充电、可控充电、解锁（逆变站到达额定电压）、投入等状态；② 多端混合直流系统的拓扑结构与两端系统不同，如转换开关设置在逆变侧、OLT 方式有带线路和本站三种方式等；③ 关于运行方式确定了一些规范和简化的原则；④ 柔性直流换流站可以在 STATCOM 模式下长期运行，向系统提供无功。多端柔性直流保护系统要求其能够检测并切除整个系统中任何可能发生的故障，因此多端柔性直流系统故障保护是直流输电系统发展的关键技术之一，主要技术难点包括故障的可靠识别和快速隔离。直流保护系统中的大部分组件，其保护配置原则和常规直流输电系统是类似的，主要包括以下几个方面：可靠性、灵敏性、选择性、快速性、可控性、安全性、可维护性。本小节从保护系统总体架构出发，对各个保护区域的配置进行介绍。

10.3.1 多端柔性直流保护系统总体架构

MMC－HVDC 保护装置采用多重冗余配置，冗余保护装置能够在单个保护系统失效的情况下，后备保护投入运行，保证故障正确切除。按照保护对象的不同，可以将换流站保护分为交流场区、阀区、直流场区三部分。交流场区包括与交流系统相连的交流母线（变压器前）、换流变压器、站内交流母线（变压器二次侧与换流阀之间的连接母线，也称为短引线）；阀区保护包括对桥臂电抗器以及阀保护系统；直流场区主要包括站内直流母线和直流断路器，保护配置如图 10－14 所示。

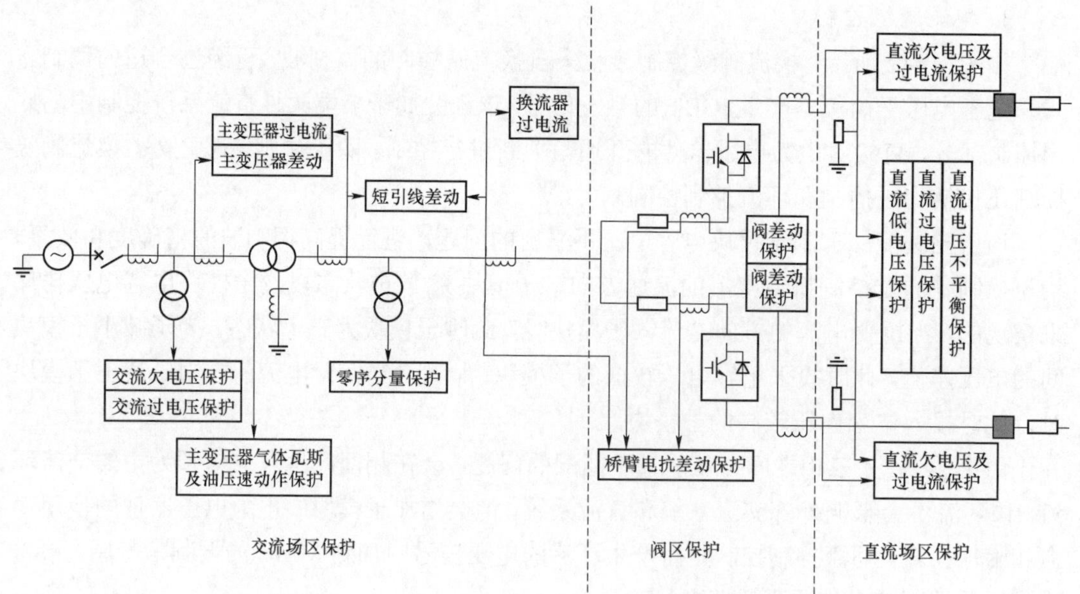

图 10－14 含柔性直流输电的交/直流混合系统的保护配置

根据故障严重程度，故障后保护系统需要采用不同的保护动作方式。MMC－HVDC保护系统的主要动作方式包括系统级控制方式切换、闭锁触发脉冲、极隔离和跳开交流断路器。系统级控制方式切换主要用于故障较轻和暂时性故障，只需要切换控制方式即可排除故障对系统中各个设备的影响，如利用系统级控制方式的切换实现了交流故障时直流电压的稳定。闭锁触发脉冲是 MMC－HVDC 系统所特有的保护动作方式，也是 MMC－HVDC 系统最常用的保护动作方式之一，分为暂时闭锁和永久闭锁两种。当某一相的暂态电流较大超过限值时，需要停止对该相所有子模块的触发脉冲；当暂态电流降到限值以下时，恢复对该相所有子模块的触发脉冲。系统发生严重或永久性故障时，一般需要永久闭锁触发脉冲，保证 IGBT 器件不承受过电流。极隔离是将直流线路与换流器直流侧断开，需要直流断路器实现这一功能。跳开交流断路器，可以阻止交流电源在变压器阀侧故障后回馈电流。

MMC－HVDC 系统的保护系统需要准确、快速地取得系统中的各种数据。这些数据包括换流变压器两侧的电流、换流站内部交流母线的电流、桥臂电流、换流站直流侧的电压和电流、子模块的控制信号等。交流侧的信号可以使用常规的交流系统测量装置，但需要注意谐波分量对于测量装置型号选择的影响。直流侧的电压和电流需要直流电流互感器、直流电压互感器和微分电流互感器。

10.3.2 交流场区保护配置

交流场区保护的设备范围为联接变压器阀侧套管至桥臂电抗器网侧区域，在此区域发生的接地、相间短路等故障均由交流场区保护实现。主要包括交流联接、母线差动过电流保护；交流过电压、欠电压保护接地保护和过载保护。保护配置示意图如图 10－15 所示。本小节详细介绍联接母线差动保护、交流联接母线过电流保护、交流过电压保护、联接变压器气体保护及油压速动作保护的保护范围及原理。

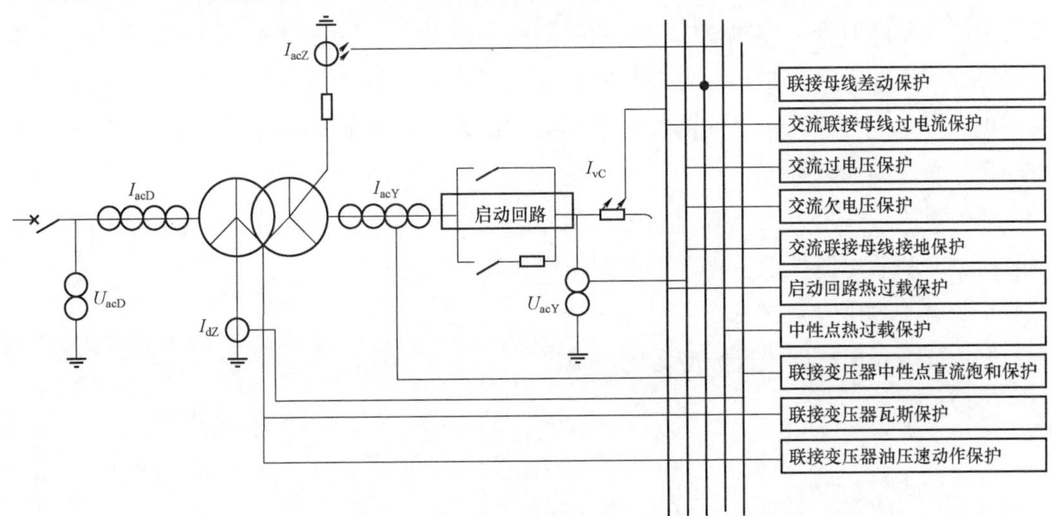

图 10－15 交流场区保护配置示意图

1. 联接母线差动保护

保护范围：当直流系统充电时或是直流系统正常运行时的交流联接母线接地及相间故障。

保护判据：站内交流母线差动保护将换流变压器阀侧电流（电流互感器 TA1 所测电流）和启动电阻阀侧电流（电流互感器 TA2 所测电流）的差与整定值进行比较（如图 10－16 所示），换流变压器阀侧电流和启动电阻阀侧电流的差大于整定值的情况下，站内交流母线差动保护动作，动作逻辑为

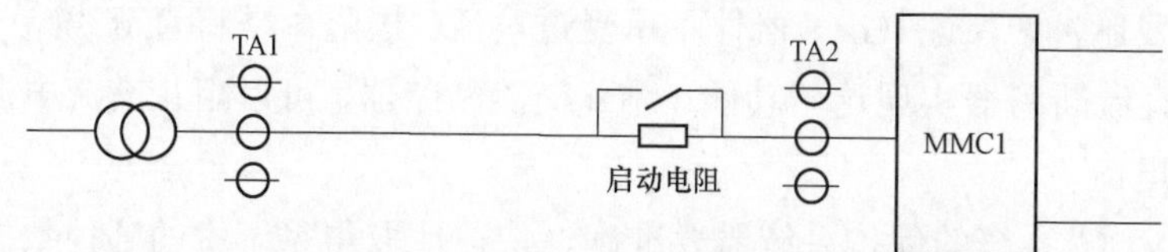

图 10－16　站内交流母线差动保护信号接线图

$$\begin{aligned} &I_{cd} = |I_1 + I_2| \geqslant I_{set} \\ &I_{cd} \geqslant K \cdot I_{res} \end{aligned} \tag{10-8}$$

式中：I_{cd} 为动作电流；I_1 和 I_2 为电流互感器引入差动回路的电流，从母线指向线路为正方向；I_{set} 为差动保护电流定值，应可靠躲开正常工况下差动保护的最大不平衡电流，工程上，其值一般可取 0.4～0.5 倍的额定电流；I_{res} 为制动电流；K 为比率制动的制动系数，一般取 0.75。

制动电流 I_{res} 有两种选择的方法，方案一：以两侧电流值的差作为制动电流，即 $I_{res} = |I_1 - I_2|$；方案二：以两侧电流的最大值作为制动电流，也就是 $I_{res} = \max(I_1, I_2)$。

采用方案一的比率制动特性的电流差动保护，区外故障时差动电流很小，制动电流很大；区内故障时差动电流很大，但此时制动电流很小，几乎为零。采用方案二的比率制动特性的电流差动保护，区外故障时差动电流很小，其大小与方案一大小相同，制动电流小于方案一的情况；区内故障时差动电流很大，制动电流不为零，大于方案一的大小，其灵敏性不如方案一。

综上所述，采用方案一时，区外故障时制动电流发挥作用，防止区外故障的误动，而区内故障制动电流接近于零，不发挥作用，其灵敏度高于方案二。

2. 交流联接母线过流保护

保护范围：所有造成过流应力的工况。

保护判据：

$$\begin{cases} \max(I_{carms}, I_{cbrms}, I_{ccrms}) > \Delta \\ \&t > t_{set} \end{cases} \tag{10-9}$$

式中：I_{carms}、I_{cbrms}、I_{ccrms} 为启动电阻阀侧三相电流的基波有效值；Δ为过电流整定值；t 为保护动作时间；t_{set} 为动作时间整定值。

保护动作后，冗余控制切换并闭锁跳闸。

3. 交流过电压保护

保护范围：极端情况下的交流过电压。

保护判据：交流过电压保护将交流电压和整定值进行比较，交流电压大于定值且保护动作时间大于动作时间整定值的情况下，交流过电压保护动作，动作逻辑如式（10－10）所示。

$$U_{ac} > U_{ac\_set} \ \& t > t_{set} \tag{10－10}$$

$$U_{ac} = \frac{U_{ab\_rms} + U_{bc\_rms} + U_{ca\_rms}}{3} \tag{10－11}$$

式中：U_{ac} 为保护检测三相线电压有效值的平均值；U_{ab_rms}、U_{bc_rms}、U_{ca_rms} 分别为三相线电压的有效值；t 为保护动作时间；U_{ac_set} 为过电压整定值；t_{set} 为动作时间整定值。

保护动作后，切换至冗余控制系统，闭锁触发脉冲，跳开并锁定交流断路器。

4. 交流欠电压保护

保护范围：交流电压过低的工况。

保护判据：交流欠电压保护将交流电压和整定值进行比较，交流电压小于定值且保护动作时间大于动作时间整定值的情况下，交流欠电压保护动作，动作逻辑为

$$U_{ac} < U_{ac\_set} \ \& t > t_{set} \tag{10－12}$$

式中：U_{ac_set} 为欠压整定值；t_{set} 为动作时间整定值。

保护动作后，闭锁触发脉冲；跳闸并锁定交流断路器。

5. 联接变压器气体瓦斯保护

瓦斯保护是变压器内部故障的主要保护元件，对变压器匝间和层间短路、铁芯故障、套管内部故障、绕组内部断线及绝缘劣化和油面下降等故障均能灵敏动作。当变压器内部发生故障时，由于电弧将使绝缘材料分解并产生大量的气体，从油箱向储油柜流动，其强烈程度随故障的严重程度不同而不同，反映这种因气流与油流而动作的保护称为瓦斯保护，也叫气体保护。

6. 联接变压器油压速动作保护

该保护是通过速动油压继电器实现的。该继电器以油箱内部压力变化速度作为电气信号的保护继电器。当油箱内压力升高速度大于整定值时，速动油压继电器即可动作，其动作响应时间随着压力梯度的升高而缩短。该动作特性可使变压器在突发恶性事件时油箱内压力处于低压力区即可及时发出报警，切断电源。

10.3.3 直流场区域保护配置

直流场区域保护的设备范围为两侧换流器高低压极线电流互感器之间的区域，可分为极保护区和直流线路保护区两部分。下面从极保护区和直流线路保护区出发，对各个区域的保护配置进行介绍。

1. 直流极保护区

直流极保护按区域可分为极母线保护区域（包括阀厅高压直流穿墙套管至直流出线的电流互感器之间所有极设备和母线设备）、中性母线保护区域（包括阀厅低压直流穿墙套管至接地极线路连接点之间所有设备和母线设备）、双极保护区域（包括双极中性母线的电流互感器到接地极连接点），实现直流不同运行方式下防止危害设备过应力及危害系统运行的故障。

与常规特高压换流站相比，柔性直流换流站极保护装置在保护区域和保护功能方面区别不大，但在出口方式以及保护动作逻辑中的开关量判据方面有一些差别。直流极保护范围包括 4 极母线保护区、5 中性线保护区、6 双极保护区。极保护装置在程序中分为极区保护（4、5）和双极区保护（6），直流极区保护分区如图 10－17 所示。

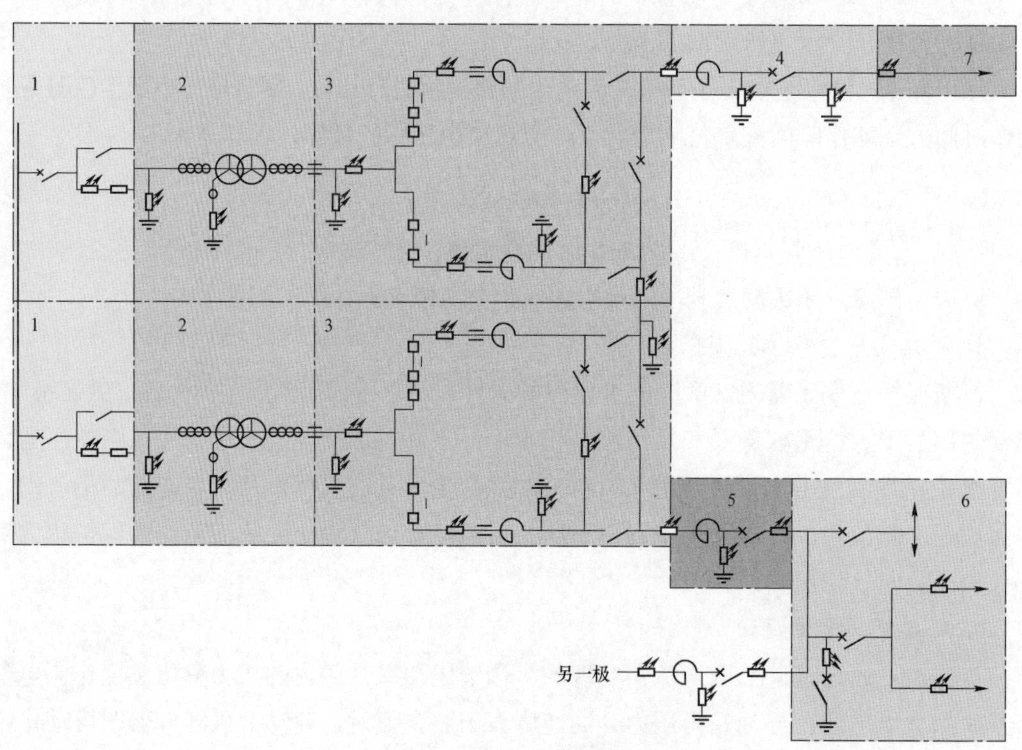

图 10－17 直流极区保护分区

1—交流连接线保护区；2—变压器保护区；3—换流器保护区；4—极母线保护区；5—中性线保护区；6—双极保护区；7—直流线路保护区

（1）极区保护。极区保护的种类及保护配置如图 10－18 所示。

1）极母线差动保护。

保护目的：检测高压直流母线对地或对中性直流母线短路故障，保护范围为高压直流母线。

保护判据：

$$|I_{dH}-I_{dL}|>I_{set}\ \&\ U_{dL}<K_{uset}\times U_{dN} \tag{10-13}$$

式中：I_{dH} 和 I_{dL} 为直流线路两侧电流；I_{set} 为电流整定值；U_{dL} 为电压；K_{uset} 为整定值。

高压直流母线接地故障后启动保护。保护动作后，报警、冗余控制切换并闭锁跳闸。

2）中性母线差动保护。

保护目的：检测中性直流母线接地故障，保护范围为中性直流母线。

保护判据：

$$|I_{dN}-I_{dE}|>I_{set} \tag{10-14}$$

式中：I_{dN} 和 I_{dE} 为中性母线两侧电流；I_{set} 为电流整定值。

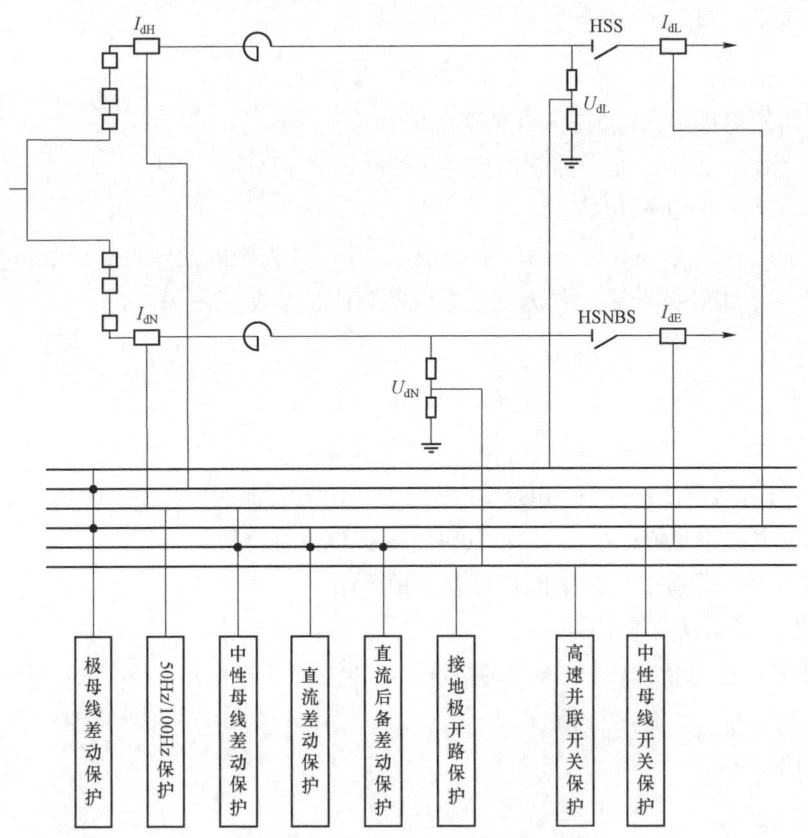

图 10－18　极区保护配置图

保护动作后，报警、冗余控制切换并闭锁跳闸。

3）直流差动保护。

保护目的：检测换流器区域接地故障，保护范围为本极换流器区域。

保护判据：

$$|I_{dH}-I_{dN}|>I_{set} \tag{10-15}$$

式中：I_{dH} 为直流线路近端电流；I_{dN} 为中性母线近端电流；I_{set} 为电流整定值。

保护动作后，报警、冗余控制切换并闭锁跳闸。

4）直流后备差动保护。

保护目的：检测换流器区域接地故障，保护范围为本极换流器区域。

保护判据：

$$|I_{dL}-I_{dE}|>I_{set} \tag{10-16}$$

式中：I_{dL} 为直流线路远端电流；I_{dE} 为中性母线远端电流；I_{set} 为电流整定值。

保护动作后，报警、冗余控制切换并闭锁跳闸。

5）接地极开路保护。

保护目的：检测接地极线开路造成的过压，保护范围为接地极线区域。

保护判据：

$$|U_{dN}|>U_{set} \tag{10-17}$$

式中：U_{dN} 为接地极电压；U_{set} 为电压整定值。

保护动作后，报警、冗余控制切换并闭锁跳闸。

6）50Hz 保护/100Hz 保护。

保护目的：检测直流线路电流中的 50Hz 分量，作为阀触发异常的后备保护。检测直流线路电流中的 100Hz 分量，作为交流系统故障时的后备保护。

保护判据：

$$\begin{gathered} I_{dN\_50Hz}>I_{set\_50Hz} \\ I_{dN\_100Hz}>I_{set\_100Hz} \end{gathered} \tag{10-18}$$

式中：I_{dN_50Hz} 为直流线路电流 50Hz 分量；I_{dN_100Hz} 为直流线路电流 100Hz 分量；I_{set_50Hz} 为 50Hz 保护电流整定值；I_{set_100Hz} 为 100Hz 保护电流整定值。

保护动作后，报警、冗余控制切换并闭锁跳闸。

7）中性母线开关保护。

保护目的：在 HSNBS 无法断弧的情况下，重合开关以保护设备。保护范围为中性母线开关。

保护判据：

$$|I_{dL}|>I_{set} \tag{10-19}$$

式中：I_{dL} 为直流线路远端电流；I_{set} 为中性母线开关保护电流整定值。

保护动作后，重合中性母线开关 HSNBS、触发故障录波。

8）高速并联开关保护。

保护目的：在 HSS 无法断弧的情况下，重合开关以保护设备。保护范围为高速并联开关。

保护判据：

$$\left|I_{dH}\right| > I_{set} \tag{10-20}$$

式中：I_{dH} 为直流线路近端电流；I_{set} 为高速并联开关保护电流整定值。

保护动作后，重合高速并联开关 HSS、触发故障录波。

（2）双极区保护。双极区保护的种类及保护配置如图 10－19 所示。

1）接地极母线差动保护。

保护目的：检测双极中性线区接地故障，保护范围为双极中性线连接区。

保护判据：

$$\left|I_{dE\_p1} - I_{dE\_p2}\right| > I_{set} \tag{10-21}$$

式中：I_{dE_p1} 为本极中性母线电流；I_{dE_p2} 为对极中性母线电流；I_{set} 为电流整定值。

保护动作后，报警、冗余控制切换并闭锁跳闸。

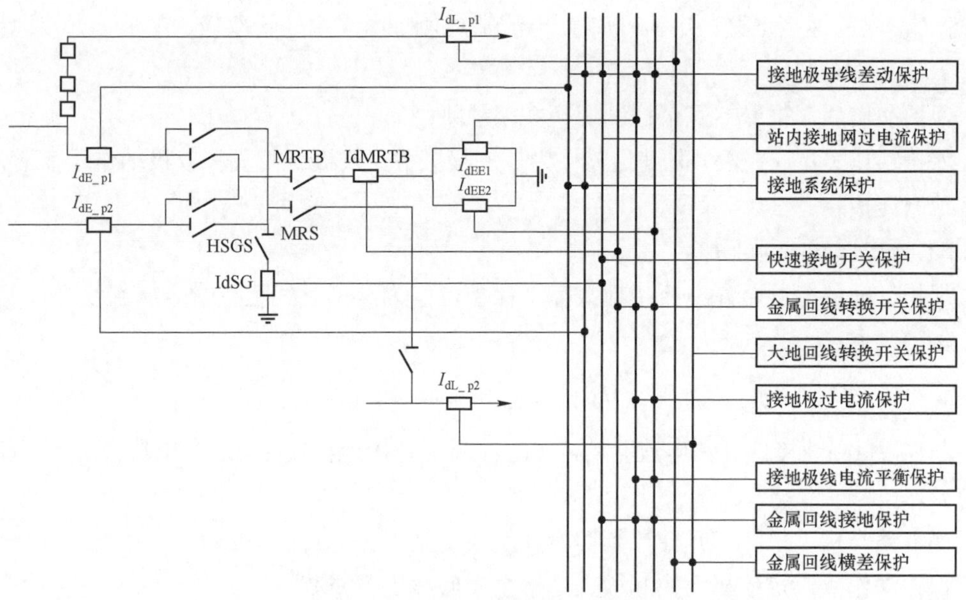

图 10－19　双极区保护配置图

2）接地极线路过电流保护。

保护目的：检测接地极线路过负荷，保护范围为接地极线路区域。

保护判据：

$$\left|I_{dEE1}\right| > I_{set} 或 \left|I_{dEE2}\right| > I_{set} \tag{10-22}$$

式中：I_{dEE1}、I_{dEE2} 分别为接地极线路 1、2 电流；I_{set} 为电流整定值（当系统处于双极、单极、无接地极运行时 I_{set} 的值不同）。

保护动作后，报警、冗余控制切换并闭锁跳闸。

3）接地极电流不平衡保护。

保护目的：检测接地极线路故障，保护范围为接地极线路区域。

保护判据：

$$|I_{dEE1} - I_{dEE2}| > I_{set} \tag{10-23}$$

式中：I_{dEE1}、I_{dEE2} 分别为接地极线路 1、2 电流；I_{set} 为电流整定值（当系统处于双极或单极运行时 I_{set} 的值不同）。

保护动作后，报警、冗余控制切换并闭锁跳闸。

保护动作段（单极/双极）需满足接地极连接且该极为控制极条件。

4）站内接地网过电流保护。

保护目的：检测站内接地网或金属回线过电流，保护范围为站内接地网区域。

保护判据：

$$|I_{dSG}| > I_{set} \tag{10-24}$$

式中：I_{dSG} 为高速接地开关电流；I_{set} 为电流整定值（当系统处于双极、单极、无接地极运行时 I_{set} 的值不同）。

保护动作后，报警、冗余控制切换并闭锁跳闸。

保护动作（除告警段）需满足该极为控制极条件。双极平衡段和双极动作段需满足站内接地网连接。

5）金属回线接地保护。

保护目的：检测金属回线接地故障，保护范围为金属回线运行时金属回线区域。

保护判据：

$$|I_{dSG} + I_{dEE1} + I_{dEE2}| > I_{set} \tag{10-25}$$

式中：I_{dSG} 为高速接地开关电流；I_{dEE1}、I_{dEE2} 分别为接地极线路 1、2 电流；I_{set} 为电流整定值。

保护动作后，报警、冗余控制切换并闭锁跳闸。

保护动作需满足该极为控制极且处于金属回线运行方式。

6）接地系统保护。

保护目的：检测站内接地网过流，防止过大的接地电流对站接地网造成的破坏，保护范围为站内接地网区域。

保护判据：

$$|I_{dE\_p1} - I_{dE\_p2}| > I_{set} \tag{10-26}$$

式中：I_{dE_p1}为本极中性母线电流；I_{dE_p2}为对极中性母线电流；I_{set}为电流整定值。

保护动作后，报警、冗余控制切换并闭锁跳闸。

7）高速接地开关保护。

保护目的：检测高速接地开关的失灵故障，保护范围为高速接地开关。

保护判据：

$$|I_{dSG}| > I_{set} \tag{10-27}$$

式中：I_{dSG}为高速接地开关电流；I_{set}为电流整定值。

重合高速接地开关并触发故障录波。

保护动作需满足该极为控制极。

8）金属回线转换开关保护。

保护目的：检测金属回线转换开关的失灵故障，保护范围为金属回线转换开关。

保护判据：

$$|I_{dMRTB}| > I_{set} \tag{10-28}$$

式中：I_{dMRTB}为金属回线转换开关电流；I_{set}为电流整定值。

保护动作后，重合金属回线转换开关并触发故障录波。

9）大地回线转换开关保护。

保护目的：检测大地回线转换开关的失灵故障，保护范围为大地回线转换开关。

保护判据：

$$|I_{dL\_p2}| > I_{set} \tag{10-29}$$

式中：I_{dL_p2}为对极直流线路电流；I_{set}为电流整定值。

保护动作后，重合大地回线转换开关并触发故障录波。

保护动作需满足本极为控制极&该站为柔性直流换流站。

10）金属回线横差保护。

保护目的：检测金属回线及站内连接线的接地故障，保护范围为金属回线及站内连接线区域。

保护判据：

$$|I_{dL\_p1} - I_{dL\_p2}| > I_{set} \tag{10-30}$$

式中：I_{dL_p1}、I_{dL_p2}分别为本极、对极直流线路电流；I_{set}为电流整定值。

保护动作后，报警、冗余控制切换并闭锁跳闸。

该保护动作需满足该极为控制极&金属回线运行方式。

2. 直流线路保护区

直流线路保护各站按极独立配置，保护直流线路故障。保护反映该极线路短路接地、极线间短路、极线间短路接地等故障，启动故障重启顺序或者闭锁顺序，以达到直流线路故障恢复和保护直流输电系统设备安全的目的。直流线路继电保护从原理角度，有以下几种保护方式：

（1）行波保护。行波保护一般作为线路的主保护。根据行波方程理论，电压和电流可认为是一个正向行波和反向行波的叠加，规定指向线路为行波传播正方向，当直流线路发生故障时，相当于在故障点叠加了一个反向电源，这个反向电源造成的影响以行波的方式向两站传播，通过检测故障时反向行波波头电气量的变化，能够达到快速检测故障、保护动作的目的。

行波保护的关键是计算差模和共模分量，通过直流线路电压、电流幅值与共模、差模阻抗值进行换算后得出，其中，差模（线模）分量用于可靠判断故障发生，共模（零模）分量用于区分故障极。值得注意的是，使用对极直流电压、直流电流分量可避免对极感应电压等干扰，从而准确区分故障极。

U_{DL1}、U_{DL2}、I_{DL1}、I_{DL2} 分别为极 1、极 2 直流线路电压和电流，直流电压和电流的共模和差模计算如下

$$\begin{cases} \text{差模电压分量} U_{\mathrm{dif}} = \dfrac{1}{2}(U_{\mathrm{DL1}} - U_{\mathrm{DL2}}) \\ \text{共模电压分量} U_{\mathrm{com}} = \dfrac{1}{2}(U_{\mathrm{DL1}} + U_{\mathrm{DL2}}) \end{cases} \tag{10-31}$$

$$\begin{cases} \text{差模电流分量} I_{\mathrm{dif}} = \dfrac{1}{2}(I_{\mathrm{DL1}} - I_{\mathrm{DL2}}) \\ \text{共模电流分量} I_{\mathrm{com}} = \dfrac{1}{2}(I_{\mathrm{DL1}} + I_{\mathrm{DL2}}) \end{cases} \tag{10-32}$$

设 Z_{dif}、Z_{com} 分别为差模波阻抗和共模波阻抗，可根据线路固有参数计算，由此得到差模波和共模波，即

$$\begin{cases} \text{差模波} P_{\mathrm{dif}} = Z_{\mathrm{dif}} I_{\mathrm{dif}} - U_{\mathrm{dif}} \\ \text{共模波} G_{\mathrm{com}} = Z_{\mathrm{com}} I_{\mathrm{com}} - U_{\mathrm{com}} \end{cases} \tag{10-33}$$

行波保护利用差模波变化率、共模波变化率、差模波幅值、共模波幅值等判断，满足判据后保护出口。

保护判据为

$$\begin{cases} INT\_{\mathrm{COMM}} > \int P_{\mathrm{dif}}\text{（共模行波积分值）} \times k \\ INT\_{\mathrm{DIFF}} > \int G_{\mathrm{com}}\text{（差模行波积分值）} \times k \end{cases} \tag{10-34}$$

式中：INT_{COMM} 为共模行波积分整定值；INT_{DIFF} 为差模行波积分整定值；k 值随直流电压变化而变化，取值范围为 0.5～1.0。

即行波保护 WFPDL 判断共模波、差模波、共模波突变量是否满足定值条件，其中定值根据电压跌落情况动态变化。

（2）差动保护。直流线路差动保护一般作为线路行波保护的后备保护，主要用于检测

直流线路接地故障。当直流线路发生金属性或高阻接地故障时，必然引起直流线路两端的电流出现差异，通过比较两端直流电流差值构建差动保护。

保护判据：

$$\begin{aligned}&\text{警告：}\ |I_{dL}-I_{dL\_OS}|>0.03(\text{标幺值})+0.1\times I_{dL}\\&\text{动作：}\ |I_{dL}-I_{dL\_OS}|>0.05(\text{标幺值})+0.1\times I_{dL}\end{aligned}\qquad(10-35)$$

式中：I_{dL}为保护检测本站直流线路电流；I_{dL_OS}为对站的直流线路电流。

当两个电流差值的绝对值在一定时间（$t=t_1$）内连续超过设定警告定值，将会发出警告。若在一定时间（$t=t_2>t_1$）内超过设定动作值，保护动作起动极控内的直流线路故障重启顺序。

（3）过电压或过电流/低电压或低电流保护。过电压或过电流/低电压或低电流相关保护综合电压监测和电流监测两个物理量，判断测点电压或电流超过定值或者低于定值时启动保护进行逻辑与控制开关动作断开断路器，切除故障线路，达到保护线路和设备的目的。以直流过电压保护为例，当直流线路或其他位置开路，以及控制系统调节错误等原因使直流电压过高，通过检测直流过电压达到保护设备的目的。

10.3.4 换流阀区保护配置

换流阀区保护的设备范围为桥臂电抗器网侧至换流器正负极线电流互感器之间的区域，主要包括桥臂差动、过电流保护、桥臂电抗器差动保护、直流过电压开路保护、直流低电压保护、旁路开关保护，保护配置示意图如图 10－20 所示。下面节结合换流阀区的保护配置，详细介绍各个保护的保护范围及原理。

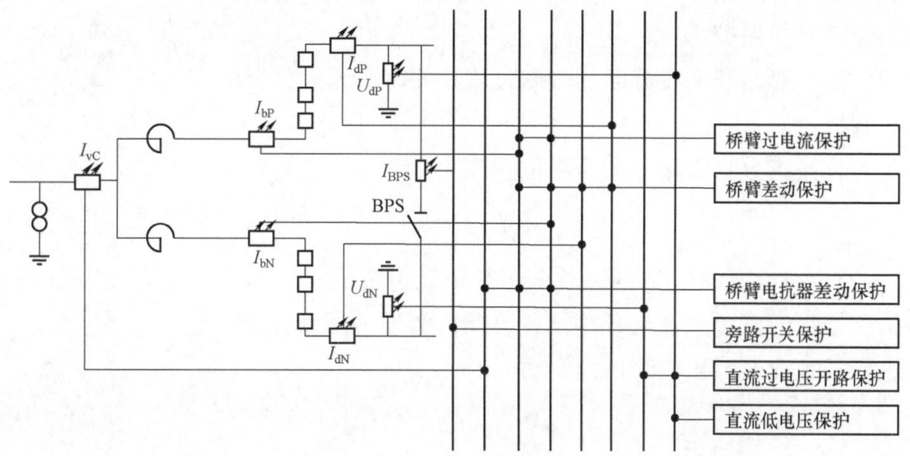

图 10－20　换流器区保护配置图

（1）桥臂过电流保护。

保护范围：桥臂过电流保护的保护范围为换流阀桥臂的接地、短路故障。

保护原理：

$$\begin{aligned}\max(I_{bpa}, I_{bpb}, I_{bpc}) > I_{set} \\ \max(I_{bna}, I_{bnb}, I_{bnc}) > I_{set}\end{aligned} \tag{10-36}$$

式中：I_{bpa}、I_{bpb}、I_{bpc}为三相上桥臂电流；I_{bna}、I_{bnb}、I_{bnc}为三相下桥臂电流；I_{set}为桥臂过电流保护电流整定值。

保护动作后，闭锁触发脉冲，触发晶闸管，跳开并锁定交流断路器。

（2）桥臂差动保护。

保护目的：阀区接地故障。

保护判据：

$$\begin{aligned}\left|I_{bpa} + I_{bpb} + I_{bpc} - I_{dp}\right| > I_{set} \\ \left|I_{bna} + I_{bnb} + I_{bnc} - I_{dn}\right| > I_{set}\end{aligned} \tag{10-37}$$

式中：I_{bpa}、I_{bpb}、I_{bpc}为三相上桥臂电流；I_{bna}、I_{bnb}、I_{bnc}为三相下桥臂电流；I_{dp}为直流正极电流；I_{dn}为直流负极电流；I_{set}为阀差动整定值。

保护动作后，闭锁触发脉冲，触发晶闸管，跳开并锁定交流断路器。

（3）桥臂电抗器差动保护。

保护范围：桥臂电抗短路故障。

保护判据：

$$\left|I_{vC} - I_{bp} - I_{bn}\right| > I_{set} \tag{10-38}$$

式中：I_{vC}为启动电阻阀侧三相电流的有效值；I_{bp}为上桥臂电流的有效值；I_{bn}为下桥臂电流的有效值；I_{set}为差动整定值。

保护动作后，闭锁触发脉冲；跳开并锁定交流断路器。

（4）旁路开关保护。

保护范围：旁路开关在分闸和合闸过程中出现异常。

保护判据：

当收到分闸指令且旁路开关合闸位置消失后

$$\left|I_{bps}\right| > I_{set} \tag{10-39}$$

式中：I_{bps}为旁路电流；I_{set}为旁路开关保护电流整定值。

保护动作后，重合并锁定旁路开关BPS，触发故障录波。

当收到退换流器发出的合闸指令后

$$I_{bps} < I_{set1} \& I_{dp} > I_{set2} \tag{10-40}$$

式中：I_{bps}为旁路电流；I_{set1}、I_{set2}为旁路开关保护电流整定值。

保护动作后，闭锁触发脉冲，跳开并锁定交流断路器。

（5）直流过电压开路保护。

保护范围：检测高压直流过电压。

保护判据：

$$\left|U_{dp}-U_{dn}\right|>U_{set} \tag{10-41}$$

式中：U_{dp}为正极线路电压；U_{dn}为负极线路电压；U_{set}为过压开路保护整定值。

保护动作后，闭锁触发脉冲，跳开并锁定交流断路器。

（6）直流低电压保护。

保护范围：检测各种原因造成的接地短路故障。

保护判据：

$$\left|U_{dp}\right|<U_{set} \tag{10-42}$$

式中：U_{dp}为正极线路电压；U_{set}为低电压保护整定值。

保护动作后，闭锁触发脉冲，跳开并锁定交流断路器。

10.4 风险因素分析及防范措施

10.4.1 控制异常导致闭锁因素分析

1. 主备切换失败

为防止系统在设备故障并无法正常切换的条件下持续运行，设置切换失败故障保护。当检测到切换失败故障后，下发换流阀闭锁命令，并出口跳闸，同时向换流器控制保护上报阀控跳闸请求。

（1）事件原因。

1）备用系统主控板内部异常或装置异常，导致系统无法正确识别激活信号或无法接收信号，导致切换失败。

2）备用系统光纤故障，无法正确接收组控下发的信号。

3）组控系统异常，导致无法正确响应阀控系统的切换请求。

（2）预控措施。

1）根据设备定检计划，检修人员定期开展阀控系统设备定检工作，确保阀控系统各机箱、板卡、光纤、电源等处于正常状态。

2）根据设备定检计划，对阀控系统与组控系统相关回路和光纤衰耗进行检查，及时更换不符合要求的光纤。

3）当一套阀控系统出现不可用状态时，应根据故障情况及时制订不停电/停电检修计划，尽快消除故障，防止单套系统运行时发生故障引起跳闸的情况。

4）巡视阀控系统屏柜时，若需检查屏柜内的装置，需正确佩戴防静电手环。

2. 双备故障

当检测到当前阀控为非主机状态，且另一套阀控也为非主机状态时，置双备故障标志位，下发闭锁命令，并出口跳闸，同时向换流器控制保护上报阀控请求跳闸。

（1）故障原因。

1）阀控与组控的光纤异常，导致阀控系统无法接收信号。

2）正常情况下，两套阀控系统切换过程中会出现短时的双备现象。阀控系统内部程序延时会造成切换时间过长导致超过故障判定阈值。

（2）预控措施。

1）根据设备定检计划，检修人员定期开展阀控系统设备定检工作，确保阀控系统各机箱、板卡、光纤、电源等处于正常状态。

2）根据设备定检计划，对阀控系统与组控系统相关回路和光纤衰耗进行检查，及时更换不符合要求的光纤，使得组控能顺利下发激活信号。

3）巡视阀控系统屏柜时，若需检查屏柜内的装置，需正确佩戴防静电手环。

3. 两套阀控系统故障

当检测到两套阀控系统均故障时，下发闭锁命令，并出口跳闸，同时向换流器控制保护上报阀控请求跳闸。

（1）故障原因。

1）阀控系统柜、桥臂接口柜内的机箱、板卡故障。

2）阀控系统柜、桥臂接口柜内电源进线出现故障，且电源故障维持时间超过设定阈值。

3）阀控系统柜、桥臂接口柜光纤异常。

（2）预控措施。

1）根据设备定检计划，检修人员定期开展阀控系统设备定检工作，确保阀控系统各机箱、板卡、光纤、电源等处于正常状态。

2）根据设备定检计划，对阀控系统与组控系统相关回路和光纤衰耗进行检查，及时更换不符合要求的光纤，使得组控能顺利下发 ACTIVE 信号。

3）巡视阀控系统屏柜时，若需检查屏柜内的装置，需正确佩戴防静电手环。

10.4.2 保护异常导致闭锁因素分析

1. 常规 TA 及 TV 测量回路异常

（1）故障原因。

1）端子松动造成测量回路开路、接地点丢失。

2）电缆绝缘降低造成 TA、TV 二次回路多点接地或二次回路分流、分压。

3）误碰、误接线造成 TA 开路、TV 短路；TA 绕组内部短路等造成测量数据异常。

（2）预控措施。定检期间开展端子紧固以及二次回路负载测量工作和 TA、TV 一点接地专项检查工作，以确认装置采样正常。

2. 直流场光电 TA 及光电 TV 测量回路异常

（1）故障原因。

1）光 TA 一次侧分流器或电阻盒故障，光 TV 分压器低压臂或电阻盒故障造成测量数据异常。

2）光 TA、光 TV 一次本体或本体电阻盒更换后，未校核合并单元的通道系数，引起测量误差偏大。

（2）预控措施。定期开展专业巡视工作，确认极保护系统中各电流通道采样值相同，通过趋势曲线观察各电流通道是否存在异常波动；对于激光驱动电流高或激光电源驱动板卡故障等测量系统缺陷，在规定的消缺期限内完成消缺工作。

3. 两套阀保护故障

当检测到两套阀控系统保护板卡均故障时，下发闭锁命令，并出口跳闸，同时向换流器控制保护上报阀控请求跳闸。

（1）故障原因。

1）两套阀保护板卡均故障。

2）保护板卡检修完成后未及时将拨码由“退出”拨至“投入”状态。

3）保护板卡被烧入错版程序。

4）机箱未正确识别保护板卡。

5）机箱故障或机箱背板故障。

（2）预控措施。

1）根据设备定检计划，检修人员定期开展阀控系统设备定检工作，确保阀控系统各机箱、板卡、光纤、电源等处于正常状态。

2）根据设备定检计划，对阀控系统与组控系统相关回路和光纤衰耗进行检查，及时更换不符合要求的光纤，使得组控能顺利下发激活信号。

3）巡视阀控系统屏柜时，若需检查屏柜内的装置，需正确佩戴防静电手环。

11 特高压柔性直流换流站其他电气设备

柔性直流换流站设备种类繁多，除本书第1～10章介绍的主要设备外，换流站各部分还配备有其他关键的电气设备。本章针对柔性直流换流站的其他典型电气设备进行论述，包括平波电抗器、直流穿墙套管、直流隔离开关、交流开关、交流电压互感器以及防雷装置。阐述各类电气设备的作用、结构、功能和特点等，并分析其选型与参数设计方法。

11.1 平波电抗器

11.1.1 平波电抗器作用

图 11－1 平波电抗器

平波电抗器（如图 11－1 所示），是极母线或直流中性母线上与换流阀串联的电抗器，是柔性直流换流站的重要设备之一，实现了换流站阀厅和直流场开关设备间的电气连接。

平波电抗器主要具有以下几个方面作用：

（1）抑制直流线路发生短路故障时的故障电流上升率。

（2）在直流线路故障时，使 MMC 闭锁前的直流侧故障电流小于 MMC 闭锁后直流侧故障电流。

（3）对于直流架空线路，可以阻挡换流站所产生的陡波冲击或雷电波直接侵入换流站。

（4）对于 LCC－MMC 混合直流输电系统，可以阻塞谐波电流流通并改变直流回路谐振频率。

11.1.2 平波电抗器结构

1. 平波电抗器的内部结构

平波电抗器分为干式和油浸式两种形式。

干式平波电抗器的主要构造为线圈、支架、绝缘系统和均压环等。线圈依靠多层的同心压缩铝线和每层线圈之间加以绝缘材料并设有隔条，保证了线圈层间的绝缘与导热。通过固定件紧固电抗器使其在波动时也不会变形。因内部结构中并未设置铁芯，油浸式平波电抗器的电流与磁性的关系为线性。对于干式平波电抗器，导线股间绝缘采用耐热等级为H级的绝缘材料，匝绝缘采用耐热等级为H级的绝缘材料，整个线圈由多层导线并联制成。导线并联结构使线圈相邻匝间的工作场强接近相等，保证了平波电抗器在工作电压下运行的可靠性。每层线圈在直流电压作用下电场呈阻性分布，由于线圈导线的匝绝缘有很高的电阻率，可使匝绝缘具备良好的击穿强度和韧性，高温下不会熔化、流动或助燃。根据设备散热需要，在线圈层间放置气道撑条，被气道分隔开的导线内外侧用绝缘胶束缠绕密封，线圈上、下端部分也用绝缘胶束缠绕密封成斜梢状，干式平波电抗器线圈包封示意图如图11－2所示。

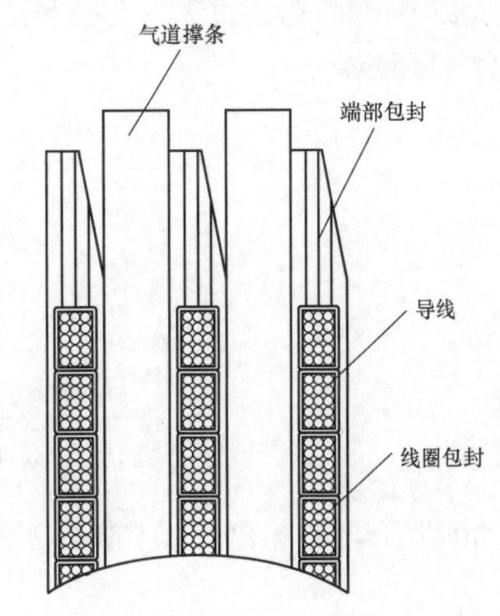

图11－2　干式平波电抗器线圈包封示意图

油浸式平波电抗器主要由铜制线圈、铁芯、油箱和冷却系统构成。因为结构中有铁芯，它的负荷电流与产生的磁场磁性为非线性。

2. 平波电抗器的外部结构

平波电抗器的支撑部分由支柱绝缘子构成。支柱复合绝缘子，主要由伞裙和伞套、端部附件、玻璃纤维，增强环氧树脂实心棒等部分组成。绝缘子之间使用拉筋连成整体。为避免出现平波电抗器局部电场集中的现象，要改善电场分布。为使安全可靠运行得到保证，需要加装曲率比较大的屏蔽装置。极母线侧平波电抗器上、下两端配备有安装避雷器的接口支架。因为平波电抗器工作在高压直流线路中，在高场强位置均装配有均压环，防止产生电晕现象。

11.1.3　平波电抗器参数设计

平波电抗器的电压和电流额定值是根据直流主回路确定的，因此对平波电抗器的参数选择，主要考虑其电感取值。在系统发生故障后，MMC换流器闭锁前，故障电流上升率及幅值由回路电感值决定，通过调节电感参数设计，可将故障电流上升率抑制在一定范围；闭锁后，故障电流恒定，不受电感值限制。因此，工程设计中，基于抑制故障电流考虑，直流电抗器电感值参数的设计原则如下：

（1）闭锁前故障电流小于闭锁后故障电流。

（2）闭锁前，桥臂电容与回路电感避免发生谐振。

（3）抑制故障电流上升率，满足系统动态响应要求。

基于上述三个原则对直流电抗器电感值进行设计计算。

（1）基于原则 1 的平波电抗器设计。MMC 换流器直流侧极间短路故障时，平波电抗器 L_{dc} 应满足闭锁前的直流侧故障电流小于故障后的，取值时，电感取值应大于临界值并考虑一定的裕度。

（2）基于原则 2 的平波电抗器设计。MMC 换流器闭锁前，故障回路等效电路如图 11－3 所示。

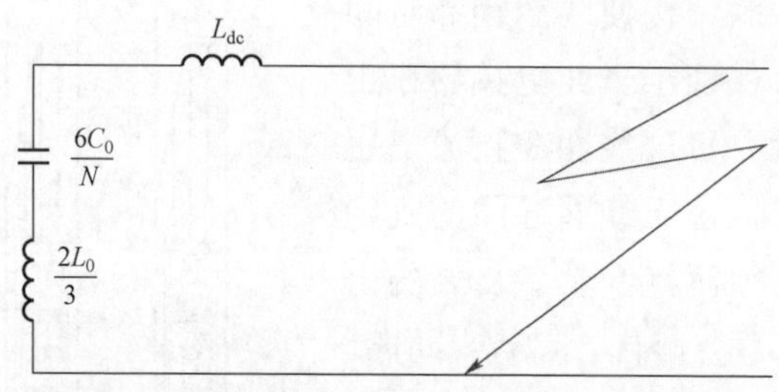

图 11－3　MMC 闭锁前故障回路等效电路

由图 11－3 可得出，串联谐振频率 ω_r 为

$$\omega_r = \sqrt{\frac{N}{6C_0 L_r}} \tag{11-1}$$

$$L_r = L_{dc} + \frac{2L_0}{3}$$

工程应用中，可得出不同频率下对应的谐振电感值，通过谐振电感值，推算出对应的直流电感值，设计时直流电感值取值避开该电感值即可避免发生谐振。

（3）基于原则 3 的平波电抗器设计。IGBT 最大过流能力一般为额定电流的 2 倍，当子模块驱动板检测到流过 IGBT 的电流大于额定电流的 2 倍时，将自动闭锁换流器 IGBT，平波电抗器需保证 IGBT 不会发生闭锁。

当系统故障后，上述换流器闭锁工况中，如果电抗器电感值取值太小，则故障电流上升率较大；但取值过大，则会给系统动态特性带来负面影响，增加系统损耗，使系统动态响应性能降低。因此在电感取值时，还应考虑实际系统动态特性的要求。

11.2　直流穿墙套管

11.2.1　直流穿墙套管作用

直流穿墙套管（如图 11－4 所示），承担阀厅内部和外部高电压大容量电气设备的电气连接作用，承载了系统的全电压和全电流，是柔性直流输电工程中不可或缺的重要设备。

图 11－4 直流穿墙套管

在柔性直流输电工程中，由于需要控制启动过电流、抑制换流器三相之间的环流，在换流器与联接变压器之间通常需要设计启动回路并安装桥臂电抗器等设备。由此导致了阀厅交流侧进线处不能像常规直流输电工程一样直接由换流变压器的阀侧套管进线，而需要使用穿墙套管。套管既有绝缘作用，又有机械上的固定作用。

11.2.2 直流穿墙套管结构

现阶段，特高压直流套管结构型式包括干式结构、油浸纸结构及纯 SF_6 气体绝缘结构三种类型。

干式交、直流穿墙套管包括干式电容式和干式充气式两种典型结构，分别如图 11－5 和图 11－6 所示。干式电容式穿墙套管的主绝缘采用干式电容芯子，通常使用环氧树脂浸纸等主流绝缘结构。电容芯子外部套装复合护套并填充辅助绝缘材料。辅助绝缘材料根据电压等级、材料特性及使用范围确定，通常包括 SF_6 气体、类聚氨酯泡沫或液态胶等。干式充气式穿墙套管通常在导杆至绝缘子护套内壁之间填充高压干式绝缘气体作为套管主绝缘，主要使用 SF_6 气体。为改善设备穿墙区域的电场分布，在套管穿墙法兰处内置安装过渡极板。

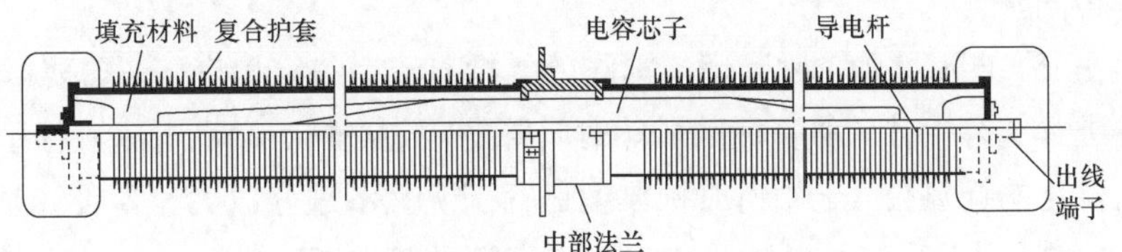

图 11－5 干式电容式穿墙套管剖面结构示意图

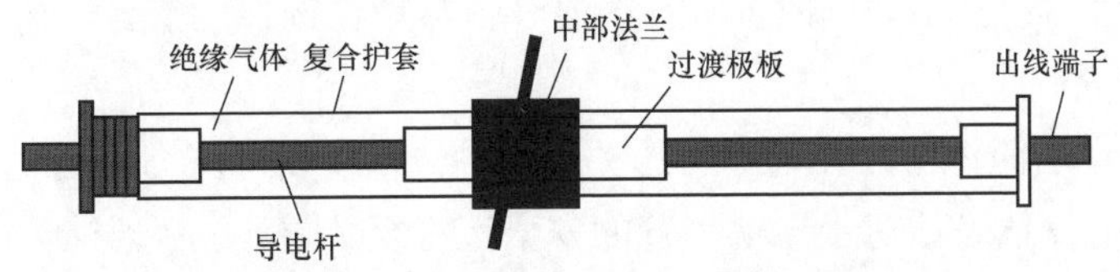

图 11－6 干式充气式穿墙套管剖面结构示意图

油浸纸结构套管一般都是将瓷套作为外绝缘，将油浸纸式电容芯子作为内绝缘，套管内部填充的是变压器油。油浸纸绝缘套管的内绝缘电气性能优越，场强分布合理、介质损耗小、局部放电起始电压高，材料性能控制严格，生产设备和工艺易于掌握；其外绝缘材料使用的是高压电瓷材料，因为高压电瓷的绝缘性能优异而且化学稳定性很好。这种结构套管的优点是工艺成熟，产品合格率高，在国内外各个电压等级的交流输电系统中均有广泛应用。但是瓷质外套的直流穿墙套管外绝缘直流电场的分布，对污秽和潮湿所引起的表面电导率变化较为敏感，易导致电场畸变和外绝缘闪络事故。

纯 SF_6 气体结构直流套管的结构最为简单，主要由复合空心绝缘子、导杆组件、套管内屏蔽、套管外均压环等部分组成。套管外绝缘采用空心复合绝缘子，内绝缘采用 SF_6 气体，套管内部采用数个金属屏蔽筒来控制内部电场和外部接地处电场。这种方式对电场的调节能力较弱，内、外电场分布的相互影响也较大，而且套管直径需要做得很大。纯 SF_6 气体结构套管具备优良的抗机械应力以及耐污性能，同时其质量较轻，方便运输。但是长直径、薄壁的屏蔽电极，对结构设计、生产工艺、安装固定技术等要求较高。

理论上，在确保设计裕度满足使用需求的前提下，各类型交、直流穿墙套管均适用于柔性直流输电工程。但交、直流叠加大负荷工况下油纸式穿墙套管无法消除因泄漏造成的火灾隐患，因此对于柔性直流输电工程采用的交直流穿墙套管，技术上推荐采用纯干式结构产品。

11.2.3 直流穿墙套管参数设计

设计穿墙套管时应根据系统的运行工况（稳态、过负荷、过电压、突发短路等）下电压、电流的变化范围，确定设备的主要电气参数，包括其额定电压、额定电流、工频耐受电压、直流耐受电压、雷电冲击电压、操作冲击电压等。不同位置的套管所承受的工况及应力也大不相同。

对于存在交、直流叠加、桥臂环流影响的柔性直流系统穿墙套管，需要量化计算各种电气成分并进行统筹设计。现有标准虽然对套管的额定电压、额定电流进行了定义，但始终没有给出量化的计算公式。如何兼顾典型运行工况又不过分放大设备设计裕度，是穿墙套管设计的关键。其次，产品结构是确保穿墙套管具备长期可靠性的基础。穿墙套管的长度主要受操作冲击电压的影响，内部绝缘应尽量使用一体式结构设计，各工况下最小电气设计裕度应至少大于 1.2 倍。同时，套管的温升耐热设计选择、密封结构、压力监测准确性也需要重点研究。

除此之外，穿墙筒体作为穿墙套管的关键部件之一，属于压力容器元件，在建造、安装和运行过程中，筒体设计对于穿墙套管的安全运行至关重要。穿墙筒体的设计一方面要考虑容器的强度，另一方面也要满足容器的内绝缘和耐烧穿能力。

（1）基于压力容器标准的设计。一般情况下，设备的使用电压等级确定后，筒体的内径经过绝缘计算分析就已经确定了，根据设计压力、设计温度等条件，确定筒体的计算厚度为

$$\delta = \frac{p_c D_i}{2[\sigma]^t \phi - p_c} \tag{11-2}$$

式中：δ 为壳体的计算厚度；D_i 为壳体内径；p_c 为计算压力；$[\sigma]^t$ 为设计温度下材料的

许用应力；ϕ 为焊接接头系数。

（2）基于内部故障电弧的筒体设计。在设计穿墙套管的筒体时，除上述设计方法外，还应考虑筒体耐受故障电弧时间大于保护系统动作时间、壳体在故障期间承受热度应力、故障电流切除时间等。

11.3 直流隔离开关

11.3.1 直流隔离开关作用

图 11－7 直流场隔离开关和接地开关

直流隔离开关主要用于配合直流转换开关设备进行运行方式的转换，以及检修的隔离与接地，如图 11－7 所示。

根据其安装和使用场所的不同，直流隔离开关的分类及作用如下：

（1）阀厅内接地开关，安装在高压和低压穿墙套管的阀厅侧，用于保证阀厅内设备检修时的安全性。

（2）中性母线隔离开关，安装在中性母线接地开关的接地极一侧，以便于检修时的隔离。

（3）高压极线隔离开关，安装在每一高压极线上，用于直流线路检修时将线路与换流站进行隔离。

11.3.2 直流隔离开关结构

直流隔离开关的结构类型按照绝缘支柱数量分类，可分为双柱式和三柱式；按运动方式分类包括伸缩式、旋转式、折叠插入式等。本小节简要介绍以下四种直流隔离开关的结构。

1. 单臂直抡式直流隔离开关

单臂直抡式直流隔离开关主要由底座装配、支柱绝缘子、导电系统和电动机操动机构等组成，总体结构如图 11－8。底座装配主要由底座焊装、拐臂连杆装配、槽钢、传动轴等组成。导电系统由接地开关闸刀杆装配、接地静触头装配等组成，接地静触头安装在支柱绝缘子上。

2. 单臂折叠插入式直流隔离开关

单臂折叠插入式直流隔离开关由操动机构、接地开关底座、导电系统等组成，其运动是靠电动机操动机构进行分、合闸操作。导电系统主要由均压环、接地静触头、接地开关闸刀组成，其总体结构如图 11－9 所示。

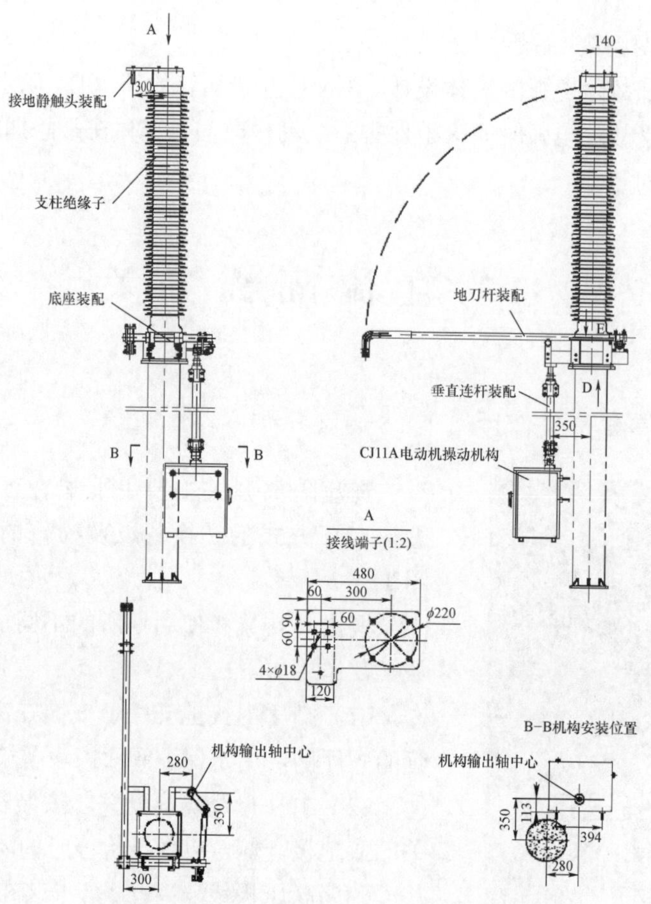

图 11-8　单臂直抡式直流隔离开关总体结构

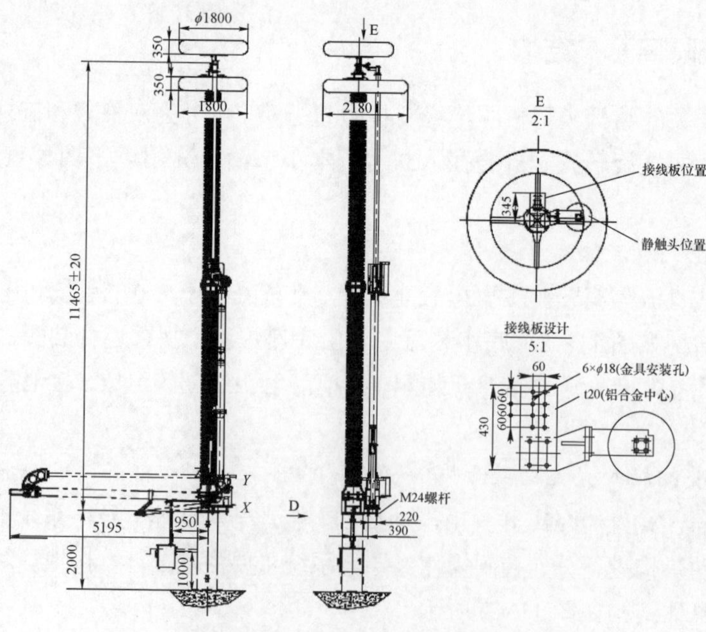

图 11-9　单臂折叠插入式直流隔离开关总体结构

3. 双柱单臂水平伸缩式直流隔离开关

双柱单臂水平伸缩式户外特高压直流隔离开关主要由底座、支柱绝缘子、操作绝缘子、主闸刀、静触头、均压环、操动机构等组成。

支柱绝缘子并立在底座上，操作绝缘子安装在动侧三脚架的中心位置，主闸刀装在动侧支柱绝缘子的顶部，静触头装在静侧支柱绝缘子顶部，支柱绝缘子采用三脚架结构增加稳定性，其总体结构如图 11－10 所示。

合闸时，操动机构主轴顺时针旋转 180°，通过垂直连杆带动动侧中心操作绝缘子也顺时针旋转 180°，通过四连杆传动机构带动主闸刀下管在竖直面内做旋转运动，同时通过上、下管轴节处的齿轮—齿条传动带动主闸刀上管做打开运动，整个主闸刀在竖直面内做向前的伸展运动，直至主闸刀动触头的环形触指与静触头的触棒完全接触并啮合紧密，此时主闸刀完全打开，上下管水平，完成合闸动作。

分闸则反之。隔离开关处于分闸位置时，主闸刀与静触头之间能形成清晰醒目的水平断口。

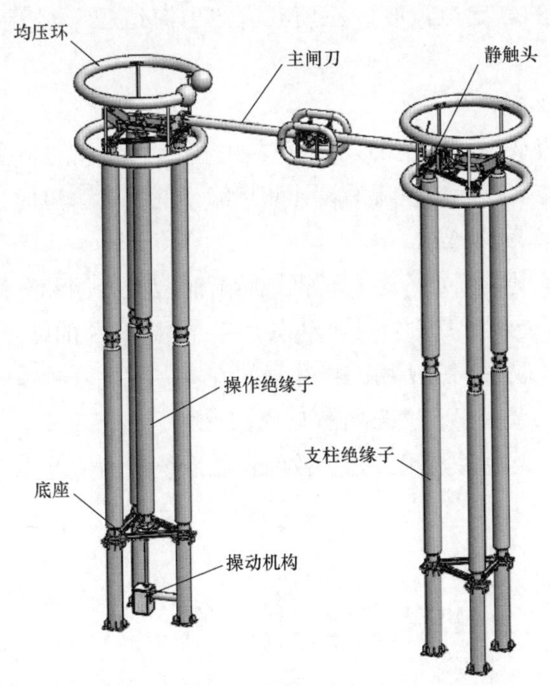

图 11－10　双柱单臂水平伸缩式直流隔离开关总体结构

4. 单柱一步动作式直流隔离开关

单柱一步动作式直流隔离开关主要包括操动机构、底座、支柱绝缘子、接地闸刀、接地静触头等。底座全部由热镀锌钢制零部件装配而成。传动部分、接地闸刀支架等也安装在底座上。支柱绝缘子分为Ⅲ、Ⅳ防污等级。另外，为满足用户免清洁维护的要求，可根据用户要求将耐冲击、高抗弯、强度高的硅橡胶绝缘子应用到产品中。

11.3.3 直流隔离开关参数设计

在选择直流隔离开关时，应考虑工程运行中的正常电流负荷和过负荷情况、存在的故障工况、环境状况（气候、污秽等）、所要求的操作性能和开合要求等。直流隔离开关的选择不仅要适合当前的要求，而且要适合未来发展的要求，选择隔离开关时应留有一定的裕度。

1. 额定电压和绝缘水平的选择

选择直流隔离开关的额定电压至少应等于其安装地点的系统最高电压。目前直流输电工程设备绝缘水平标准化有待完善，直流隔离开关的绝缘水平可以用 60min 直流耐受电压来反映。直流耐压试验的试验电压值以设备安装地点的系统额定电压的 1.5 倍选取。

2. 额定电流的选择

大部分直流隔离开关的正常运行状态为在电流接近设备额定电流下处于合闸位置很长时间工作而不进行操作，所以直流隔离开关应具有承受过负荷能力（10s、2h 和连续）。在选择直流隔离开关的额定电流时，应使其额定电流适应于运行中可能出现的任何负载电流。

3. 额定接触区的选择

接触区的额定值应从制造厂获得。接触区也与静触头允许的角度偏移有关。为使直流隔离开关有正确的供能，在确定换流站设计和绝缘子的抗弯强度时，应考虑到运行条件。

4. 额定端子机械负荷的选择

直流隔离开关在承受其额定静态端子机械负荷时应能合闸和分闸。在最不利的工况条件下，直流隔离开关应能承受其额定端子动态负荷。隔离开关的端子机械负荷额定值不仅取决于它的设计，而且取决于它所用的绝缘子的强度。

5. 额定短时耐受电流和额定短路持续时间的选择

直流隔离开关的额定短时电流应为等效的直流系统最大短路电流，额定短路持续时间的标准值为 1s。

11.4 交 流 开 关

11.4.1 交流开关作用

交流开关设备是直流换流站交流侧的关键设备，是从交流系统进入柔性直流输电系统的入口。交流开关的主要功能是连接或断开柔性直流输电系统和交流系统之间的联系，在换流变压器、换流器检修时提供明显的断开点或进行倒闸操作，也可称为有效的电源隔离。

气体绝缘全封闭组合开关（gas insulated switchgear，GIS），具有占地面积小、可靠性

高，而且对环境条件不敏感，受温度、湿度、污秽等影响小，运行安全可靠的特点，是换流站交流侧最合适的开关设备类型。

11.4.2 交流开关结构

GIS 由断路器、隔离开关、接地开关、互感器、避雷器、母线、连接件和出线终端等组成，这些设备或部件全部封闭在金属接地的外壳中，如图 11－11 所示。在 GIS 内部充有一定压力的 SF_6 绝缘气体，故也称 SF_6 全封闭组合电器。

图 11－11　交流场 GIS 设备

1. 断路器

GIS 断路器采用碟簧作为储能元件、液压油作为传动介质，与氮气储能相比，机械特性随温度变化小，避免了油氮互渗，而且易获得高压力、大操作功，结构更加简单。550kV GIS 断路器为双断口结构，每相断路器包含两个灭弧室断口。罐体内充有额定压力 0.6MPa 的 SF_6 气体，满足绝缘及开断要求。灭弧室支持筒通过支撑绝缘台固定在罐体上，传动臂、导气管、压气缸、压气活塞、动弧触头、辅助喷口、动主触头组合在一起，统称为灭弧室动侧，静主触头、静弧触头、静触头座组合在一起，统称为灭弧室静侧。动侧部分通过主绝缘拉杆与操动机构连接。两个灭弧室断口动侧部分的传动臂通过绝缘拉杆连接在一起，实现两个断口间的动作一致。

2. 隔离开关、接地开关、快速接地开关

550kV GIS 用隔离开关、接地开关的带电部件（如动、静触头）封闭在金属壳体中，由电动或电动弹簧机构进行操作。隔离开关可与接地开关共用一个外壳，组成隔离—接地组合开关，角型（GR）和线型（GL）隔接组合开关结构分别如图 11－12 和图 11－13 所示。由图可知，隔离开关和接地开关均由动触头、静触头、操动机构组成。为满足实际布置需求，隔离开关与接地开关也可分别置于独立的壳体内。

隔离开关装在壳体中的动触头部分通过绝缘杆及密封轴与机构连接；接地开关动触头通过密封轴与机构连接；外部操动机构通过传动系统输入能量，实现分合操作，壳体内充有额定压力 0.4MPa 的 SF_6 气体。

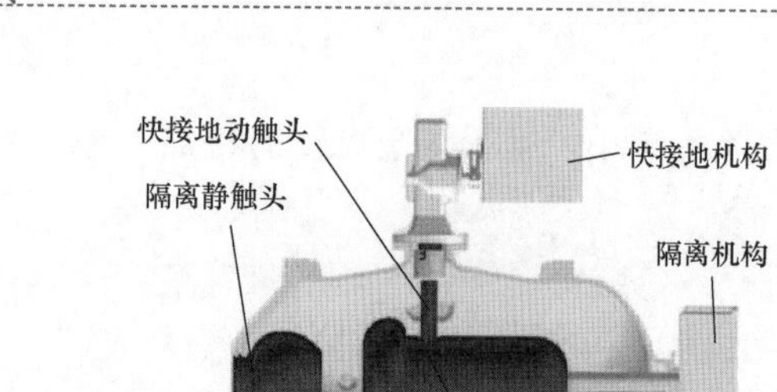

图 11－12　角型（GR）隔接组合结构图

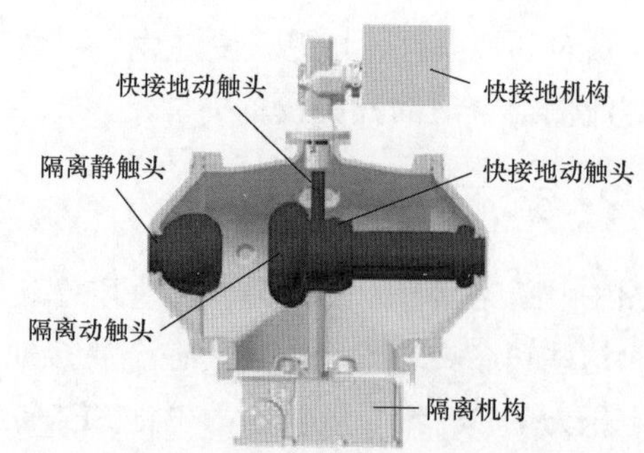

图 11－13　线型（GL）隔接组合结构图

接地开关壳体可与 GIS 壳体隔开，通过接地开关壳体进行主回路电阻测量、机械特性等试验，在正常运行时用短接排将接地开关壳体与 GIS 壳体短接，也可与外壳绝缘后直接接地。接地开关与相关的隔离开关和断路器设有电气连锁，以防止误操作，保证人身及设备安全。

3. 电流互感器

电流互感器的主要用途是交流场中的电气测量和保护元件。当交流场采用 GIS 时，交流电流互感器一般集成在 GIS 中。电流互感器按用途划分，通常可以分为两类：一类是测量电流、功率等信息的测量用电流互感器；另一类是继电保护和自动控制用的保护用电流互感器。按照绕组线圈匝数来分，可分为单匝式和多匝式。

电流互感器的工作原理基本与变压器相同，与线路串联的一次绕组匝数较少，与继电保护装置相连的二次绕组匝数较多，一次负荷电流通过一次绕组时，交变磁通感应产生按比例减小的二次电流。GIS 配用 LR（D）型电磁式电流互感器，为单相封闭式、穿心式结构。电流互感器的结构如图 11－14 所示，导电杆与二次绕组间有屏蔽筒，一次主绝缘为 SF_6 气体绝缘，二次绕组采用浸漆绝缘，二次绕组的引出线通过环氧浇注的密封端子板引出到端子箱，再与各类继电器、测量仪表连接。电流互感器的二次回路不能开路。当二

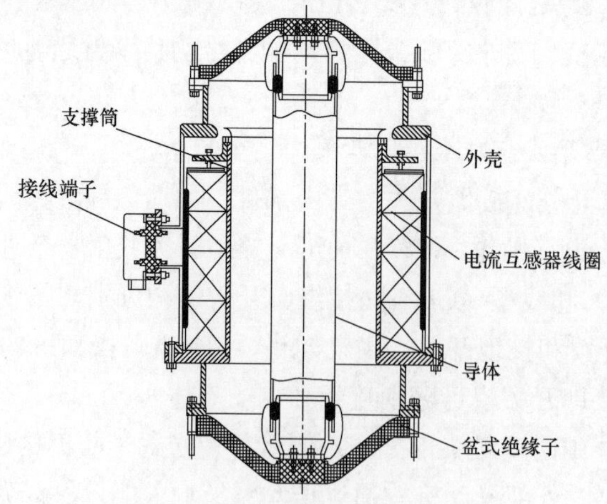

图 11－14　电流互感器结构原理图

次绕组中流过电流时，如果二次绕组开路，则会在二次端子间产生异常高压。这一高压有可能破坏电流互感器二次绕组、引出端子、继电器或测量仪表的绝缘。

电流互感器按主绝缘结构不同，可以分为纯油纸绝缘的链形结构和油纸绝缘电容式结构两种。链形结构电流互感器一、二次绕组分别由绝缘皱纹纸包扎后形成吊环螺栓结构，并浸入在变压器油中，其产品结构如图 11－15 所示。

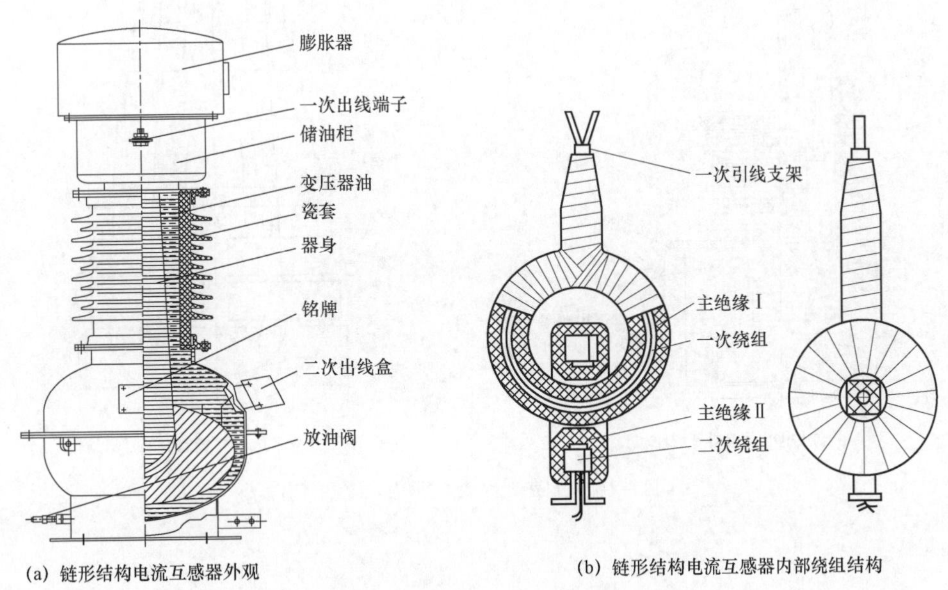

图 11－15　链形结构电流互感器结构图

油纸绝缘电容式结构可细分为正立式和倒立式两种。正立式电流互感器的二次绕组在互感器下部油箱中，主绝缘主要布置于一次绕组，而反立式电流互感器的二次绕组在互感器上部，两种电容式电流互感器的结构图分别如图 11－16 和图 11－17 所示。

交流电流互感器应满足一定的电气性能要求，包括额定一次电流、额定二次电流、额定输出容量、额定绝缘水平等。

电流互感器的额定一次电流应根据其所属一次设备的额定电流或最大工作电流适当选择。额定二次电流可选用 5A 或 1A，110kV 及以上电压等级电流互感器宜选用 1A。额定容量的标准值一般选用 10～50VA，若为了适应使用环境，可以选择高于 50VA 的输出值。电流互感器一次绕组的额定绝缘水平同样以设备最高电压 U_m 为依据。对于电压等级交流的交流电网，采用电流互感器的最高电压 $U_m \geqslant 300$kV，其额定绝缘水平由额定操作冲击和雷电冲击耐受电压确定，可按照表 11－1 选择。

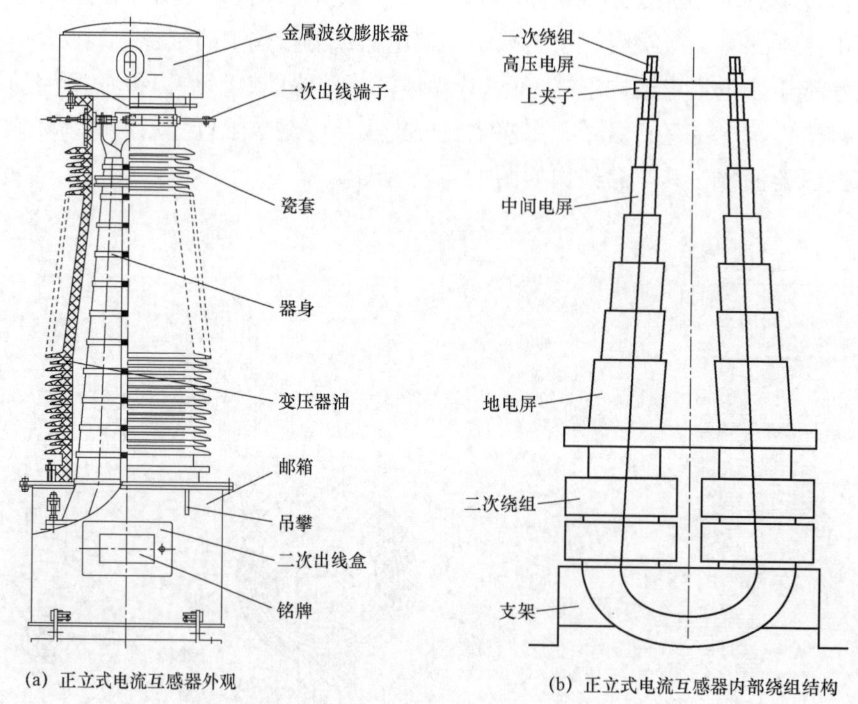

(a) 正立式电流互感器外观

(b) 正立式电流互感器内部绕组结构

图 11－16　正立式结构电流互感器结构图

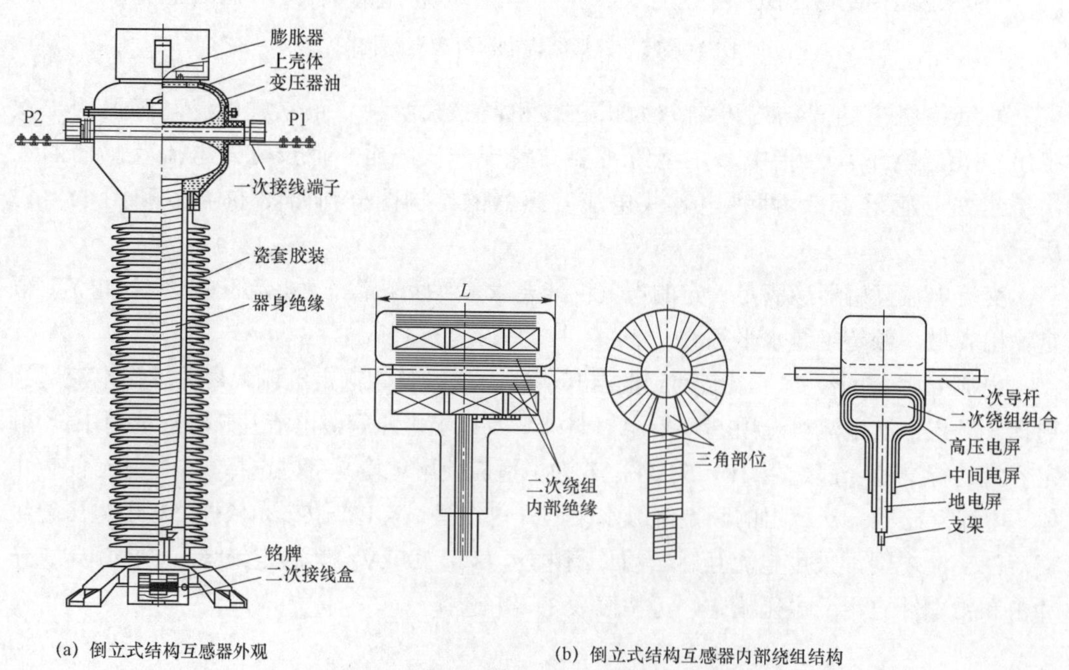

(a) 倒立式结构互感器外观

(b) 倒立式结构互感器内部绕组结构

图 11－17　倒立式结构电流互感器结构图

表 11-1　　备最高电压 U_m≥300kV 电流互感器一次绕组额定绝缘水平

设备最高电压 U_m（方均根值，kV）	额定操作冲击耐受电压（峰值，kV）	额定雷电冲击耐受电压（峰值，kV）
363	850	1050
	950	1175
550	1050	1425
	1175	1550
	—	1675

除此之外，高电压等级的电流互感器还需要满足局部放电、对地绝缘、无线电干扰、机械强度等方面的要求。

4. 电压互感器

电压互感器用于测量主回路的电压值，500kV 交流母线（仅 A 相）采用电磁式电压互感器，500kV 交流出线间隔（如线路出线间隔、换流变压器进线等）采用电容式电压互感器。

电磁式电压互感器为单相式，既能垂直安装，也能水平安装，通过盆式绝缘子与 GIS 相连接。一次绕组用 SF_6 气体绝缘，与高压端子相连接。一次绕组围绕着的铁芯上，也缠绕着二次绕组。二次绕组和外部端子盒内之间的连接，是通过密封的多路出线套管相连的。电压互感器可以配置两个测量绕组和一个供接地保护用的第三绕组。与电压互感器连接的母线带有插入式导体和单独的气室，以便在 GIS 进行绝缘试验时隔离电压互感器。该气室检修时可作为独立气室，运行时与电压互感器的气室连通。

5. 避雷器

避雷器是用于保护相应电压等级的 GIS 免受大气过电压和操作过电压损坏的保护电器。主要由罐体、盆式绝缘子、安装底座及芯体等部分组成，芯体以氧化锌电阻片作为主要元件，它具有良好的伏安特性和较大的通流容量。避雷器芯体密封在金属罐体内，罐内充有一定表压的 SF_6 气体。由于 SF_6 气体具有良好的绝缘特性，使得避雷器的有效占地空间比瓷套式避雷器大为减少，与 GIS 相连接十分方便。

6. 母线

母线是 GIS 中汇总和分配电能的重要组成元件，可区分为主母线和分支母线。该型 GIS 母线采用分相式结构，绝缘性能更可靠。导电接触采用弹簧触指，结构简单，通流能力强。壳体材料采用铝合金焊接或铸造成型，避免了磁滞损耗和涡流循环引起的发热。导电回路连接均为插入式，其过渡触头为弹簧触头，组装和拆卸都很方便。外壳法兰采用螺栓连接，易于检修及改造。

11.4.3 交流开关参数设计

550kV GIS 主要技术参数包括额定电压、额定绝缘水平、额定电流和温升、额定峰值耐受电流、开关设备过载能力等。

（1）额定电压：交流开关设备所在系统的最高电压，对于特高压直流所连接的500kV交流电网，额定电压的标准值为550kV。

（2）额定绝缘水平：通过相对地额定雷电冲击耐受电压来表示。大多数额定电压都有多个额定绝缘水平，以便应用于不同的性能指标或过电压特征。选取时应当考虑受快波前和缓波前过电压作用的程度、中性点接地方式和过电压限制装置的型式。

（3）额定电流和温升：额定电流是指在规定的使用和性能条件下，开关设备能够持续承载的电流的有效值。在温升设备规定的条件下，当周围空气温度不超过 40℃时，开关设备任何部分的温升不应该超过所规定的温升极限值。

（4）额定峰值耐受电流：指开关设备在合闸位置能够承载的额定短时耐受电流第一个大半波的电流峰值。额定峰值耐受电流应该按照系统特性的直流时间常数来确定。45ms的直流时间常数覆盖了大多数工况且当额定频率为50Hz 及以下，它等于 2.5 倍额定短时耐受电流。

（5）开关设备过载能力：GIS 所有部件的温升不应超过所规定的温升限值。只要温度不超过所规定的最大温度值，在短期内设备可以规定高于其额定电流的过载能力。应在温升实验的结果和实验参数——额定电流、热时间常数、温升、周围空气温度和最高运行温度的基础上确定连续过载和暂时过载。

GIS 总体参数设计的核心是可靠性。它包括两大类问题：整体电气可靠性与整体机械可靠性。整体电气可靠性包括 GIS 灭弧室的开断与关合性能、GIS 主导电回路电接触可靠性、短路电流冲击下的电热及电动稳定性，以及产品内、外绝缘的可靠性；同时还包括二次电气元件的可靠性。GIS 产品机械可靠性包括 GIS 操动机构及传动机构合分操作可靠性及其机构操作寿命的长短，以及对运输震动和地震破坏力的适应性。在进行产品整体设计时，应全面考虑以上电气及机械方面的多种问题，以得到可靠的整体设计。最终还需要通过电寿命试验、机械强度实验和高低温环境下的操作试验等来验证 GIS 参数设计可靠性。

11.5 交流电压互感器

11.5.1 交流电压互感器作用

对于直流换流站所连接的交流场，电压互感器是用作电气测量与电气保护的关键设备。电压互感器与变压器的工作原理基本是类似的，是用来变换电压的仪器。但变压器变换电压的目的是方便输送电能，因此容量很大，一般都以千伏安或兆伏安为单位；而电压互感器变换电压的目的，主要是给测量仪表和继电保护装置供电，用来测量线路的电压、功率和电能，或者用来在线路发生故障时保护线路中的贵重设备，因此电压互感器的容量很小，一般都只有几伏安或几十伏安。

11.5.2 交流电压互感器结构

电压互感器的基本结构和变压器很相似，也是由一次绕组和二次绕组共同缠绕在同一闭合的铁芯上构成的。两个绕组之间以及绕组与铁芯之间都有绝缘，使两个绕组之间以及绕组与铁芯之间都有电气隔离。电压互感器在运行时，一次绕组 N_1 并联接在线路上，二次绕组 N_2 并联接仪表或继电器。因此在测量高压线路上的电压时，尽管一次电压很高，但二次却是低压的，可以确保操作人员和仪表的安全。绕组线圈匝数的计算公式为

$$U_1 / U_2 = N_1 / N_2 \tag{11-3}$$

电压互感器的一次绕组“A”端为全绝缘结构，另一端作为接地端和外壳相连。电压互感器结构如图 11－18 所示。一次绕组和二次绕组为同轴圆柱结构，一次绕组装有高压电极及中间电极，绕组两侧设有屏蔽板，使场强分布均匀。二次绕组接线端子由环氧树脂浇注而成的接线板经壳体引出，进入二次接线盒。接线盒装有通风孔，盒盖装有橡胶密封条，有效防止受潮。互感器可以水平或垂直安装，运输途中绝缘子上装设保护罩。互感器外壳备有起吊板、接线端子、充气阀门，外壳盖板上安装压力释放装置。电压互感器二次回路禁止短路。

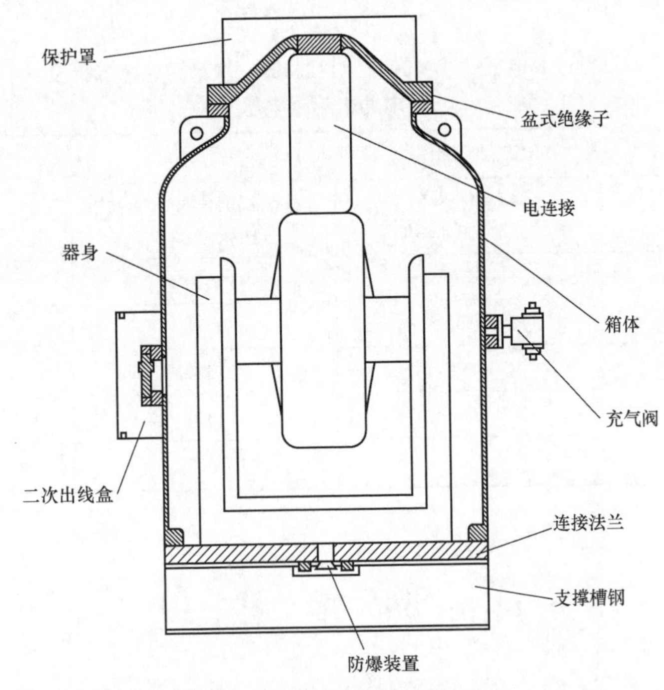

图 11－18　电压互感器结构

按照工作原理，电压互感器可分为电容式电压互感器和电磁式电压互感器等。其中，电磁式电压互感器常用于 GIS 站，而换流站交流场通常采用电容式电压互感器（capacitance type voltage transformer，CVT）作为交流电压测量设备。CVT 主要由电容分

压器、中压变压器、补偿电抗器、阻尼器等部分组成，分为柱式和罐式两种。柱式 CVT 承受主绝缘的部分是耦合电容分压器。耦合电容分压器由多个电容元件串联而成，电压分布比较均匀。罐式 CVT 的原理与柱式电容式电压互感器相同，两者最大的区别在于电容分压器的结构不同，柱式 CVT 的电容分压器由多个电容元件串联而成，都是采用绝缘性能不可恢复的有机绝缘材料作为绝缘介质，罐式 CVT 的分压器采用同轴圆柱体结构，主绝缘采用的是绝缘性能可恢复的 SF_6 气体。

11.5.3 交流电压互感器参数设计

针对直流换流站所连接的高压等级交流电网，大多采用电容式电压互感器。交流电压互感器应满足一定的电气性能要求，包括额定电压、额定输出容量、准确级以及工频耐受电压等。作为测量或保护用的电压互感器，其额定一次电压的标准值为额定系统标称电压的 $1/\sqrt{3}$ 倍。额定二次电压是按互感器使用的实际情况来选择的。除额定值规定外，电压互感器在规定电压、额定频率、各二次绕组接有额定负荷以及负荷功率因数为 0.8～1 情况下，其温升应不超过所规定的限值。在绝缘设计方面，对于设备最高电压 $U_m \geqslant 300$kV 的绕组，其额定绝缘水平由额定雷电冲击耐受电压和额定工频耐受电压确定，应按照表 11－2 选择。要求电压互感器一次绕组应能承受截断雷电冲击耐受电压峰值。

表 11－2　设备最高电压 $U_m \geqslant 300$kV 时互感器一次绕组绝缘水平及雷电冲击耐受电压

设备最高电压 U_m（方均根值，kV）	额定绝缘水平		截断雷电冲击（内绝缘）耐受电压（峰值，kV）
	额定操作冲击耐受电压（峰值，kV）	额定雷电冲击耐受电压（峰值，kV）	
363	850	1050	1175
	950	1175	1300
550	1050	1425	1550
	1175	1550	1675
	—	1675	—

11.6 防 雷 装 置

11.6.1 防雷装置作用

高压直流输电工程输送距离长，易经过雷电活动频繁地区，导致雷击事故发生的概率增加。目前，换流站设备的主要保护装置是氧化锌避雷器，是用来保护相应电压等级的电气设备免受雷电过电压和操作过电压损害的保护电器。通过合理的避雷器配置方案，能够保证设备在各种过电压情况下安全、经济和可靠运行，对提高直流系统运行安全性具有重要意义。

11.6.2 防雷装置结构

防雷装置是指接闪器、引下线、接地装置、电涌保护器（SPD）及其他连接导体的总和。

一般将换流阀的防雷装置分为两大类：外部防雷装置和内部防雷装置。外部防雷装置由接闪器、引下线和接地装置组成，即传统的防雷装置。内部防雷装置主要用来减小换流阀内部的雷电流及其电磁效应，如采用电磁屏蔽、等电位连接和装设电涌保护器（SPD）等措施，防止雷击电磁脉冲可能造成的危害。

（1）外部防雷装置。

1）接闪器。接闪器是专门用来接受雷闪的金属物体。接闪的金属杆称为避雷器，接闪的金属线称为避雷线或架空地线，接闪的金属带、金属网称为避雷带或避雷网。所有的接闪器都必须经过引下线与接地装置相连。

避雷针、避雷线、避雷网和避雷带都是接闪器，它们都是利用其高出被保护物的突出地位，把雷电引向自身，然后通过引下线和接地装置，把雷电流泄入大地，以此保护被保护物免受雷击。接闪器所用材料应能满足机械强度和耐腐蚀的要求，还应有足够的热稳定性，以能承受雷电流的热破坏作用。

2）引下线。防雷装置的引下线应满足机械强度、耐腐蚀和热稳定的要求。

（2）内部防雷装置。

1）等电位连接。等电位连接是把换流阀内、附近的所有金属物，如混凝土内的钢筋、自来水管、煤气管及其他金属管道、机器基础金属物及其他大型的埋地金属物、电缆金属屏蔽层、电力系统的中性线、换流阀的接地线统一用电气连接的方法连接起来（焊接或者可靠的导电连接），使整座换流阀成为一个良好的等电位体。

2）装设电涌保护器。装设电涌保护器是一种为各种电子设备、仪器仪表、通信线路提供安全防护的电子装置。当电气回路或者通信线路中因为外界的干扰突然产生尖峰电流或者电压时，浪涌保护器能在极短的时间内导通分流，从而避免浪涌对回路中其他设备的损害。

11.6.3 防雷装置参数设计

对于金属氧化物避雷器，其主要成分是氧化锌，具有良好的非线性特性。在正常工作条件下，氧化锌电阻接近绝缘状态，仅流过极微弱的电流；当电压达到一定数值后，电阻的特性发生变化，由于碰撞电离产生的电子崩使电阻片内载流子数量大幅增加，电阻值变得很小，因此伏安特性曲线变得平坦。

图 11－19 为避雷器阀片的伏安特性曲线。避雷器阀片的伏安特性曲线大致可以分为小电流区、限压工作区和过载区。用于描述避雷器阀片伏安特性曲线的典型函数为指数函

数，即

$$i = P\left(\frac{u}{U_{\text{ref}}}\right)^q \tag{11-4}$$

式中：P、q 为特性常数，q 的典型取值为20～30；U_{ref} 为参考电压。

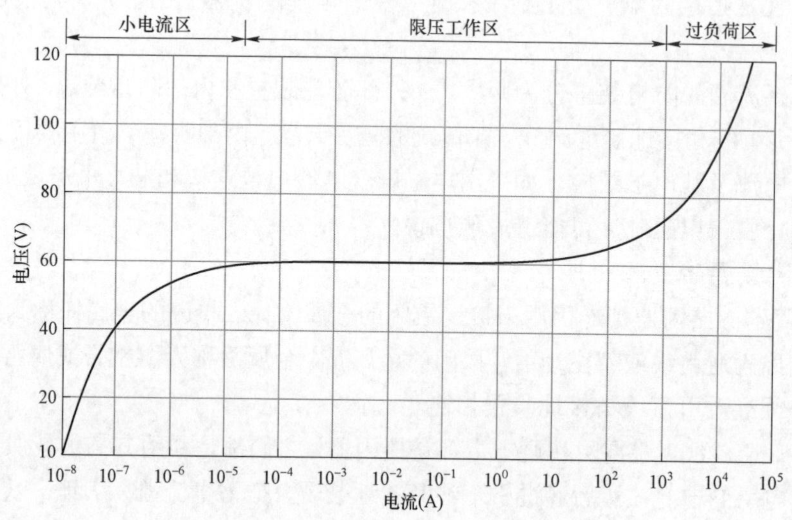

图 11－19　避雷器阀片伏安特性曲线

换流站避雷器配置的基本原则如下：

（1）换流站交流侧产生的过电压由交流侧的避雷器进行限制。

（2）换流站直流侧产生的过电压由直流侧的避雷器进行限制。

（3）换流站内重要设备由紧靠它的并联避雷器直接进行保护，如换流站内桥臂电抗器由并联在其两端的桥臂电抗器并联避雷器直接保护。

在确定避雷器参数时，应综合考虑系统运行电压、避雷器保护水平和能量要求等因素的优化选择，使得设备上的过电压水平尽可能低，但又不使避雷器的数量过多、造价过高。因此在确定避雷器参数时，需要结合详细的过电压计算结果，对避雷器参数进行优化选择。对于交流避雷器，避雷器的额定电压是表明避雷器运行特性的一个重要参数，其选择主要考虑系统的暂态过电压水平以及过电压下通过的能量大小。

避雷器参数一般按照荷电率计算的通用方法进行确定。荷电率表征的是单位电阻片上的电压负荷。对于直流避雷器，将持续运行电压的峰值与参考电压 U_{ref} 的比值定义为荷电率。U_{ref} 表示避雷器的起始动作电压，一般为1～5mA直流电流下的电压。对于直流避雷器，根据避雷器承受电压波形和安装位置的不同，荷电率的取值一般在0.8～1.0范围内。